高等院校卓越计划系列丛书

画 法 几 何

黄　絮　施林祥　主编

中国建筑工业出版社

图书在版编目(CIP)数据

画法几何/黄絮，施林祥主编. —北京：中国建筑工业出版社，2015.6
（高等院校卓越计划系列丛书）
ISBN 978-7-112-18017-2

Ⅰ. ①画…　Ⅱ. ①黄…　②施…　Ⅲ. ①画法几何-高等学校-教材　Ⅳ. ①O185.2

中国版本图书馆 CIP 数据核字（2015）第 076692 号

本书共分为 11 章，主要讲述了投影的基本原理。其中包括表达形体的正投影原理和表现形体的轴测投影、透视投影以及投影图中的阴影。为了更好地帮助读者理解原理，本书简略地介绍了正图和草图的基本作图方法。以期通过作与读相结合，使读者能快速地掌握空间问题的思考方法，建立系统的空间概念。正投影的原理主要讲述了立体视图（三面正投影图）的作法；点、线、面的正投影基本原理；以及立体相贯线的作法和工程基本应用。轴测投影主要讲述了正轴测和斜轴测的基本原理和作图方法。透视投影主要讲述了透视图的基本原理，介绍了视线法和量点法两种透视投影的作图方法。投影图中的阴影讲述了正投影图阴影的作法和透视图阴影的作法。

本书在编写上理论联系实际，既考虑到画法几何课程的系统性，又结合土建专业的实用性。本书在体系上以立体为核心，从简单入手，由浅入深，循序渐进。整本教材重点突出，前后呼应，分步骤讲解，从各个角度来观察和分析形体，将表达形体和表现形体相结合，在基本原理和实例之间反复印证，加深理解。本书可作为各高等院校、函授大学、高职高专土建类等专业的教材。

责任编辑：赵梦梅
责任设计：张　虹
责任校对：张　颖　赵　颖

住房城乡建设部土建类学科专业“十三五”规划教材
高等院校卓越计划系列丛书

画法几何

黄　絮　施林祥　主编

*

中国建筑工业出版社出版、发行(北京西郊百万庄)
各地新华书店、建筑书店经销
北京红光制版公司制版
北京建筑工业印刷厂印刷

*

开本：787×1092 毫米　1/16　印张：24½　字数：443 千字
2015 年 7 月第一版　　2018 年 11 月第二次印刷
定价：**49.00** 元（含习题集）
ISBN 978-7-112-18017-2
（32486）

浙江大学建筑工程学院卓越计划系列教材

丛 书 序 言

随着时代进步，国家大力提倡绿色节能建筑，推进城镇化建设和建筑产业现代化，我国基础设施建设得到快速发展。在新型建筑材料、信息技术、制造技术、大型施工装备等新材料、新技术、新工艺广泛应用新的形势下，建筑工程无论在建筑结构体系、设计理论和方法以及施工与管理等各个方面都需要不断创新和知识更新。简而言之，建筑业正迎来新的机遇和挑战。

为了紧跟建筑行业的发展步伐，为了呈现更多的新知识、新技术，为了启发更多学生的创新能力，同时，也能更好地推动教材建设，适应建筑工程技术的发展和落实卓越工程师计划的实施，浙江大学建筑工程学院与中国建筑工程出版社诚意合作，精心组织、共同编纂了"高等院校卓越计划系列丛书"之"浙江大学建筑工程学院卓越计划系列教材"。

本丛书编写的指导思想是：理论联系实际，编写上强调系统性、实用性，符合现行行业规范。同时，推动基于问题、基于项目、基于案例多种研究性学习方法，加强理论知识与工程实践紧密结合，重视实训实习，实现工程实践能力、工程设计能力与工程创新能力的提升。

丛书凝聚着浙江大学建筑工程学院教师们长期的教学积累、科研实践和教学改革与探索，具有了鲜明的特色：

（1）重视理论与工程的结合，充实大量实际工程案例，注重基本概念的阐述和基本原理的工程实际应用，充分体现了专业性、指导性和实用性；

（2）重视教学与科研的结合，融进各位教师长期研究积累和科研成果，使学生及时了解最新的工程技术知识，紧跟时代，反映了科技进步和创新；

（3）重视编写的逻辑性、系统性，图文相映，相得益彰，强调动手作图和做题能力，培养学生的空间想象能力、思考能力、解决问题能力，形成以工科思维为主体并融合部分人性化思想的特色和风格。

本丛书目前计划列入的有：《土力学》、《基础工程》、《结构力学》、《混凝土结构设计原理》、《混凝土结构设计》、《钢结构原理》、《钢结构设计》、《工程流体力学》、《结构力学》、《土木工程设计导论》、《土木工程试验与检测》、《土木工程制图》、《画法几何》等。丛书分册列入是开放的，今后将根据情况，做出调整和补充。

本丛书面向土木、水利、建筑、园林、道路、市政等专业学生，同时也可以作为土木工程注册工程师考试及土建类其他相关专业教学的参考资料。

浙江大学建筑工程学院卓越计划系列教材编委会

2014.10

前　　言

　　《画法几何》教材及其配套的《画法几何习题集》是高等院校卓越计划系列丛书中浙江大学建筑工程学院卓越计划系列教材中的两册。

　　本书的编写围绕画法几何教学思考的核心问题：采用怎样的教学方法能有效快速地帮助学生建立空间思维的能力。在教材中主要体现在以下几点：一、强调动手作图能力；二、强调以图说明问题；三、强调整体的观察和思考方法；四、强调理论解决实际问题的能力。

　　针对以上几点，在教材内容中，纳入了草图绘制和正图绘制的基本常识和步骤，着重强调草图的绘制。各章节例题的示例以图为主，文字为辅，每个例题都有题目与解答，例题的解答是分步骤示例，使学生关注作图本身的逻辑关系，以各种标示符号的图来说明问题，尽量做到图示解答一目了然，少以文字说明。空白题目可以使学生在学习过程中理解原理后，在题目上再作图巩固。其中教材的立体例题多为建筑形体的抽象，为后续专业课程的学习做好铺垫。同时在教材的附录部分详细说明了画法几何的学习方法和思考方法，能很好地帮助各高等院校的教师教学、学生自学和复习。

　　在教材的编写结构和内容上，与教学实践紧密结合，教材重点突出，示例典型，在每个教学计划的节点都安排了相应的大作业，帮助消化课堂内容，攻克难点。

　　该书由浙江大学建工学院长期从事图学基础教学研究的黄絮老师、施林祥老师编写，凝聚了浙江大学建工学院建筑制图教研室各位前辈的教学经验和教学实践的成果。本书适合作为各高等院校、函授大学、高职高专土建类等专业的教材。

目 录

第1章　投影概论 …………………………………………………………… 1

1.1　投影原理 …………………………………………………………… 1

　1.1.1　中心投影 …………………………………………………… 1

　1.1.2　平行投影 …………………………………………………… 1

1.2　工程图种类 ………………………………………………………… 2

　1.2.1　正投影图 …………………………………………………… 2

　1.2.2　标高投影图 ………………………………………………… 2

　1.2.3　轴测图 ……………………………………………………… 2

　1.2.4　透视图 ……………………………………………………… 2

1.3　图学发展简述 ……………………………………………………… 3

第2章　制图基本知识 ……………………………………………………… 4

2.1　制图基本规格 ……………………………………………………… 4

　2.1.1　图幅 ………………………………………………………… 4

　2.1.2　图线 ………………………………………………………… 4

　2.1.3　字体 ………………………………………………………… 6

2.2　草图绘制 …………………………………………………………… 6

　2.2.1　草图绘制常识 ……………………………………………… 6

　2.2.2　草图绘制的步骤 …………………………………………… 7

2.3　正图绘制 …………………………………………………………… 8

　2.3.1　正图绘制常识 ……………………………………………… 8

　2.3.2　正图绘制步骤 ……………………………………………… 10

第3章　正投影原理 ………………………………………………………… 12

3.1　正投影的基本概念 ………………………………………………… 12

　3.1.1　正投影的特性 ……………………………………………… 12

　3.1.2　投影体系 …………………………………………………… 12

　3.1.3　视图的表达 ………………………………………………… 14

　3.1.4　视图的选择 ………………………………………………… 14

3.2　基本几何形体的视图 ……………………………………………… 15

3.3　视图的读法 ………………………………………………………… 16

　3.3.1　形体分析法 ………………………………………………… 16

　3.3.2　线、面分析法 ……………………………………………… 18

　3.3.3　综合练习题 ………………………………………………… 21

第4章　轴测投影图 ………………………………………………………… 26

4.1　轴测投影的形成和基本性质 ……………………………………… 26

4.1.1　轴测图的形成 ……………………………………………………………… 26

4.1.2　轴测图的基本性质 ………………………………………………………… 27

4.2　轴测图的常用种类和选择 …………………………………………………………… 28

4.2.1　几种常用的轴测图 …………………………………………………………… 28

4.2.2　轴测图的选择 ………………………………………………………………… 29

4.3　轴测图的画法 ………………………………………………………………………… 31

4.3.1　平面立体的轴测图 …………………………………………………………… 31

4.3.2　圆与曲线的轴测图 …………………………………………………………… 34

4.3.3　曲面立体的轴测图 …………………………………………………………… 37

第5章　点、直线、平面 …………………………………………………………………… 39

5.1　点 ……………………………………………………………………………………… 39

5.1.1　点的两面投影 ………………………………………………………………… 39

5.1.2　点的三面投影和直角坐标 …………………………………………………… 40

5.1.3　特殊位置的点 ………………………………………………………………… 43

5.1.4　两点的相对位置关系 ………………………………………………………… 44

5.1.5　重影点及可见性 ……………………………………………………………… 44

5.2　直线 …………………………………………………………………………………… 45

5.2.1　直线的投影 …………………………………………………………………… 45

5.2.2　各种位置直线 ………………………………………………………………… 46

5.2.3　一般位置直线的实长和倾角 ………………………………………………… 48

5.2.4　直线上的点 …………………………………………………………………… 49

5.2.5　两直线的相对位置 …………………………………………………………… 51

5.2.6　相交两直线的角度 …………………………………………………………… 55

5.3　平面 …………………………………………………………………………………… 56

5.3.1　平面的表示法 ………………………………………………………………… 56

5.3.2　特殊位置平面 ………………………………………………………………… 58

5.3.3　平面上的直线 ………………………………………………………………… 59

5.3.4　平面上的点 …………………………………………………………………… 63

5.3.5　平面外的直线与平面 ………………………………………………………… 63

5.3.6　平面与平面 …………………………………………………………………… 69

第6章　平面立体 …………………………………………………………………………… 75

6.1　平面立体与平面立体求交 …………………………………………………………… 75

6.1.1　直线与平面立体求贯穿点 …………………………………………………… 75

6.1.2　平面与平面立体求截交（线）面 …………………………………………… 76

6.1.3　平面立体与平面立体求相贯线 ……………………………………………… 79

6.2　一般屋面交线 ………………………………………………………………………… 82

6.2.1　屋面附属形体和屋面的交线 ………………………………………………… 82

6.2.2　一般坡屋顶建筑屋面和屋面的交线 ………………………………………… 83

6.2.3　同坡屋面的交线 ……………………………………………………………… 86

第7章　曲线和曲面 ··· 90

7.1　曲线 ··· 90

7.1.1　曲线的分类和投影 ·· 90

7.1.2　平面曲线 ·· 90

7.1.3　空间曲线 ·· 92

7.2　曲面 ··· 93

7.2.1　曲面的形成 ··· 93

7.2.2　曲面的投影 ··· 93

7.2.3　曲面的分类 ··· 93

7.3　曲面上的点 ·· 101

7.3.1　圆柱 ··· 101

7.3.2　圆锥 ··· 102

7.3.3　球 ·· 102

第8章　曲面立体 ··· 103

8.1　曲面立体和平面立体相交 ······································ 103

8.1.1　平面和曲面立体求截交线（面）······························· 103

8.1.2　曲面立体挖缺口 ··· 105

8.1.3　曲面立体穿孔 ··· 105

8.1.4　曲面立体和平面立体求相贯线 ······························· 106

8.2　曲面立体和曲面立体相交 ······································ 108

8.2.1　一般情形的相贯线 ··· 108

8.2.2　特殊情形的相贯线 ··· 109

8.2.3　相贯线的辅助球面法 ······································· 112

8.3　综合体求相贯线 ·· 113

第9章　投影变换 ··· 115

9.1　投影变换的目的及方法 ·· 115

9.2　变换投影面法 ·· 116

9.2.1　新投影体系的选择及点的变换 ······························· 116

9.2.2　直线的变换 ··· 117

9.2.3　平面图形的变换 ··· 119

9.3　旋转法 ·· 123

9.3.1　点的旋转 ··· 123

9.3.2　直线的旋转 ··· 123

9.3.3　平面的旋转 ··· 124

9.4　不指名轴的旋转法 ·· 126

第10章　透视图 ·· 130

10.1　透视图的基本原理 ··· 130

10.1.1　透视图的基本术语 ·· 130

10.1.2　透视图的形成 ·· 131

10.1.3 透视的基本现象 ………………………………………… 131

10.1.4 透视的基本规律 ………………………………………… 131

10.1.5 透视图的种类 …………………………………………… 132

10.1.6 透视图的选择 …………………………………………… 133

10.2 透视图的作法 …………………………………………………… 133

10.2.1 点的透视作法 …………………………………………… 133

10.2.2 直线的透视作法 ………………………………………… 134

10.2.3 平面图形的透视作法 …………………………………… 139

10.2.4 立体的透视作法 ………………………………………… 140

第11章 投影图中的阴影 ……………………………………………… 157

11.1 正投影的阴影 …………………………………………………… 157

11.1.1 常用光线 ………………………………………………… 157

11.1.2 点的落影 ………………………………………………… 157

11.1.3 直线的落影 ……………………………………………… 159

11.1.4 平面的落影 ……………………………………………… 160

11.1.5 立体的落影 ……………………………………………… 161

11.1.6 实例 ……………………………………………………… 162

11.2 透视图的阴影 …………………………………………………… 165

11.2.1 光线的透视 ……………………………………………… 165

11.2.2 直线的落影 ……………………………………………… 167

11.2.3 立体透视图阴影的做法 ………………………………… 170

11.2.4 实例 ……………………………………………………… 173

附录 ……………………………………………………………………… 178

第1章 投 影 概 论

1.1 投 影 原 理

日常生活中，物体在灯光或日光的照射下，会在地板或地面等承影面产生影子。在工程上将这种现象加以抽象，以投射线（直线）代替光线，以投影面（平面）代替地板或地面，采用这样的投影方法来得到空间形体在平面上的图形。应用这样的投影方法得到的图形称为投影或投影图。它与影子不同，影子只反映物体的总轮廓，而投影图把物体的完整形象表示出来。

1.1.1 中心投影

图 1-1 所示，灯光照射地面，由点光源发出光线照射物体而在地板形成的影子，抽象为自一点投射中心发出投射线而使空间形体在投影面上形成的投影称为中心投影。

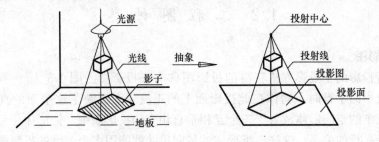

图 1-1

1.1.2 平行投影

日光照射物体在地面形成的影子，假设太阳在无穷远处，太阳光线相互平行。抽象为相互平行的投射线形成的投影称为平行投影。

在平行投影中，由于投射线与投影面所成的角度不同，又可分为两类：

1. 投射线倾斜于投影面的平行投影称为斜投影，如图 1-2 所示。

2. 投射线垂直于投影面的平行投影称为正投影，如图 1-3 所示。

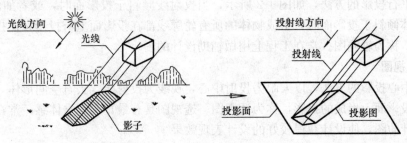

图 1-2

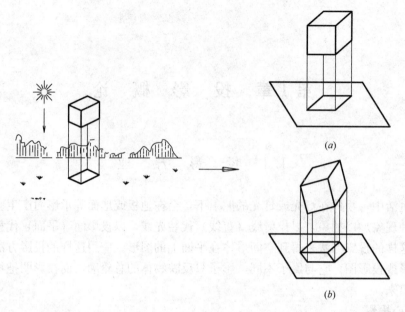

图 1-3

1.2 工 程 图 种 类

1.2.1 正投影图

采用平行投影的正投影方法获得的投影图称为正投影图。图 1-3（a）所示，当物体的某个面和投影面平行时，物体在此投影面上的正投影图反映了这个面的真实形状和尺寸，因此将三维的空间形体放置于三个互相垂直相交的投影面中，使形体尽可能多的面和各投影面保持平行的关系，这样三维形体的各向尺寸就能用多个二维的投影图来表达。

正投影图能准确表达空间形体，具有可度量性，因此采用形体正投影图并标注形体尺寸的图纸表达方法能满足工程测量、设计和施工的要求，是主要的工程图。

1.2.2 标高投影图

采用平行投影的正投影方法，物体在一个水平投影面上标有高度的正投影，称为标高投影。这种投影图一般用在水平向尺寸远远大于高度尺寸的形体中，如地形图、道路、水工建筑物等。

1.2.3 轴测图

采用平行投影的方法，如图 1-2 所示，当投射线倾斜于投影面时，或者如图 1-3（b）所示，物体倾斜于投影面时，组成物体的所有轮廓线都在投影面上有投影，使投影具有立体的效果，称为轴测图。常在工程上用做辅助设计的图。

1.2.4 透视图

采用中心投影的方法，以人眼为投射中心，视线为投射线，去看空间形体，使空间形体在一个投影面上形成的投影，称为透视图。透视图具有最真实的立体感，常在工程上用做辅助设计的图，使设计获得较好的设计表现效果。

从上述我们可以看到，投影在工程图的应用主要是两大类：一是表达物体，采用正投

2

影方法，清晰、准确地表达物体的真实尺寸，用于建造，如正投影图、标高投影图。二是表现物体，采用所有的投影方法，来充分表现物体的立体形象，以获得真实空间的感受，如轴测图、透视图，常作为辅助设计的图纸，用来在设计时表现设计效果或者相互交流构思的图纸等。

1.3 图学发展简述

远古时候，人类将看到的事物描绘成画，刻在岩壁上或其他物体上，形象地记录形体，这是种感知视觉写真的画法。通过对先人的这种简单的透视画法的认识，一步步获得科学的透视原理。到欧洲文艺复兴时期，绘画大师达·芬奇等建立了透视学理论。在我国宋代李诚所著的《营造法式》中，附有许多建筑图样来表达建筑的尺寸和立体形象。在相当长的一段时间，无论中外都是用这种视觉写真画法来绘制工作图样。

随着现代工程技术的发展，建造和制造工艺日趋复杂，要求在图中能精确地表达形体的尺寸，在总结前人和当时的各种画法的基础上，法国的 G. 蒙日（Gaspard Monge）于1795 年发表了《画法几何》一书，使工程制图更严密准确。自此画法几何（Descriptive Geometry）作为一门独立的学科出现。画法几何作为制图的语言，随着技术科学的发展和需要，日趋完备。

《画法几何》的制图方法是工程技术人员必须具备的能力。学习《画法几何》旨在培养学生的空间思维能力和空间表达能力。养成良好的作图习惯和思维习惯是学好画法几何的关键。学好《画法几何》可为后续的专业课程学习打好基础。

第2章 制图基本知识

2.1 制图基本规格

工程图是表达工程设计的重要技术资料。为了做到制图基本统一，表达清晰简明，保证图纸质量，提高作图效率，对于图样的画法、线型、图例、字体等都有统一的规定。这些统一的规定即为现行的国家制图标准。

2.1.1 图幅

工程图纸的幅面和图框尺寸应符合表2-1的规定。

图 纸 幅 面 （mm）　　　　　　　　　　　　　　　　　　　表 2-1

尺寸代号	幅 面 代 号				
	A0	A1	A2	A3	A4
$B \times L$	841×1189	594×841	420×594	297×420	210×297
c	10			5	
a	25				

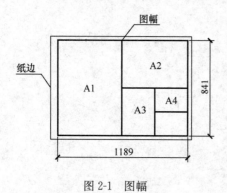

图 2-1　图幅

在表2-1中，B 和 L 分别表示图幅短边和长边的尺寸。其短边与长边尺寸之比为 $1：\sqrt{2}$。图纸的幅面如图2-1所示。

A0号图纸幅面的面积为 $1m^2$，A1号图纸是A0号图纸的对开，其他幅面类推。

必要时也允许加长图幅，但要符合国家标准的有关规定。

图纸的使用方式有横式和竖式两种，如图2-2所示。一般情况下尽量采用横式图纸。

为了便于缩放复制，图纸上画出对中标志。对中标志画在四边幅面的中点处。

图纸的标题栏分别有设计单位名称区、注册师签章区、项目经理签章区、修改记录区、工程名称区、图号区、签字区和会签栏。标题栏可在图纸的底边处（高为30～50）或右边处（宽为40～70）。

2.1.2 图线

工程图中的图线线型有实线、虚线、点划线、折断线、波浪线等。每种线型又有不同的线宽，有其不同的用途。绘图时，所有线型和线宽要符合表2-2的规定。

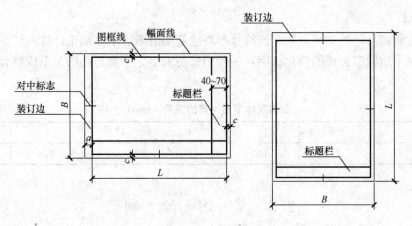

图 2-2　图纸格式

线　型

表 2-2

名　称		线　型	线宽	一般用途
实线	粗		b	主要可见轮廓线
	中		$0.5b$	可见轮廓线
	细		$0.25b$	可见轮廓线、图例线
虚线	粗		b	见有关专业制图标注
	中		$0.5b$	不可见轮廓线
	细		$0.25b$	不可见轮廓线、图例线
单点长画线	粗		b	见有关专业制图标注
	中		$0.5b$	见有关专业制图标注
	细		$0.25b$	中心线、对称线等
双点长画线	粗		b	见有关专业制图标注
	中		$0.5b$	见有关专业制图标注
	细		$0.25b$	假想轮廓线、成型前原始轮廓线
折断线	细		$0.25b$	断开界限
波浪线	细		$0.25b$	断开界限

　　每个图样，应根据复杂程度和比例大小，先确定基本线宽 b，再选用表 2-3 中适当的线宽组。

　　在同一张图纸内相同比例的各图样，应选用相同的线宽组。

线　宽　组

表 2-3

线宽比	线　宽　组			
b	1.4	1.0	0.7	0.5
$0.7b$	1.0	0.7	0.5	0.35
$0.5b$	0.7	0.5	0.35	0.25
$0.25b$	0.35	0.25	0.18	0.13

2.1.3 字体

图纸上所需书写的文字、数字或符号等均应笔画清晰、字体端正、排列整齐。

汉字应采用国家公布的简化汉字，一般用长仿宋字。字宽与高的关系应符合表2-4的规定。

长仿宋体字高、宽的关系（mm）　　　　表2-4

字高	20	14	10	7	5	3.5
字宽	14	10	7	5	3.5	2.5

2.2 草 图 绘 制

不用绘图仪器，徒手绘制的图称为草图。

绘制草图的墨线笔一般用毡头笔、美工笔，铅笔一般采用2B以上的软铅笔，尽可能软。钢笔绘制草图一般适合于熟练的绘图者。

不论是画法几何的学习，还是设计工作的要求，头脑中的空间形体和纸上草图的表达，是一场思想和图画之间的交流，这对于理解形体、解决设计任务是不可避免的。所以设计者需要熟练掌握草图的绘制技能。

下面介绍草图的绘制方法。

2.2.1 草图绘制常识

1. 软铅笔

用一支软铅笔绘制草图时，不要削得太尖，要微钝，有利于在粗线和细线之间游刃有余的转换。笔芯露出约6~8mm。铅笔的削法如图2-3所示。

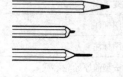

草图铅笔
2B以上

不正确

不正确

图 2-3

2. 纸

草图绘制的纸可选用白纸、拷贝纸或者硫酸纸。

刚学画草图时可用坐标纸（方格纸）垫在拷贝纸下面，以确定图样的比例关系。

3. 握笔姿势

坐姿放松，可适当远离桌面。握笔较高，笔尖朝前，如图2-4所示。

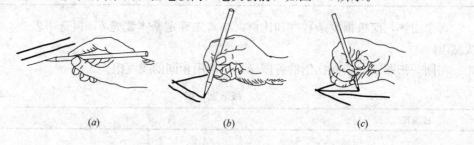

(a)　　　　　　　(b)　　　　　　　(c)

图 2-4

(a) 画水平线；(b) 画垂直线；(c) 画斜线

4. 画线

画水平线从左至右，画垂直线从上至下。

画长线时，手腕关节不动，小指指尖靠在图上轻轻滑动。长线可接画，接线处宁可稍留空隙而不宜重叠。

线条要呈现出速度感，运笔必须轻松、流畅、肯定。

5. 徒手画有角度的线

先徒手作一直角，然后作一圆弧，把圆弧两等分，得 45°角，把圆弧三等分，得 30°角，如图 2-5 所示。

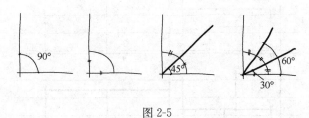

图 2-5

6. 徒手画圆

作小圆，先作十字线，定出半径位置，然后四点画圆。

作大圆如图 2-6 所示，先做十字线，定出半径位置，作正方形，作正方形对角线，在对角线上三等分，用圆弧连接四个半径点和四个对角线上最外的等分点（稍偏外一点）。

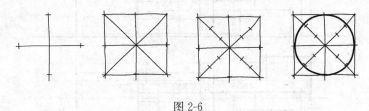

图 2-6

7. 徒手画椭圆

作椭圆如图 2-7 所示，先作十字线，定出长轴、短轴位置，作矩形，作矩形对角线，在对角线上三等分，用光滑曲线连接长短轴上的四个点和四个对角线上最外的等分点（稍偏外一点）。

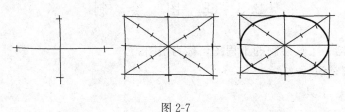

图 2-7

8. 字

草图图面上汉字字高 4mm，数字字高 3mm。

文字一般写方块字，以快速、清晰为原则。所有文字在图面上均为细线型。

2.2.2 草图绘制的步骤

草图绘制遵循从整体到局部的原则。先确定形体的整体框架，然后一步步细化。

在绘制整体轮廓时都是长线，可先绘制细线打底稿，然后再加深线条，如图 2-8 所示。

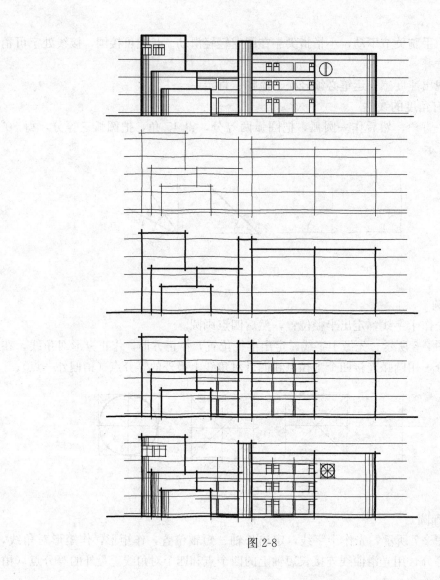

图 2-8

2.3 正图绘制

借助绘图仪器、工具绘制的工程图，称为正图。

2.3.1 正图绘制常识

1. 绘制仪器、工具

（1）图板

绘图时，图板一般比所绘图纸的图幅大一号或二号。图板板面应干净平整。

（2）笔

墨线笔可以是各种型号的针管笔或者鸭嘴笔。

常用铅笔的软硬从 4H 到 6B，以满足绘图过程的不同需要。削铅笔应保证铅芯露出 6～8mm，同时铅芯尖端的横断面应与相应图线宽度一致，如图 2-9（a）所示。

铅笔与工具的配合如图 2-9（b）所示，顺着画线方向成 75°角，同时贴牢画图工具如

图 2-9 (c) 所示。

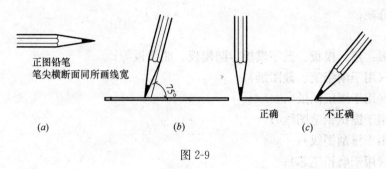

正图铅笔
笔尖横断面同所画线宽

15°

(a)   (b)   正确   不正确
                                        (c)

图 2-9

(3) 图纸

绘图纸、卡纸、硫酸纸。

(4) 丁字尺

丁字尺主要用于画水平线，使用时，左手握尺头，使尺头紧靠图板左边缘。尺头沿图板的左边缘上下滑动到需要画线的位置，从左向右画水平线，画线时只允许在尺身上侧。

尺头不能靠图板的其他边缘滑动画线，如图 2-10 所示。

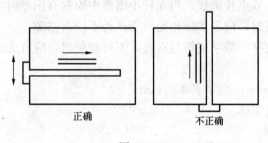

正确   不正确

图 2-10

(5) 三角板

三角板有 45°和 60°两种，垂直线应靠在三角板的左边自下而上画线，如图 2-11 (a) 所示。

三角板与丁字尺配合可以画出 15°、30°、45°、60°、75°的斜线以及相互垂直和平行的线，如图 2-11 (b) 所示。

三角板画平行线如图 2-11 (c) 所示。

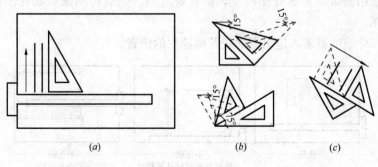

(a)   (b)   (c)

图 2-11

9

（6）其他仪器、工具

圆规、分规；

比例尺；

各种模板：建筑模板、数字模板、圆模板、曲线板等；

裁纸刀（用于削铅笔、裁图纸）；

胶带纸（用于固定图纸）；

橡皮（用于擦拭铅笔图线）；

刀片（用于修刮墨线）；

细砂纸（用于磨铅笔芯）；

排笔（用于清理橡皮屑）。

所有绘图仪器、工具在绘制正图时，要保证仪器、工具干净，同时绘制时在图纸上轻拿轻放，避免在图纸上拖动。

2. 图线要求

（1）相互平行的图线，其间隙不宜小于其中的粗线宽度，且不宜小于 0.7mm。

（2）虚线、单点长画线、双点长画线的线段长度和间隔宜各自相等。

（3）单点长画线、双点长画线，当在较小图形中绘制有困难时，用细实线代替。

（4）各种线型交叉时，应是线段相交，交点处不应有空隙。

（5）图线不得与文字、数字或符号重叠，不可避免时，应首先保证文字的清晰。

3. 文字要求

（1）汉字字高 3.5mm，数字字高 2.5mm。

（2）文字采用长仿宋体。

长仿宋体书写要领：

横平竖直

起落分明

大小一致

结构匀称

（3）所有文字在图面上是细线型。

2.3.2　正图绘制步骤

1. 准备好必要的制图仪器、工具和用品。保证绘图仪器干净。

2. 将图纸用胶带纸固定在图板上，位置要适当。一般将图纸粘贴在图板的左下方，如图 2-12 所示。

3. 按制图标准的要求，定出图框线及标题栏的位置。

| 正确 | 不正确
底部画图时尺身易移位 | 不正确
尺端易摆动 |

图 2-12

4. 根据图形的数量、大小及复杂程度选择比例，安排图位，定好图形的中心线。

5. 画图形的定位线。先画上，后画下，先画左，后画右。

6. 画图形的主要轮廓线，由整体到局部，直至画出所有轮廓线。铅笔画底稿线应轻而细。

7. 画尺寸界限、尺寸线以及其他符号等。

8. 加深粗线。

9. 标注尺寸与文字说明。

10. 写标题和完成图框。

11. 收拾图面。

第3章 正投影原理

投射线垂直于投影面的平行投影称为正投影。物体用正投影法获得的图形称为正投影图。正投影图相当于观察者在投影面的前方无限远处正对投影面观看所得的图形，所以工程上习惯称为视图。

3.1 正投影的基本概念

3.1.1 正投影的特性

工程上的形体，分析起来无非是由线、面组成的。因此要能熟练地运用正投影方法表达物体，必须了解直线、平面的正投影特性。

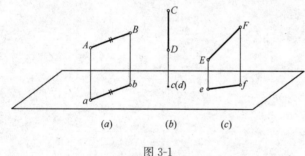

图 3-1
(a) 量度性；(b) 积聚性；(c) 类似性

1. 直线的正投影特性（如图 3-1 所示）

（1）直线平行投影面，其投影还是直线，并反映实长。

（2）直线垂直于投影面，其投影积聚成一点，即这条线上所有点的投影都落在这一点上。

（3）直线倾斜于投影面，其投影仍是直线，但长度缩短。

2. 平面的正投影特性（如图 3-2 所示）

（1）平面平行投影面，其投影反映实形。

（2）直线垂直于投影面，其投影积聚成直线，即该平面上的点、线或其他图形的投影都落在这条线上。

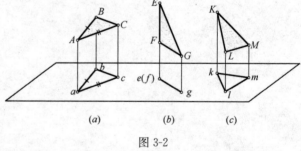

图 3-2
(a) 量度性；(b) 积聚性；(c) 类似性

（3）直线倾斜于投影面，其投影变形，面积缩小，但仍然是一个类似图形。

3.1.2 投影体系

利用正投影方法获得的投影图目的是为了获得物体三向的真实形状和大小。

1. 建立三个相互垂直的投影面作为投影体系

如图 3-3 (a) 所示。

三个投影面分别称为：

水平投影面，以 H 表示；

正立投影面，以 V 表示；

侧立投影面，以 W 表示。

为了便于建立正投影图的三度尺寸概念，将三个投影面的交线（投影轴）作为坐标轴。

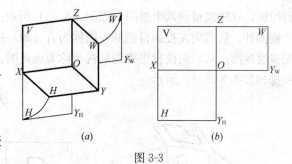

图 3-3

H 面与 V 面的交线作为 X 轴，表示长度方向；

H 面与 W 面的交线作为 Y 轴，表示宽度方向；

V 面与 W 面的交线作为 Z 轴，表示高度方向；

三个轴的交点 O，作为原点。

为了把三个面的投影图画在一张图纸上，将三个投影面摊平，如图 3-3（b）所示。即 V 面不动，H 面绕 X 轴向下旋转，W 面绕 Z 轴向右旋转，使 H、V、W 三个面在同一平面上。此时，Y 轴分为两条，一条跟随 H 面，标注为 Y_H；另一条跟随 W 面，标注为 Y_W。

因为在正投影中，不管物体离投影面的远近，其投影不变，同时投影面可以无限扩大，所以在实际应用上，投影面的边框和投影轴都不用画出。

2. 放置立体于投影体系中

因为正投影的特性，空间中平行于投影面的线、面具有量度性。而工程中画正投影图的目的是为了获得立体的真实形状和大小。所以将立体放置于投影体系中时，应使立体尽可能多的面与投影面保持平行的关系，以获得各面的实形。图 3-4（a）所示，将四棱柱放入投影体系中。使立体的各面与 H、V、W 保持平行的关系。

物体在水平投影面上的投影称为水平投影或 H 面投影，工程实用上称为俯视图或顶视图。

物体在正立投影面上的投影称为正面投影或 V 面投影，工程实用上称为前视图或正视图。

物体在侧立投影面上的投影称为侧面投影或 W 面投影，工程实用上称为侧视图。从左向右观看的称为左（侧）视图。

在画法几何中，把三面投影图画在同一张纸上，为表达简洁，不用标注视图名称，但统一规定视图位置。如图 3-4（b）所示。俯视图在下方，前视图在上方，左视图在前视图右方。同时，保持各视图的投影关系。即前视图和俯视图的长度相等，上下要对正；前视图和左视图高度相等，左右要平齐；俯视图和侧视图宽度要相等。简而言之，三个视图的排放和尺寸关系应保持"长对正、宽相等、高平齐"。只有三个视图综合起来才能准确清楚地表达物体。

3. 六个基本视图

有些物体形状比较复杂，用三个视图还不能清楚表达时，可以再增加几个视图。若需得到从物体背后、下方、或右侧观看时的视图，则可在原来三个投影面的对面（与原投影面平行）增加三个投影面。然后将物体放在六个投影面之间进

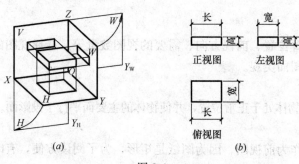

图 3-4

13

行投影，这样就得到六个视图，如图3-5（a）所示。在这六个视图中，除了前面所提到的三个视图外，从右向左投影得到的视图称为右（侧）视图；从下往上投影得到的视图称为仰视图或底视图；从后向前投影得到的视图称为后视图。这六个视图称为基本视图，其展开方式和排列如图3-5（b）所示。

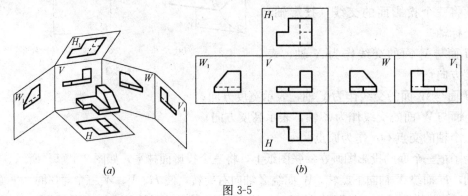

图 3-5

3.1.3 视图的表达

要用视图来反映物体的完整形象，就必须把它的外在表面和内部形状都表达出来。因此在视图中，物体的可见轮廓线用粗实线表示，不可见轮廓线用细虚线表示，如图3-6所示。

由于曲面是光滑而无棱线的，因此曲面的视图用其外轮廓线来表示，同时画出其对称轴线，用细单点长画线表示，如图3-7所示正圆柱体。

在视图上还会遇到实线、虚线、点画线等相互重叠的情况，应根据重要性来决定它们的优先次序，其优先次序为：实线、虚线、点画线，如图3-8所示。

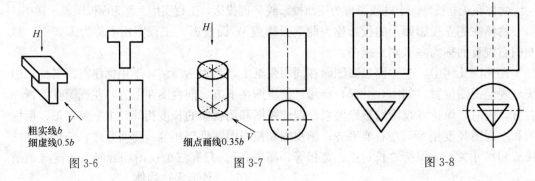

图 3-6   图 3-7   图 3-8

3.1.4 视图的选择

在选择视图时，要考虑物体的放置位置、前视方向、需要的视图数量等。选择视图的原则应使物体表达清楚、画图简明、图面美观。

1. 放置位置

为了读图方便、画图简单，总是使物体处于正常位置，并使物体的主要面平行于投影面。

2. 前视图的选择

把最重要的一面或有特征的一面作为前视图。因为图纸是矩形，为了阅读方便，有时也把较长的一面作为前视图。

3. 视图的数量

在将形体表达清楚的前提下，视图的数量宜少。

3.2 基本几何形体的视图

要用视图来表达各种形体，首先必须熟悉各种基本几何体的视图。因为工程上的物体虽复杂多样，但加以分析都可以看作是由柱、锥、球等基本几何体所组成。所以必须熟练掌握各种基本几何体在各种放置位置的视图。

几何体可分为平面立体和曲面立体两大类。平面立体如图 3-9 所示，曲面立体如图 3-10所示。

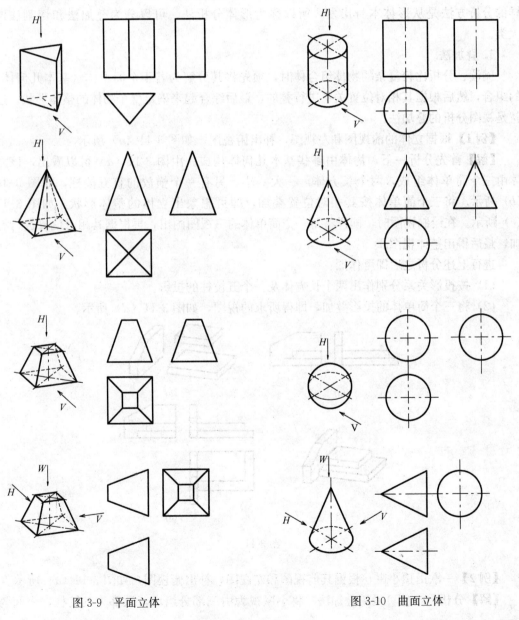

图 3-9　平面立体　　　　　　　　　　　　　图 3-10　曲面立体

3.3 视图的读法

物体的真实形状和尺寸，由立体的视图来表达。在画法几何中，我们通过对三视图的理解，来建立空间立体的形象。下面介绍视图的两种基本分析方法，以帮助大家阅读、绘制视图。

3.3.1 形体分析法

对于复杂的形体，无非是基本几何形体的叠加组合或者多次切割而成。所以在阅读、分析、绘制这些复杂体时，要熟悉基本几何体的视图，然后依据复杂体的根本特征，叠加基本体或者切割基本体，从而在脑中建立复杂体的空间形态，读懂视图或者画出视图。这样的分析方法是从形体本身出发，所以称为形体分析法。可以分为叠加法和切割法两大类。

1. 叠加法

阅读、分析比较复杂的物体组合体时，须先将其分解为若干个简单体（基本几何体）的组合，然后根据其相对位置关系进行叠加，最后综合起来确定整个物体的整体形状。这就是视图分析的叠加法。

【例1】根据立体的前视图和左视图，补出俯视图，如图 3-11（a）所示。

【解】首先分析一下，物体由哪些基本几何体构成。由图 3-11（a）可以看出，该立体由三个简单体组成，两个长方体，一大一小，另有一个横放的直五棱柱，如图 3-11（b）所示。将三个简单体按其相对位置叠加，即可想象出立体的整体形状，如图 3-11（c）所示。在绘制视图时，同样将每一个简单体的三视图画出，再根据其相对位置进行叠加，最后得出整体视图。

进行上述分析之后即可作图：

（1）按投影关系分别作出两个长方体及一个五棱柱的投影。

（2）将三个简单体的投影叠加，即得所求的视图，如图 3-11（d）所示。

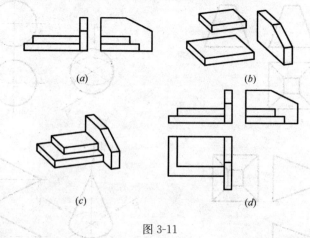

(a)　　　　　　(b)

(c)　　　　　　(d)

图 3-11

【例2】一歇山顶小屋，根据其前视图和左视图，补出俯视图，如图 3-12（a）所示。

【解】分析：本例可运用叠加法。将小屋视为由三部分组成，顶部为三棱柱，中间为

16

四棱台，下部是四棱柱，如图 3-12（c）所示。但必须注意，为分析视图，在前视图上添了一条辅助线，如图 3-12（b）所示。根据三个基本几何体的相对位置，不难想象出小屋的整体形象，如图 3-11（d）所示。

作图：

（1）根据图 3-12（a），先补出上部三棱柱的俯视图，图 3-12（e）。

（2）根据投影关系，补出中间四棱台的俯视图，图 3-12（f）

（3）根据投影关系，补出底部四棱柱的俯视图，图 3-12（g）。

（4）将三个简单体的投影组合在一起，擦去多余的线条，不可见部分画成虚线，可得小屋的俯视图，如图 3-12（h）所示。

从上例还可看出，小屋的屋顶平面 P（如图 3-12d）为一六边形，该平面垂直于 W 投影面，倾斜于 H 和 V 投影面，所以平面 P 在左视图上积聚成一条直线，而在前视图和俯视图上投影为类似形，如图 3-12（h）所示。

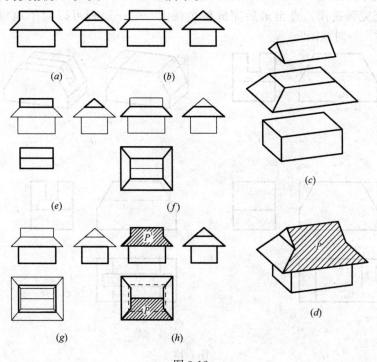

图 3-12

通过上面两例可以看出，用叠加法分析视图，通常先将物体分成若干个简单体，分别求出简单体的视图，再根据其相对位置，合成整体。这一过程，可以简单地概括为"对投影——分形体——合整体"。

2. 切割法

与叠加法相反，有些工程物体，是由基本几何体或简单体经过切割、开槽、打孔形成。在阅读分析这类立体时，可以先将缺损部分补完整，即假设立体无缺损，想象出其完整的基本形体，然后依次切割。在绘制视图时，首先从整体大致形状开始，由各个有特征的视图入手，顺次切割，并依次完善相应的视图，直至最后完成，从而确定其形状。

【例 3】根据前视图和左视图，补出俯视图，如图 3-13（a）所示。

【解】分析：由图 3-13（a）可以看出，该立体由一长方体经切角、开槽而形成。分析时宜采用切割法。假设立体未被切割，由前视图的投影特征可知，长方体顶部两边被削去两块，再由左视图可以看出，长方体顶部开了槽，如图 3-13（b）所示。

用切割法绘制视图时，每切割一次，就将各个视图检查补充一次，擦去已被切割的部分轮廓线，并补上新的轮廓线或投影外形线。

作图：

（1）作出立体未被切割前的形状，图 3-13 中为一长方体。

（2）由前视图可知，长方体顶部被切去两角，作出此时的投影图，如图 3-13（c）所示。

（3）根据左视图，长方体顶部开槽，画出开槽后的投影图，如图 3-13（d）所示，即所求立体的俯视图。

用切割法分析视图，通常是从物体的整体形状出发，抓住有特征的投影图，不断切割，不断补充完善视图，直至最后完成整个视图。这一过程可以简单地概括为"抓特征——割整体——对视图"。

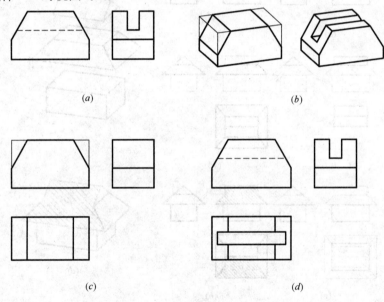

图 3-13

通常读图时，可综合运用叠加和切割两种方法。

如例 2，图 3-12 中的歇山顶小屋，也可看作由两部分组成，下部为一简单的长方体，上部是一横放的三棱柱，经切割而成，如图 3-14 所示。

在图 3-15 中，分析、阅读时可将所讨论的立体视为由三个简单体构成，其中体 I 较为复杂，可看作由三棱柱切割而成。再由 I、II、III 叠加而成。

3.3.2 线、面分析法

对于一些复杂的立体，用形体分析法不易读懂，此时，可根据视图上有特征的线与面的正投影特性加以分析。

图 3-16（a）所示为带缺口的四棱台。图 3-16（b）为组成该立体的平面中三个面 P、

18

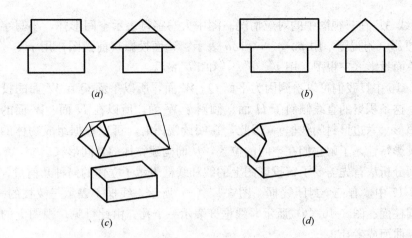

(a)　　　　　　　　　　　(b)

(c)　　　　　　　　　　　(d)

图 3-14

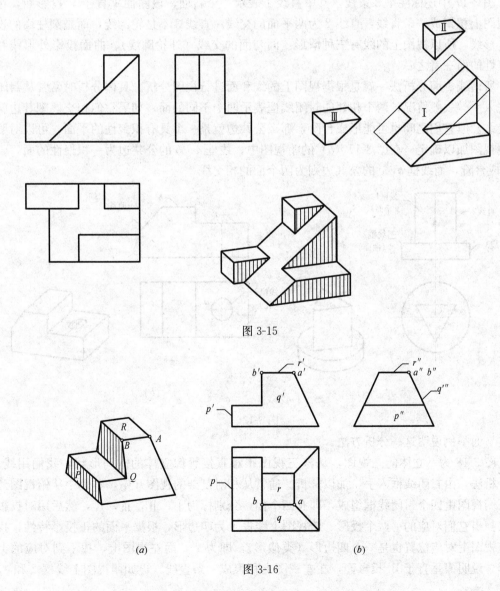

图 3-15

图 3-16

Q、R 和直线 AB 在三视图中的对应情况。图中大写字母表示空间形体，小写字母表示投影。H 面投影（俯视图）用 p、q、r 和 ab 表示；V 面投影（前视图）用 p'、q'、r' 和 a' b' 表示；W 面投影（左视图）用 p''、q''、r'' 和 $a''b''$ 表示。

从图 3-16 中，我们可以看到因为平面 $Q \perp W$ 面，所以平面 Q 在 W 面的投影积聚成一条直线。这条积聚的直线倾斜于 H 面、倾斜于 W 面，所以在 H 面、W 面的投影是类似的平面图形（六边形封闭线框）。因此，在阅读视图时，可以根据组成物体的线、面在视图上的投影特性，了解它们在空间的位置，从而构建物体的空间形状。

线、面分析法首先需要了解投影图上的线和线框表示了立体的何种几何量。

在图 3-17 中，有三个封闭线框。图 3-17（a）所示，线框 1 表示三棱柱的一个棱面；线框 2 为圆柱面；图 3-16（b）所示，线框 3 表示一个孔。由此可见，视图上的封闭线框表示平面、曲面或者孔。

图 3-17 中还标注了 3 条线，其中直线 1 表示一个斜面，该斜面垂直于 V 投影面，在前视图上积聚成一条直线；直线 2 为两平面的交线；直线 3 不是轮廓线，而是圆柱面的投影外形线。所以视图上的线有三种情形：面与面的交线（外轮廓线）、曲面投影外形线和积聚性的面三者之一。

所谓线、面分析法，就是根据视图上的线和面进行视图分析。具体分析时常常从封闭线框入手。一般情况，两个相邻的封闭线框表示两个不同的面，如果它们相交，则其边就是交线。但它们之间也可能形成台阶，那么公共边就是一个具有积聚性的平面，可以对照其他视图加以确定。在图 3-17（b）的俯视图中，线框 a、b 的公共边为一积聚性的面，a，b 形成台阶，而线框 b，c 的公共边则为两个面的相交线。

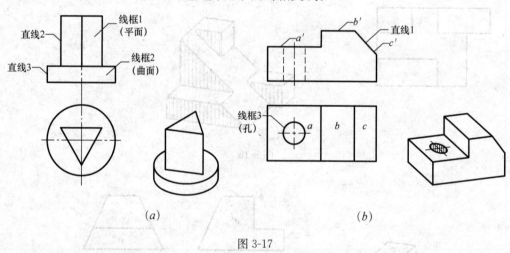

图 3-17

下面举例说明这一分析方法。

图 3-18 为一立体的三视图，从该三视图很难直接想像立体的空间形状，我们用线、面分析法，由封闭线框入手，加以分析。通常从相对复杂的视图开始，本题中从俯视图开始。俯视图由四个封闭线框组成，即有四个面，分别标为 I、II、III、IV，然后用对投影方法找出它们对应的另两个投影。俯视图上线框 1 为四边形，根据平面的正投影特性，找到前视图上对应位置也是一个四边形（类似形），即为 $1'$，而左视图上，找不到对应的类似形，说明面垂直于 W 投影面，在左视图上积聚成一条直线。再如俯视图上线框 2 和 4，

都为三角形，而前视图上对应的只有一个三角形，说明平面Ⅱ和平面Ⅳ中，有一个面垂直于 V 投影面，具有积聚性。由分析可知，平面Ⅱ和平面Ⅰ有公共边，所以平面Ⅱ为斜面，平面Ⅳ垂直于 V 投影面。用同样方法分析其他各面，综合起来，即可得到立体的整个形状，具体情形可参看图 3-18（b）。

对于初学者来说，凭视图直接在脑中构建空间物体的形状会有一定的困难，可以先画一些立体草图，一边分析，一边在草图上不断完善。同时多多练习，逐步掌握读图技巧。

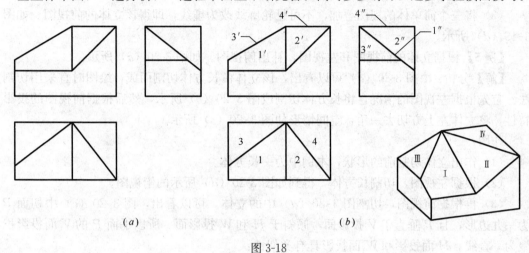

图 3-18

3.3.3 综合练习题

【例 4】根据立体的俯视图和左视图，补出前视图，如图 3-19（a）所示。

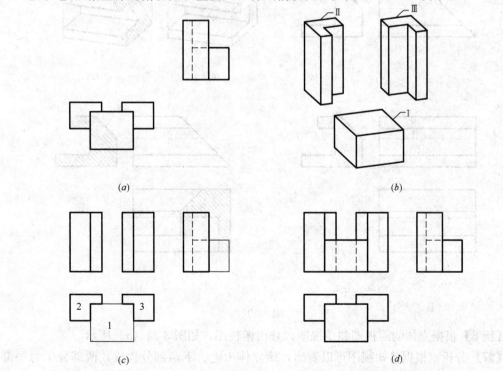

图 3-19

21

【解】分析：由已知的俯视图可以看出，本例中立体由三个简单体组成。其中体Ⅰ为长方体，体Ⅱ和体Ⅲ位于两侧，互相对称，其空间情形如图 3-19（b）所示。用叠加法作图。

作图：

（1）作出体Ⅰ的前视图。

（2）作出体Ⅱ和体Ⅲ的前视图，如图 3-19（c）所示。

（3）将三个简单体的视图叠加，不可见轮廓线改为虚线，即得该立体的前视图。如图 3-19（d）所示。

【例5】根据立体的前视图和左视图，补出俯视图。如图 3-20（a）所示。

【解】分析：由图 3-20（a）可以看出，该立体由长方体切割而成，绘图时宜采用切割法。首先根据左视图的情况，将长方体切割成图 3-20（b）所示，然后根据前视图的投影特性，将立体左上方切去一角，空间情形如图 3-20（c）所示。

作图：

（1）作出立体切割前的形状，本例中为一长方体。

（2）根据左视图，切割长方体，得到如图 3-20（d）所示的俯视图。

（3）再根据前视图，切割图 3-20（d）中的立体。可以看出，图 3-20（c）中切面 P 为一九边形，且 P 垂直于 V 投影面，倾斜于 H 和 W 投影面。所以平面 P 的 V 面投影积聚为一直线，H 面投影和 W 面投影具有类似性：

该立体的俯视图如图 3-20（e）所示。

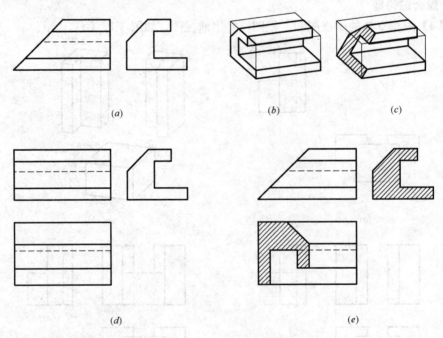

图 3-20

【例6】根据立体的前视图和左视图，补出俯视图，如图 3-21（a）所示。

【解】分析：根据已知视图可以看出，该立体由上、下两部分构成，两部分中每一部分都是由长方体经过切割而成，两部分互相独立，分别符合各自的投影特性。分析时，应

22

将叠加法和切割法结合起来加以应用。图 3-21（b）所示为两长方体未被切割时的情形。图 3-21（c）中，两立方体分别被切割，切割方法不止一种。

作图：

（1）作出两长方体未被切割时的俯视图。

（2）切割两长方体，分别作出长方体切割后的俯视图，并按照投影关系，将其合成一个整体，如图 3-21（d）所示。俯视图可有多种答案。

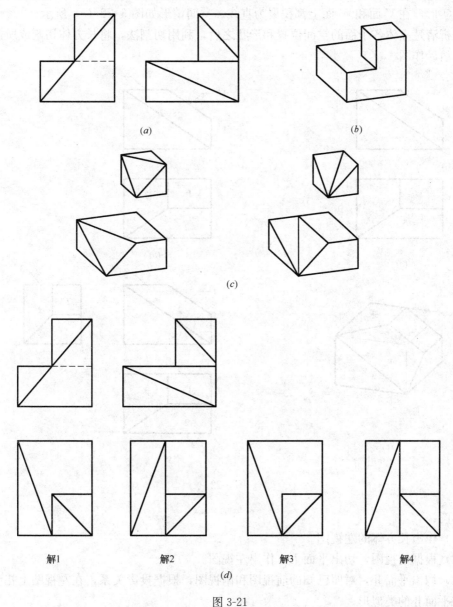

图 3-21

【例 7】根据立体的俯视图和前视图，补出左视图，如图 3-22（a）所示。

【解】分析：本例采用线、面分析法。在本例已知的两个视图中，俯视图有三个线框，即有三个平面，相对复杂，所以从俯视图入手。

先将俯视图中的三个线框编号，分别为线框 1、线框 2 和线框 3，如图 3-22（b）所示。接下来按照投影关系，找到这些面所对应的 V 投影。本例中，线框 1 为矩形，但在 V 面投影对应位置上消失了，且积聚直线倾斜于 H 投影面和 W 投影面，说明平面 I 垂直于 V 投影面，倾斜于 H 投影面和 W 投影面。其 H 投影和 W 投影均为类似形。线框 2 为梯形，在 V 投影面的对应位置能找到类似形，说明平面 II 为一斜面，与三个投影面都倾斜，在三个投影面都是类似形。同理可以看出平面 III 为 H 面平行面，所以平面 III 在 H 投影面上反映实形，在 V 面和 W 面上都积聚为直线。空间情形如图 3-22（c）所示。

分析清楚立体各个面的空间位置和形状之后，利用切割法，将长方体切割成所需要的立体，然后作图。

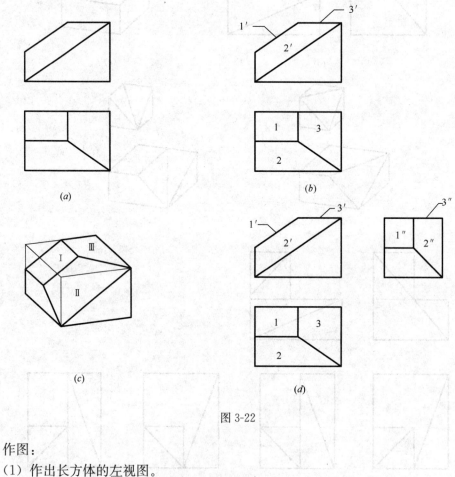

图 3-22

作图：

（1）作出长方体的左视图。

（2）根据前视图，切出平面 I，作出左视图。

（3）切出平面 II，对照已知的前视图和俯视图，根据投影关系，在左视图上相应位置得出与平面 II 的类似形。

（4）最后可得完整的三视图，如图 3-22（d）所示。

【例 8】 根据立体的俯视图和前视图，补出左视图，如图 3-23（a）所示。

【解】 分析：根据立体的两视图，可以判断出此为圆柱开槽切割的立体。如图 3-23（b）。对于曲面立体的投影，需绘出所有轮廓线和曲面的投影外形线。当圆柱被切割后，应分析曲面的投影外形线是否被切割，有否产生新的投影外形线或轮廓线。在本题中，开槽后原左视图的投影外形部分被切割了，取代它的是垂直于 H 投影面的平面与圆柱面的交线。

作图：

（1）作出未被切割时圆柱的左视图。

（2）圆柱顶部开槽，此时左视图相应位置出现一条虚线，如图 3-23（c）所示。

（3）圆柱开槽出现三个平面，这三个平面与圆柱面产生交线，作出这些交线的投影。

（4）检查圆柱的投影外形线，擦去被切割的部分投影外形线。开槽后圆柱的左视图如图 3-23（d）所示。

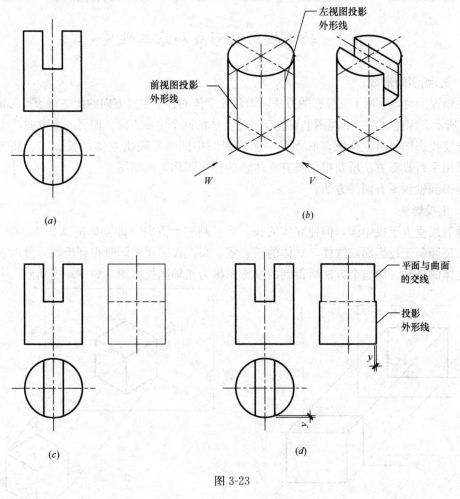

图 3-23

第4章 轴测投影图

视图能完整地、准确地表达物体的形状和尺寸，为工程上广泛使用。但它缺乏立体感、不易看懂。而轴测图具有立体的效果，能直观的反映物体的立体形象，用做设计思考过程中的辅助图纸，或者表达设计意图的参考图纸，是十分形象而有效的。

4.1 轴测投影的形成和基本性质

4.1.1 轴测图的形成

在画视图时，采用了正投影的方法，而且使立体的各个主要方向的面平行于投影面，如图 4-1 所示。因此，在一个视图上只能反映出立体的两个主要方向，而另一个方向消失了。

要使投影图具有立体感，必须在一个投影图中同时反映出立体的长、宽、高三个方向。采用平行投影方法所获得的具有立体感的投影图称为轴测图。

要得到轴测图有两种方法：

1. 正投影法

投射线垂直于投影面，但使立体的长、宽、高三个方向（即立体的 X、Y、Z 三个坐标轴）都倾斜于投影面，这样，立体的长、宽、高在投影面上同时得到反映。此时投影图具有立体的感觉。用这个方法所得到的投影图称为正轴测投影图，如图 4-2 所示。

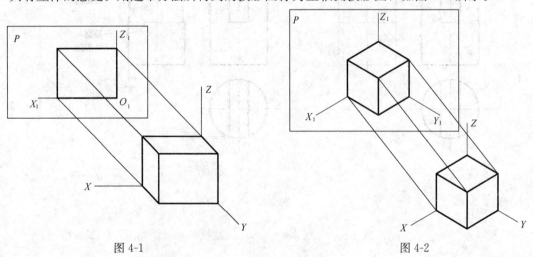

图 4-1   图 4-2

2. 斜投影法

投射线倾斜于投影面，物体某个主要方向的面和投影面平行。这样所得到的投影图称为斜轴测投影图，如图 4-3 所示。立体 XZ 坐标平面和投影面 P 平行。投射线倾斜于 P，也就是同时倾斜于 XZ 面。

4.1.2 轴测图的基本性质

轴测投影是平行投影，因此具有平行投影的各种特性，此处着重提出和画轴测图有关的两条最基本的性质：

1. 一组平行线的轴测投影仍然平行

如图 4-4，因为 $AB \parallel CD$，且为平行投影，投射线相互平行。故过 AB 的投射面 P 和过 CD 的投射面 Q 相互平行。因此 P、Q 与投影面 R 的交线 $A_1B_1 \parallel C_1D_1$。

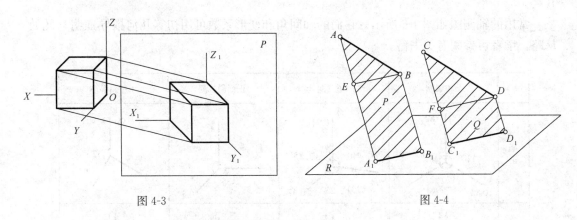

图 4-3   图 4-4

2. 在轴测投影中，一组平行线的变形系数相等

直线投影的长度与直线实长的比值称为该直线的变形系数。如图 4-4 中，作 $BE \parallel A_1B_1$，$DF \parallel C_1D_1$。且 $BE = A_1B_1$，$DF = C_1D_1$。因为 $AB \parallel CD$，$AE \parallel CF$（投射线相互平行），所以 $\triangle ABE \backsim \triangle CDF$；因此 $BE/AB = DF/CD$。即 $A_1B_1/AB = C_1D_1/CD$

根据上述两条平行投影的基本性质，在作轴测投影时，如果确定了物体 X，Y，Z 三个坐标轴的投影方向（即轴测轴 X_1，Y_1，Z_1 之间的夹角，简称轴间角）和它们的变形系数（相应地记为 p，q，r），则与各坐标轴平行的直线，它们的轴测投影仍然平行于相应的坐标轴的轴测投影，它们的轴测投影长度就等于直线的实长乘以相应坐标轴的变形系数。

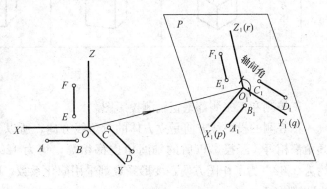

图 4-5

如图 4-5 所示。作空间中直线 AB、CD、EF 的轴测投影，$AB \parallel OX$；$CD \parallel OY$；$EF \parallel OZ$。作图：

(1) 确定 X，Y，Z 三个坐标轴的轴间角，以确定轴测轴 X_1，Y_1，Z_1 的方向。

(2) 确定三个轴的变形系数 p，q，r。

(3) 作 $A_1B_1 \parallel O_1X_1$；$C_1D_1 \parallel O_1Y_1$；$E_1F_1 \parallel O_1Z_1$；

(4) 作 $A_1B_1 = AB \cdot p$；$C_1D_1 = CD \cdot p$；$E_1F_1 = EF \cdot p$。

则作出了空间中和三个坐标轴平行的直线的轴测投影。

4.2 轴测图的常用种类和选择

4.2.1 几种常用的轴测图

在轴测投影中，随着不同的投影方向和空间坐标轴对投影面位置的不同，可以得到无数种不同轴间角的轴测轴和不同的变形系数。在实用中，取作图简便、表现力较强的几种。

常用的轴测图如图 4-6 所示。它们的轴间角和变形系数可用初等几何推导证明，此处从略，读者可参阅有关书籍。

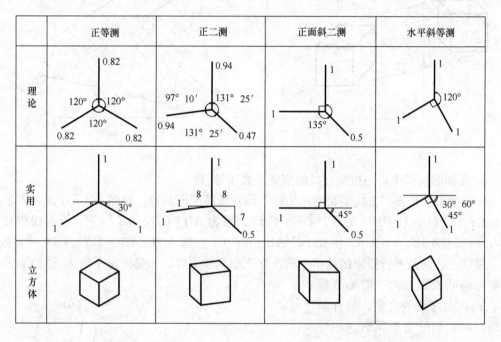

图 4-6

正等测和正二测都是正轴测投影图。

正等测的投射线方向是立方体的对角线方向，所以 X、Y、Z 三个坐标轴对投影面的倾角都相等。经投影以后的轴间角也都相等，均为 120°。三轴的变形系数也是相等的，约为 0.82。为了作图方便，变形系数都采用简化系数，即三个轴（p、q、r）的变形系数 0.82 都取 1。

正二测的两个轴的变形系数相等。这类轴测图可以有很多种，图中所列的是常用的一种。为了画图方便，X、Z 轴的变形系数（p、r）0.94 取 1，Y 轴的变形系数（q）0.47 取 0.5。

正面斜二测、水平斜等测都是斜轴测投影图。

立体的正面（即 XZ 坐标平面）与轴测投影面平行的，称为正面斜轴测，这种轴测图立体的正面在轴测图上反映实形。它的 X、Z 轴的变形系数（p、r）为 1，它们之间的轴间角为 90°。而 Y 轴的变形系数和它与 X、Z 轴的轴间角，这两者是独立变化的，也就是可以任意选定。为了作图方便，常选定 Y 轴与水平线成 45°、30°、60°角。Y 轴的变形系

28

数（q）取 1 或 0.5。表现力较强的是正面斜二测，即 Y 轴与水平线之间取 45°，Y 轴的变形系数（q）取 0.5。

立体顶面（即 XY 坐标平面）与轴测投影面平行的，称为水平斜轴测，这种轴测图立体的顶面在轴测图上反映实形。它的 X、Y 两轴的变形系数（p、q）为 1，它们之间的轴间角为 90°。而 Z 轴的变形系数和它与 X、Y 轴的轴间角，也是可以任意选定。为了作图方便，常选定 Z 轴处于竖直方向，取 Y 轴与水平线成 45°、30°、60°角。Z 轴的变形系数（r）取 1。称为水平斜等测。

4.2.2 轴测图的选择

在轴测图中，不同种类的轴测图，其形象当然是不同的，就是同一类轴测图，如果轴测轴选取的方向不同，则相当于从不同的方向来观察物体，所得到的形象也是不同的。所以在画轴测图时，应根据不同的对象选择最恰当的轴测图种类和方向。

1. 方向选择

如图 4-7 所示的轴测图，由于 X、Y 轴的位置不同，轴测图相当于从左、右两个方向观察物体。显然，以图 4-7（b）为恰当。反映凹角较清楚。

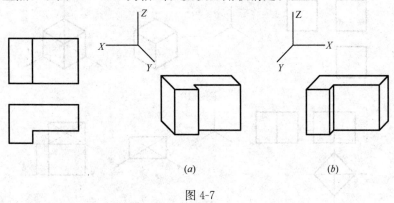

图 4-7

除了左、右方向可供选择外，还可以有俯视和仰视的选择。如图 4-8 所示。显然图 4-8（b）为仰视，无梁楼盖的柱帽节点部分就表达得较清楚。

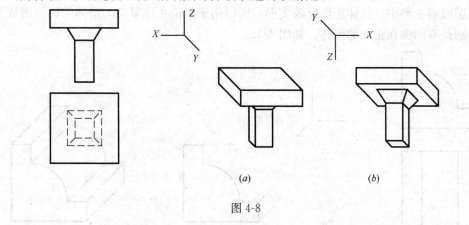

图 4-8

如果把前后、左右、上下几个方向综合起来，那么对一个物体来说可以有八个观察方向。如图 4-9 所示。我们应根据需要选取恰当的观看方向。

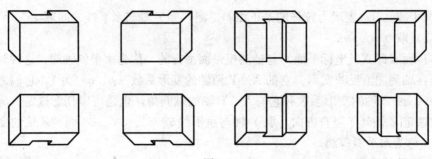

图 4-9

2. 种类选择

在常用的几种轴测投影中，正等测的参数较简单，所以应用较多。但是，对于立方体，如图 4-10 所示，由于三个面完全一样，所画的轴测图形象呆板，立体感不强。对表达接近于方形的形体也是如此。特别在立方体如图 4-11 的放置位置时，按正等测画的轴测图完全失去了立体感。

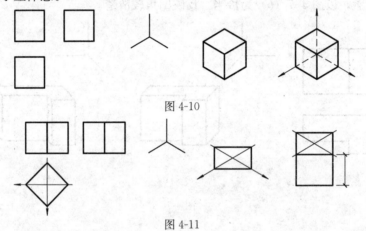

图 4-10

图 4-11

正二测虽然作图比较麻烦，但是形象生动，有接近透视的表现力。

在正面斜二测中，物体正面反映实形，所以用于画前视图复杂的形体的轴测图较为简单，特别是有圆弧在正面的形体。如图 4-12。

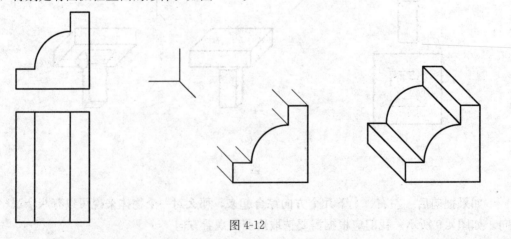

图 4-12

水平斜等测的画法是把俯视图（即 H 投影）偏转一个角度后，然后竖高度。物体顶面反映实形，所以用于画俯视图复杂的形体的轴测图较为简单。在建筑上用于鸟瞰图。如图 4-13 为总体布置的轴测图，因为在作整体规划时，总平面往往比较复杂。因此以总平面图为真实尺寸大小，把已绘好的总平面图（即 H 投影）偏转一个角度，然后竖高度的水平斜等测画法，尤其能提高作图效率和图纸效果。同理如图 4-14，房屋的室内情形也尤其适合。

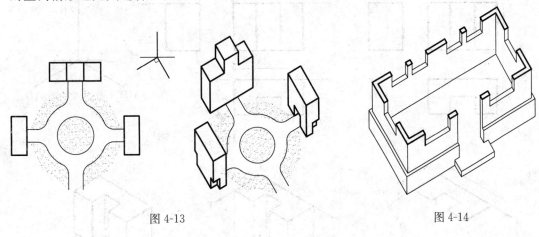

图 4-13　　　　　　　　　　　　　　　　　　　图 4-14

4.3　轴测图的画法

当我们已知前面所列的几种常用轴测图的轴间角和变形系数以后，再根据轴测投影的两条基本特性，就可以作出各种轴测图了。轴测投影虽然有各种类别，但其作法完全一样。

由于轴测图主要是以直观形象辅助设计，因此轴测图上一般不画虚线。

1. 端面法

作轴测图时，应当尽量从物体的可见部分（即可见的一个侧面或端面）开始，这样既简便，又可省去许多不必要的辅助线，这种作法称为端面法。

2. 坐标法

作轴测图时，只知道三个坐标轴的方向以及它们的变形系数。因此，不与三个坐标轴平行的线段，不能直接作图。可以根据该线段端点对三个坐标轴的关系（即点的坐标）定出端点的位置，从而作出线段的轴测图，这种作法称为坐标法。曲线轴测图的作法也是根据这个原理。

4.3.1　平面立体的轴测图

【例 1】作立体的正等测。已知立体正投影图如图 4-15（a）。

作图：

（1）根据正等测的实用作法参数定出轴测轴的方向（轴间角均为 120°）和变形系数。如图 4-15（b）。

（2）选择立体的观察方向。从左、前、上往右、后、下观察，能充分表现形体。

（3）观察立体视图，其俯视图（立体的顶面）只有一个面，因此，选择从该立体的顶端面开始作图。由于立体顶端面的各边都平行于相应的坐标轴（X、Y），同时正等测的各坐标轴变形系数都是 1，直接从视图中量取相关尺寸，作平行于轴的直线即可。如图 4-15 (c)。

（4）竖立体的高度。完成立体的轴测图如图 4-15 (d)。

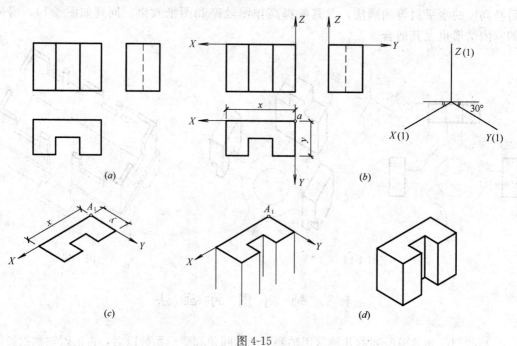

图 4-15

【例 2】作出台阶的正二测。已知台阶正投影图如图 4-16 (a)。

作组合体的轴测图时，可以拆分成若干简单形体来作图，同时保持各单个形体之间的相对位置关系。

作图：

（1）根据正二测的实用作法参数定出轴测轴的方向和变形系数。如图 4-16 (b)。

（2）选择立体的观察方向。从左、前、上往右、后、下观察，能充分表现形体。

（3）将立体拆分成左右两个部分：左边台阶和右边挡板。

（4）观察立体视图，左边台阶部分的左视图（立体的侧面）只有一个面，所以可先画左侧面，作平行于相应坐标轴（Y、Z）的直线，同时从视图中量取相关尺寸（Y、Z），Y 轴尺寸乘以 0.5。然后量取台阶长度方向的尺寸作图。如图 4-16 (c)。

（5）右边挡板部分上的直线 AB 倾斜于 H、V 投影面。作该线段的投影时，可先完成与轴平行的直线 AC、BD 的轴测，则获得线段端点 A、B 两点的轴测投影 A_1、B_1。完成立体的轴测图如图 4-16 (d)。

【例 3】作四棱台的正面斜二测。已知四棱台的正投影图如图 4-17 (a)。

因为四棱台的四条侧棱不与坐标轴平行，直接作侧棱的轴测不方便也不直观。可以先定出棱台的顶、底两个面，侧棱的两个端点就可以直接获得了。如图 4-17 (c) 所示。

【例 4】作正六棱柱的轴测图（正等测）。

先从可见的顶面开始作图。根据各点坐标定出顶面六边形各点的位置。然后竖高度完

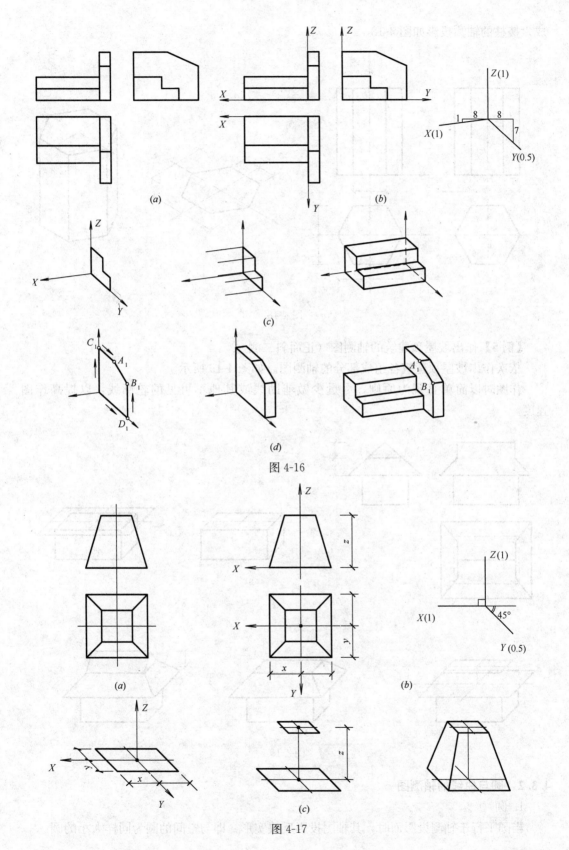

图 4-16

图 4-17

成六棱柱的轴测投影如图 4-18。

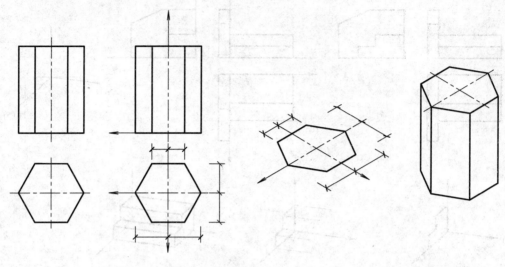

图 4-18

【例 5】作出坡屋顶建筑的轴测图（正面斜二测）。

依次作出坡屋顶建筑各组成部分的轴测图。如图 4-19 所示。

作图时以简单直观为原则，尽量少做辅助线或其他不可见的轮廓线，以提高作图速度。

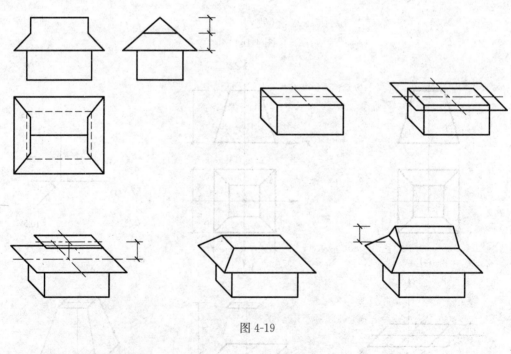

图 4-19

4.3.2 圆与曲线的轴测图

1. 圆

当圆平行于轴测投影面时，其轴测投影反映实形，即与空间的圆为同样大小的圆。

当圆平行于投射方向时，其轴测投影积聚成一直线。这种情况在轴测图中应避免。

一般情况下，圆的轴测投影为椭圆。

圆的轴测投影为椭圆时，椭圆采用近似的画法，通常为八点法和四心法。

（1）八点法

八点法是一种描点拟合法。先作出圆的外切正方形，定出圆与外切正方形的四个切点1、2、3、4，再定出圆与正方形对角线的四个交点5、6、7、8。求出这八个点的轴测投影，然后用光滑的曲线相连，即为圆的轴测投影。如图4-20为正面斜二测平行于 XY 平面的圆的轴测。

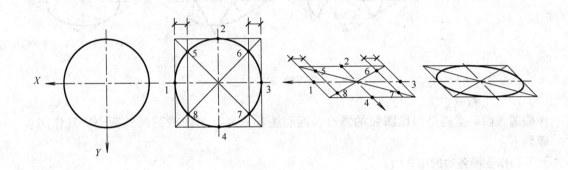

图 4-20

（2）四心法

四心法是更近似的一种圆的轴测的作法。在正二测中平行于 XZ 坐标平面的圆如图4-21（a），正等测中与三个坐标平面平行的圆如图4-21（b）。因为其所在轴的变形系数都是1，所以这些圆的外切正方形在轴测图上是菱形。此时，可用四段圆弧来近似地

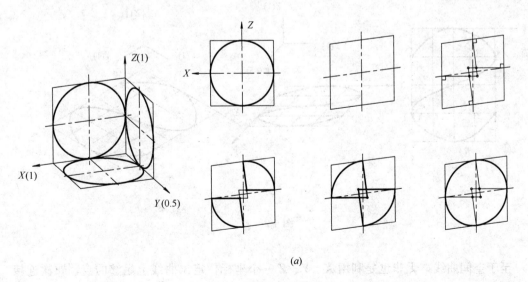

（a）

图 4-21（一）

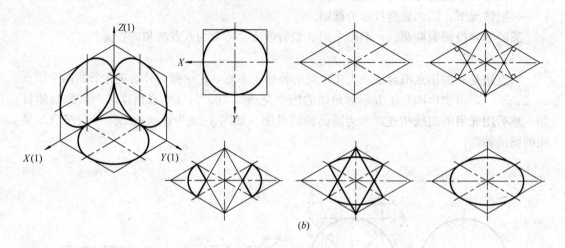

(b)

图 4-21（二）

作椭圆。四心指的是四段圆弧的圆心。四心法首先要找出四段圆弧的圆心。其作图步骤如下：

　　◇作菱形各边的中垂线；

　　◇相邻边中垂线的交点即为四个圆心；

　　◇分别以四个交点为圆心，圆心到切点的距离为半径作四段圆弧。完成近似椭圆。

2. 曲线

对于平面曲线，一般在平面曲线的视图上作出网格，在网格上定出曲线与网格线的一系列交点，然后求网格的轴测图，在网格轴测图上定出曲线各点，用光滑曲线顺次连接而成。这个方法称为网格法。如图 4-22 所示。

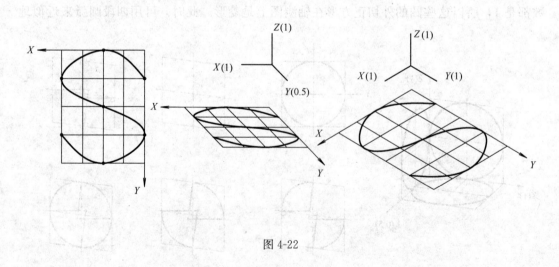

图 4-22

　　至于空间曲线，无非也是利用 X、Y、Z 三个坐标，定出曲线上足够的点，顺次连接而成。

36

4.3.3 曲面立体的轴测图

掌握了圆与曲线的轴测画法后，就可以来做曲面立体的轴测图了。

【例6】作圆柱和圆锥的轴测图（正等测）。

此时圆柱与圆锥的圆的作法采用四心法和八点法都可以。

如图4-23（a），作出圆柱上、下两底圆的轴测图，然后作出它们的公切线，就完成了圆柱的投影。圆锥作法同理，如图4-23（b）。

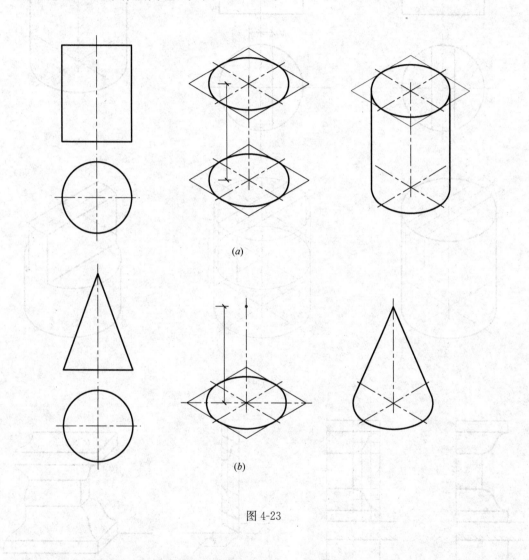

(a)

(b)

图 4-23

【例7】作切割圆柱的轴测图（正等测）。

先作出完整圆柱的轴测图，然后根据视图尺寸进行切割完成轴测图。如图4-24所示。

【例8】作花台的轴测图（正面斜二测）。

花台转角处的曲线位于与 V 面成45°角的铅垂线上，该平面曲线也可用网格法画出。先定出网格所在平面位置线及分格点，再作出方格网轴测图，定出曲线各点，光滑相连。如图4-25所示。

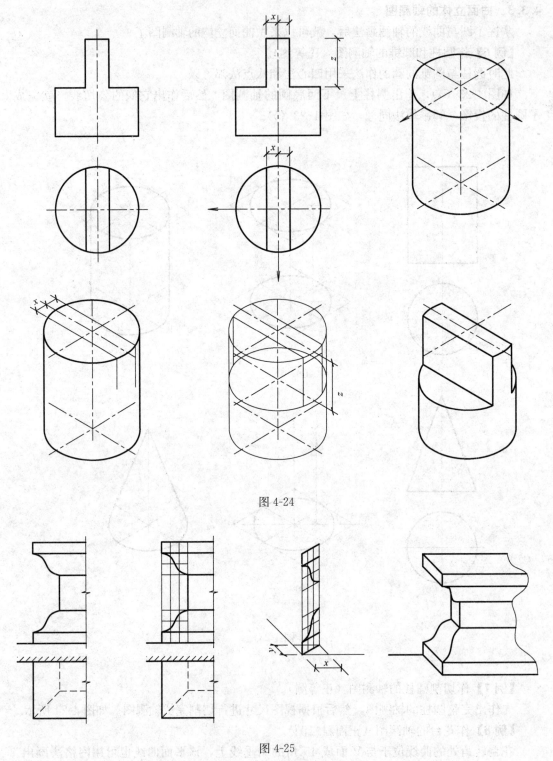

图 4-24

图 4-25

第5章 点、直线、平面

5.1 点

工程物体，尽管种类繁多、形状各异，若追根溯源，不外乎由一些柱（棱柱、圆柱）、锥（棱锥、圆锥）和球等基本几何体经过变化组合形成的。至于基本几何体可视作由一些面（平面和曲面）围合而成；面是由线（直线或曲线）按一定规律移动产生；而线则为点的轨迹。因此，点可视作基本几何体或工程建筑物的最基本元素。尽管现实世界不存在抽象的点，但为了能更深刻地理解投影特性，首先讨论一下点的投影规律是有用的，也是必要的。

5.1.1 点的两面投影

如图 5-1(a)所示，A 点的 H 投影（水平投影）a 和 V 面投影（正面投影）a'（注意符号区别），是过 A 点向 H、V 两投影面做垂线（投射线）的垂足。这样 Aa 和 Aa' 两条直线所决定的平面 Q（投射面）分别与 H、V 两投影面垂直。因此 Q 和 H 的交线 aa_x、Q 和 V 的交线 $a'a_x$，都与 OX 轴垂直。将 H 面绕 OX 轴向下旋转至于 V 面重合后的投影图如图 5-1(b)。由于投影面可以无限扩大，故可做成 5-1(c)。$aa_x \perp OX$，$a'a_x \perp OX$，与 OX 轴交于 a_x，因此 a、a' 和 a_x 三点在一条直线上，亦即 $aa' \perp OX$。从图 5-1(a)可以看出：aa_x 的长度等于 Aa'，即 A 点到 V 面的距离；$a'a_x$ 的长度等于 Aa，即为 A 点到 H 面的距离。

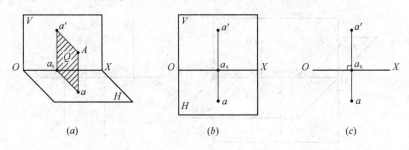

图 5-1

因此点的投影规律归纳为两条：

（1）空间某点的 H 投影和 V 投影的连线垂直于 OX 轴（如 $aa' \perp OX$）；

（2）某点的 H 投影到 OX 轴的长度，即为该点到 V 面的距离（如 $aa_x = Aa'$），V 面投影到 OX 轴的长度，即为该点到 H 面的距离（如 $a'a_x = Aa$）。

如图 5-2 所示，如果把 H、V 两投影面延伸，空间被分成四个部分，每个部分称为象限。依逆时针方向，H 上 V 前

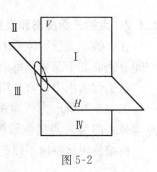

图 5-2

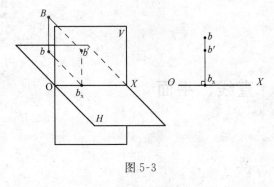

为第一象限，H 上 V 后为第二象限，H 下 V 后为第三象限，H 下 V 前为第四象限。

点的两条投影规律在四个象限中同样适用。

如图 5-3，B 点在 H 面上方且在 V 面的后方，即在第二象限中，根据投影面旋转规则，投影图中的 H 面和 V 面重合，即 H 投影 b，和 V 面投影 b' 皆位于 OX 轴上方。bb' 连线（可延长）仍与 OX 轴垂直，

图 5-3

且 $b'b_x = Bb$ 为该点到 H 面的距离，$bb_x = Bb'$ 为该点到 V 面的距离。

如图 5-4 和图 5-5 中的 C 和 D 两点，分别位于第三象限和第四象限。两条基本规律仍然不变。

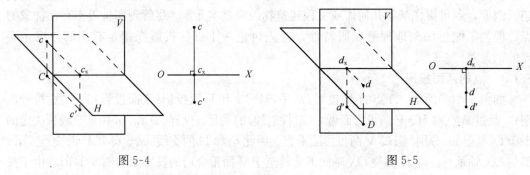

图 5-4   图 5-5

如图 5-6 所示，A、B、C、D 为投影面上的点，E 为投影轴上的点。

A 点为 H 面上的点，点到 H 面的高度为零，所以 V 面投影 a' 在 OX 轴上。其他各点同理。

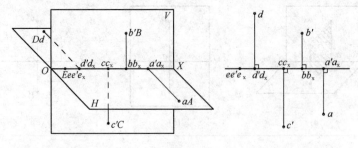

图 5-6

5.1.2　点的三面投影和直角坐标

在点的两面投影体系 H、V 中，加入第三个投影面 W，H、V、W 相互垂直，这样将空间分隔成 8 个部分，每个部分称为分角。分角的次序如图 5-7 所示。

在工程实用中，常采用第一分角来做投影图。如图 5-8 所示。

如图 5-9 所示为 A 点的三面投影。由 A 点向 W 面做垂线（投射线），其垂足 a''（注意符号）即为 A 点的侧面投影（W 投影）。

根据投影体系摊平原则，A 点的投影图如图 5-9（b）所示。

40

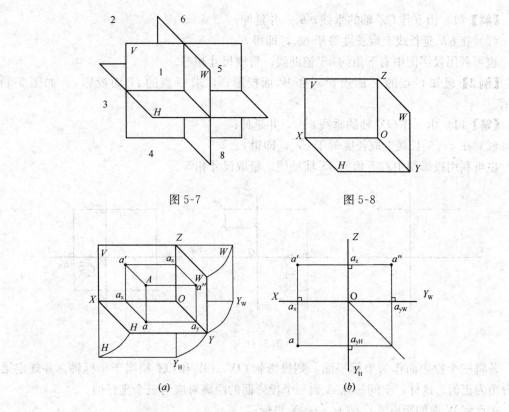

图 5-7   图 5-8

图 5-9

由于 W 面绕 OZ 轴旋转摊平，因此直线 $a'a''$ 垂直于 OZ 轴。

从 a'' 向 OY 轴做垂线，同时从 a 向 OY 轴做垂线，两垂线在 OY 轴上交于同一点 a_y。将 OY 轴一分为二，随着投影面的旋转摊平，一个位于 OY_H 上为 a_{yH}，另一个位于 OY_W 上为 a_{yW}。

在投影图中：

$a'a_x = a''a_{yW}$——表示 A 点到 H 面的距离；

$aa_x = a''a_z$——表示 A 点到 V 面的距离；

$a'a_z = aa_{yH}$——表示 A 点到 W 面的距离；

【例 1】已知 B 点的 H 面投影 b 和 V 面投影 b'，求 B 点的 W 面投影 b''。如图 5-10 所示。

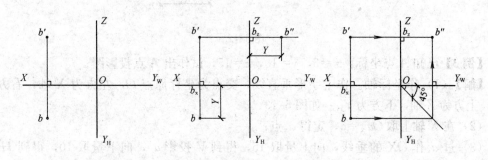

图 5-10

41

【解】（1）由 b' 作 OZ 轴的垂线 $b'b_z$，并延伸；

（2）在 $b'b_z$ 延长线上取长度等于 bb_x，即得 b''。

也可利用投影图中右下角的 45°辅助线。量取尺寸相等。

【例2】 已知 C 点的 V 面投影 c' 和 W 面投影 c''，求 C 点的 H 面投影 c。如图 5-11 所示。

【解】（1）由 c' 作 OX 轴的垂线 $c'c_x$，并延伸；

（2）在 $c'c_x$ 延长线上取长度等于 $c''c_z$，即得 c。

也可利用投影图中右下角的 45°辅助线。量取尺寸相等。

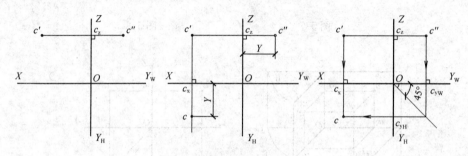

图 5-11

若将三个投影面作为坐标平面，则投影轴 OX、OY 和 OZ 相当于坐标轴。并规定第一分角为正值。这样，空间一点 A 到三个投影面的距离对应为三个坐标值。

A 点到 W 面的距离 $Aa''=Oa_x$——X 坐标；

A 点到 V 面的距离 $Aa'=Oa_y$——Y 坐标；

A 点到 H 面的距离 $Aa=Oa_z$——Z 坐标。

如图 5-12，A 点的 x，y 两坐标值确定了它的 H 投影 a；A 点的 x，z 两坐标值确定了它的 V 投影 a'；A 点的 y，z 两坐标值确定了它的 W 投影 a''。

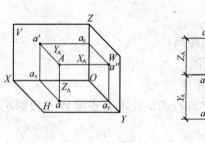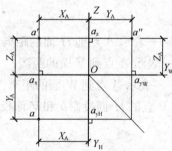

图 5-12

【例3】 已知 A 点坐标：$x=5$，$y=10$，$z=15$，试作出 A 点投影图。

【解】（1）作坐标轴。作十字形垂直线，交点为坐标原点 O，左方为 X 轴，右方为 Y_W，上方为 Z 轴，下方为 Y_H。如图 5-13。

（2）在 X 轴上取 $Oa_x=5$，定得 a_x 点；

（3）过 a_x 作 OX 的垂线，向上量取 15，得到 V 投影 a'，向下量取 10，得到 H 投影 a；

42

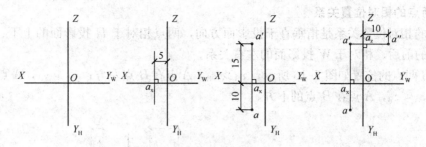

图 5-13

（4）过 a' 作 OZ 的垂线，得 a_z，延伸后量取 10，得到 W 面投影 a''。

5.1.3 特殊位置的点

空间中的点除了在一般位置外，也可以在投影面上；或者投影轴上，甚至与原点重合。在这些特殊位置的点在各个投影面上的投影如图 5-14 所示。

B 点坐标为（10，5，0），B 点 z 坐标为 0，所以 B 为 H 面上的点。B 点在 H 面上的投影 b 与 B 点重合，在 V 面的投影 b' 在 OX 轴上，在 W 面的投影 b'' 在 OY_W 轴上。

C 点坐标为（0，0，10），C 点 x、y 坐标为 0，所以 C 点为 OZ 轴上的点。所以 C 点在 V、W 上的投影 c'、c'' 与 C 点重合，在 OZ 轴上。在 H 面的投影 c 在 OX 轴与 OY 轴的交点上，即原点位置。

D 点坐标为（0，0，0），D 点为原点。D 点在 H、V、W 面的投影 d、d'、d' 与 D 点重合。

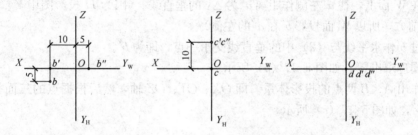

图 5-14

【例 4】已知 A 点坐标为（10，0，15），B 点坐标为（0，10，0）试作出 A、B 两点的投影图。

【解】A 点坐标为（10，0，15），A 点 y 坐标为 0，所以 B 为 V 面上的点。A 点在 V 面上的投影 a' 与 A 点重合，H 面的投影 a 在 OX 轴上，W 面的投影 a'' 在 OZ 轴上。

B 点坐标为（0，10，0），B 点 x、z 坐标为 0，所以 B 点为 OY 轴上的点。所以 B 点在 H 面的投影 b 在 OY_H 上、B 点在 W 上的投影 b'' 在 OY_W 上。B 点在 V 面的投影 b' 在 OX 轴与 OZ 轴的交点上，即原点位置。

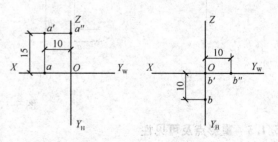

图 5-15

5.1.4 两点的相对位置关系

两点的相对位置关系是指垂直于投影面方向，两点相对于 H 投影面的上下、相对于 V 投影面的前后、相对于 W 投影面的左右关系。

A、B 两点的位置如图 5-16 所示，$x_A > x_B$，A 点在 B 点左方；$y_A > y_B$，A 点在 B 点的前方，$z_A < z_B$，A 点在 B 点的下方。

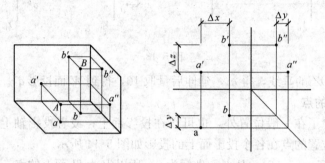

图 5-16

【例 5】已知 A 点的投影 a、a''，B 点的投影 b、b'；求 a'、b''。如图 5-17（a）所示。

【解】A 点、B 点在同一个投影体系。

根据点的相对位置关系来求。

（1）在 H 面上，量取 A、B 两点的宽度差 Δy。

（2）在 W 面上，往 a'' 左侧作距离 a'' 为 Δy 的垂直线。（因为 H 投影图中 $Y_A > Y_B$ A 点在 B 点的前方，所以 W 面投影 b'' 在 a'' 的左侧）

（3）过 b' 作水平线与（2）中的垂直线交于一点，即为 b''。

（4）同理求出 a'。如图 5-17（b）所示。

亦可作出 A、B 两点的投影体系。即 OX、OY、OZ 轴，然后根据点的三面投影原理来求 a'、b''，如图 5-17（c）所示。

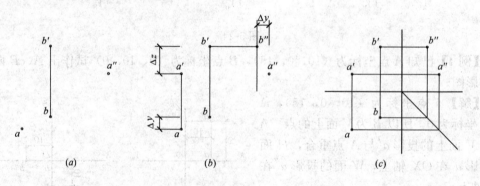

图 5-17

5.1.5 重影点及可见性

若两个点位于某一投影面的同一条投射线上，则它们的投影互相重叠。投影重叠的点称为重影点。在第一分角中，由于约定的观察方向为：人→物→投影面，因此就产生了重叠的投影哪个可见的问题，即投影的可见性问题。把不可见的投影点标示时加上"？（ ）"以示区别。

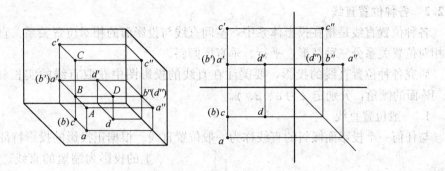

图 5-18

如图 5-18 所示，A 点和 B 点的 V 投影 a'，b' 重叠在一起（A、B 两点的 x、z 两个坐标相同，y 不同），即 A、B 在 V 面上重影。判断 V 面的重影点 a'、b' 的可见性，可通过 y 坐标在 H 面或 W 面的大小来判断。图中 $y_A > y_B$，A 点在 B 点的前面，所以 a' 可见，b' 不可见。

H 面、W 面的重影点及可见性的判断同理。

5.2 直 线

线可视为由点的运动而产生。作线的投影时，可定出该线上一些有特征的点以及有足够数量的过渡性点的投影后，就可以描出该线的投影。而直线是一种特殊线，它的投影比较简单。

5.2.1 直线的投影

如图 5-19（a），空间有一条直线段 AB，它的 H 投影是由 AB 上一系列点向 H 面作投射线与 H 面的交点。这些在 H 面上交点的集合就是 AB 的 H 投影 ab。这些投射线形成一个垂直于投影面的平面 P，P 称为过 AB 的投射面。因此，ab 就是 P 与 H 的交线。由于两平面的交线为直线，因此直线在 H 投影平面上的投影仍为直线。

这样，求某直线的投影，只要定出该直线上两个点的投影即可确定该直线的投影。如图 5-19（b）所示。

作直线投影时需注意：当直线不在第一象限时，在确定两点的投影后，一定要注意同一个投影面上的投影相连。即同名投影相连。a 连 b，a' 连 b'。

如图 5-20 所示。C 点为第一象限点，D 点为第三象限的点。作直线投影图时，需注意同名投影相连；c 连 d，c' 连 d'。

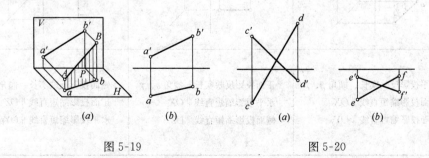

图 5-19   图 5-20

45

5.2.2 各种位置直线

各种位置直线是指在投影体系中，空间直线与投影面的相对位置关系。直线对投影面的相对位置关系分三种情形：平行、垂直、倾斜。

研究各种位置直线的投影，要关注在直线的投影图中获取直线的实长和直线对 H、V、W 面的倾角，分别定义为 α、β、γ。

1. 一般位置直线

与任何一个投影面倾斜的直线称为一般位置直线。根据正投影的投影特征，在投影面上的投影为缩短的直线。在三面投影图中，不能直接读取空间直线的长度和对投影面的倾角。要获得一般位置直线的实长和对投影面的倾角需要借助几何方法来求解。具体求法见 5.2.3。

一般位置直线的投影特征如图 5-21。

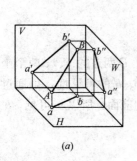
(a)

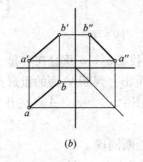
(b)

图 5-21

2. 投影面平行线

与 H 投影面平行且与其他投影面倾斜的直线，称为水平线；与 V 投影面平行且与其他投影面倾斜的直线，称为正平线，与 W 投影面平行且与其他投影面倾斜的直线，称为侧平线。它们的空间情形、投影图及投影特征，见表 5-1。

投影面平行线   表 5-1

	水平线：$\parallel H$，$/V$，$/W$	正平线：$\parallel V$，$/H$，$/W$	侧平线：$\parallel W$，$/H$，$/V$
空间情况			
投影图			
投影特征	水平投影反映实长、倾角 β、γ 正面投影缩短直线 $\parallel OX$ 侧面投影缩短直线 $\parallel OY_W$	正面投影反映实长、倾角 α、γ 水平投影缩短直线 $\parallel OX$ 侧面投影缩短直线 $\parallel OZ$	侧面投影反映实长、倾角 α、β 正面投影缩短直线 $\parallel OZ$ 水平投影缩短直线 $\parallel OY_H$

表中水平线 AB 的投影特征：

（1）AB 平行于 H 面，因此在 H 面上的投影 ab 反映实长。

（2）AB 在 V 面的投影 $a'b'$ 平行于 OX 轴、在 W 面的投影 $a''b''$ 平行于 OY 轴。

（3）AB 的 H 面投影反映直线 AB 对 V 面的倾角 β 以及对 W 面的倾角 γ。

正平线 CD 和侧平线 EF 的投影特征同理。

综上所述，投影面平行线具有下列投影特征：

1）在直线所平行的投影面上的投影反映实长和直线与其他投影面的倾角。

2）在其他投影面上的投影为缩短的直线，且与相应的轴平行。

3. 投影面垂直线

与 H 投影面垂直的直线，称为铅垂线；与 V 投影面垂直的直线，称为正垂线，与 W 投影面垂直的直线，称为侧垂线。它们的空间情形、投影图及投影特征，见表5-2。

投影面垂直线 表 5-2

	铅垂线：$\perp H$，$\parallel V$，$\parallel W$	正垂线：$\perp V$，$\parallel H$，$\parallel W$	侧垂线：$\perp W$，$\parallel H$，$\parallel V$
空间情况			
投影图			
投影特征	水平投影积聚成一点 正面投影实长直线$\perp OX$，$\parallel OZ$ 侧面投影实长直线$\perp OY_W$，$\parallel OZ$	正面投影积聚成一点 水平投影实长直线$\perp OX$，$\parallel OY_H$ 侧面投影实长直线$\perp OZ$，$\parallel OY_W$	侧面投影积聚成一点 水平投影实长直线$\perp OY_H$，$\parallel OX$ 正面投影实长直线$\perp OZ$，$\parallel OX$

表中铅垂线 AB 的投影特征：

（1）AB 垂直于 H 面，因此在 H 面上的投影 ab 必积聚成一点。

（2）AB 在 V 面投影 $a'b'$ 垂直于 OX 轴、在 W 面投影 $a''b''$ 垂直于 OY 轴。

（3）AB 垂直于 H 面，必平行于 V 面、W 面，所以投影 $a'b'$、$a''b''$ 反映实长。

正垂线 CD 和侧垂线 EF 的投影特征同理。

综上所述，投影面垂直线具有下列投影特征：

1）在直线所垂直的投影面上积聚成一点。

2）在其他投影面上的投影反映实长，且与相应的轴垂直。

5.2.3　一般位置直线的实长和倾角

空间一条直线处于一般位置时，其实长和对投影面的倾角用几何方法来求。

已知直线 AB 的两面投影，求 AB 的实长和 α、β。如图 5-22（a）所示。

如图 5-22（b）直观图所示。

（1）过 A 点作直线 $AC \parallel ab$，与 H 面的投射线 Bb 交于 C。因为 $Bb \perp ab$，所以 $AC \perp Bb$。

（2）在直角 $\triangle BAC$ 中，$\angle BAC = \angle \alpha$；直角边 $BC = Bb - Aa = z_B - z_A = \Delta z$；直角边 $AC = ab$；斜边 AB 为直线实长。

在投影图 5-22（b）中，作出直角 $\triangle BAC$，即从图形上直观获得 $\angle BAC$ 和实长 AB。

从投影图可以看出，一个已知条件直角边是投影 ab，在 H 投影上，另一个已知条件直角边是 Δz，在 V 投影面上。所以作图时在任意一投影面利用一条已知直角边做直角三角形就求出。

作法（在 H 面作图）如图 5-22（c）所示：

（1）在 V 面上量取 Δz；

（2）在 H 面上作 $bb_0 \perp ab$，且 $bb_0 = \Delta z$；

（3）标示斜边 ab_0 为实长，$\angle bab_0 = \angle \alpha$。

在 V 面上作图则利用直角边 Δz 来作直角三角形。作法略。

求 β 角的方法，从直观图中可以看出，作 $BD \parallel a'b'$，与 V 面的投射线 Aa' 交于 D。同理可以获得直角 $\triangle BAD$，$\angle BAD = \angle \beta$；直角边 $AD = Aa' - Bb' = y_A - y_B = \Delta y$；直角边 $BD = a'b'$；斜边 AB 为直线实长。

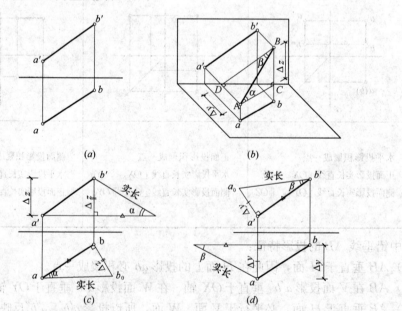

图 5-22

AB 对 W 面的倾角 γ，作法与上述类同。

从图中可以看出，$ab = AB \cdot \cos\alpha$，$a'b' = AB \cdot \cos\beta$，$a''b'' = AB \cdot \cos\gamma$。

由于 AB 与各投影面皆成倾斜位置，故 α、β、γ 都不等于 $0°$ 或 $90°$，即 $\cos\alpha$、$\cos\beta$、$\cos\gamma$ 皆小于 1，因而一般位置直线的正投影必为缩短的直线。

【例 6】已知直线 AB 的 H 面投影 ab，V 面投影 a'，$\alpha_{AB}=30°$。完成直线 AB 的投影。如图 5-23 所示。

分析 从投影图和已知条件可以知道 AB 为一般位置直线，$\alpha_{AB}=30°$，由此可以知道求实长的直角三角形三个角的大小、一条直角边 ab 的长度。这样就可以作出直角三角形来。另一条直角边就是 Δz。

根据 Δz 定出 b' 的高度位置，同时知道 B 点的 H 面投影 b，根据点的投影原理 $bb'\perp OX$ 轴就可以定出 b' 的位置，然后连线完成 AB 的 V 面投影。

【解】（1）作 $ab_0\perp ab$，且 $\angle abb_0=30°$，得 $ab_0=\Delta z$；

（2）作与 a' 距离为 Δz 的水平线，与过 a 的垂直线交于一点，即 b'。该直线有两解。

（3）连接 $a'b_1'$，$a'b_2'$。

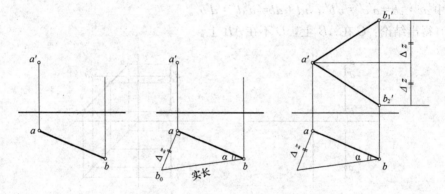

图 5-23

5.2.4 直线上的点

直线的投影为直线上一切点的投影的集合。直线上的点具有下面两条性质。

1. 从属性：直线上点的投影必在该直线的同名投影上。

如图 5-24 所示，E 点在直线 AB 上，E 点的 H 投影 e 落在直线 AB 的 H 投影 ab 上，E 点的 V 投影 e' 落在 $a'b'$ 上。

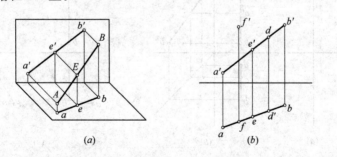

图 5-24

2. 定比性：直线上的点分直线成一定比例，则点的投影分直线的同名投影成同一比例。

因为 $ae=AE \cdot \cos\alpha$，$eb=EB \cdot \cos\alpha$，所以 $AE：EB=ae：eb$。

在其他两投影中也可以得出同样的结论。

如图 5-24（a），$AE：EB=ae：eb=a'e'：e'b'=a''e''：e''b''$。

根据直线上的点的性质，可以判断点是否在线上。

当直线不是侧平线时，可根据 H、V 投影的从属性直接判断，如图 5-24（b）。根据从属性，图中 E 点在 AB 上，D 点、F 点都不在直线 AB 上。

【例7】已知直线 AB 的投影，判断 C、D 两点是否在直线 AB 上。如图 5-25（a）所示。

【解】（1）观察直线 AB 的投影，$ab \parallel OY_H$，$a'b' \parallel OZ$，所以 AB 为侧平线。

（2）根据从属性原理，作出 AB、CD 的 W 面投影，判断 c''、d'' 是否在 $a''b''$ 上。

（3）根据定比性原理，判断 $ac：cb$ 是否等于 $a'c'：c'b'$，判断 $ad：db$ 是否等于 $a'd'：d'b'$。

图中 $ac：cb=a'c'：c'b'$，$ad：db \neq a'd'：d'b'$。

（4）得出结论：C 在 AB 上，D 不在 AB 上。

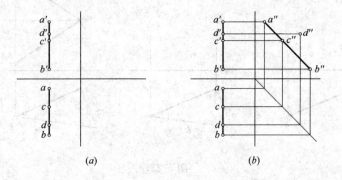

图 5-25

【例8】已知直线 AB 的投影 ab，$a'b'$，C 点的投影 c'，且 C 在 AB 上。求 c。如图 5-26（a）所示。

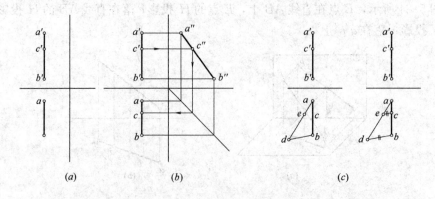

图 5-26

【解】（1）观察直线 AB 的投影，$ab \parallel OY_H$，$a'b' \parallel OZ$，所以 AB 为侧平线。

（2）根据从属性原理，作出 AB、C 的 W 面投影求出 c''，根据点的投影原理定出 c。

(3) 根据定比性原理，$ac:cb=a'c':c'b'$，在 H 面上任作一直线 $ad=a'b'$。连接 db。在 ad 上找到 e 点，使 $ae=a'c'$。过 e 点作直线平行于 db 与 ab 交于一点，即为 c。

若直线不与投影面平行，则将与投影面相交（直线可延伸），其交点称为直线的迹点。

直线与 H 面的交点称为水平（H 面）迹点，用 M 表示，直线与 V 面的交点称为正面（V 面）迹点，用 N 表示。

如图 5-27 所示。直线 AB 向前下方延长与 H 面交于 M 点，即为直线 AB 的水平迹点。因为 M 是直线 AB 上的点，所以 M 点的 H 投影 m 必在 ab 的延长线上；V 面投影 m' 必在 $a'b'$ 的延长线上。同时因为 M 为 H 面上的点，所以符合 H 面上的点的特征，即 m' 必在 OX 轴上。

直线 AB 延长过水平迹点 M，从第一象限进入到第四象限。

同理直线 AB 向后上方延长与 V 面交于 N 点，即为直线 AB 的正面迹点。N 点的投影特征同时满足直线上的点和 V 面上的点这两个条件。n' 在 $a'b'$ 上，n 在 ab 上，同时 n 在 OX 轴上。

直线 AB 延长过正面迹点 N，从第一象限进入到第二象限。

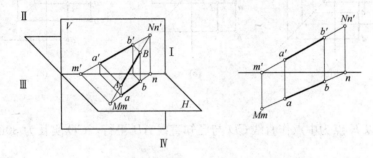

图 5-27

5.2.5 两直线的相对位置

空间两直线的相对位置可概括为：平行、相交、交叉。

1. 平行两直线

空间中平行两直线其同名投影相互平行。

如图 5-28 所示，直线 AB 与 CD 平行，分别过 AB 和 CD 向 H 面作垂直线，形成两个互相平行的投射平面，它们与 H 面的交线 ab 和 cd 必相互平行。同理 $a'b' \parallel c'd'$，$a''b'' \parallel c''d''$。

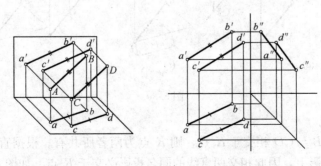

图 5-28

直线不是侧平线时,当它们的 H 投影和 V 投影均相互平行时,即可判断该组直线相互平行。

【**例9**】判断三组直线 AB、CD 是否平行。如图 5-29 所示。

【**解**】这三组直线都为侧平线,它们的 H 投影和 V 投影都相互平行,求出 W 投影,可知,图 5-29(a)相互平行,(b)(c)两组皆为非平行线。

在看视图时,应养成观察直线在空间的位置的习惯。例如图 5-29(b),直线 AB,B 点在 A 点的前方、下方。直线 CD,D 点在 C 点的后方、下方。两条直线的方向不一致。所以两直线肯定是不平行的两条侧平线。而图 5-29(c),虽然直线方向一致,但 $ab:cd\neq a'b':c'd'$。(参看前述空间线段长度与其投影长度的关系),可知两直线对投影面的倾角不一样,所以这两直线也是不平行的两条侧平线。

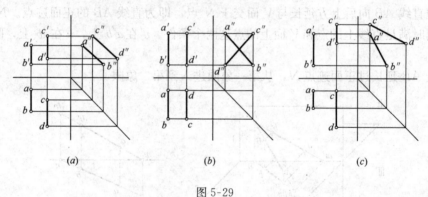

图 5-29

【**例10**】以 K 点为中点作直线 CD 与已知直线 AB 平行,CD 实长为 30mm。如图 5-30 所示。

【**解**】(1)过 K 点作直线与 AB 平行。

(2)求 AB 的实长线,在实长线上量取 15mm,得到 $\frac{1}{2}\Delta z_{CD}$。

(3)确定 d'、c',得到直线 CD 投影如图 5-30(c)。

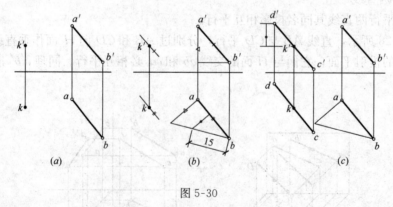

图 5-30

2. 相交两直线

空间两直线 AB 与 CD 相交于 K 点,则 K 点为两者所共有。根据直线上的点的投影必在直线的同名投影上,因此相交两直线的同名投影必交于 K 点。如图 5-31 所示。

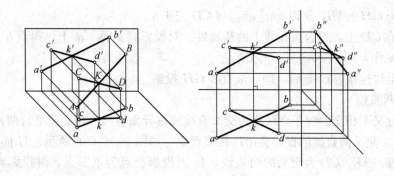

图 5-31

【例 11】判断直线 AB、CD 是否相交。如图 5-32（a）所示。

【解】（1）观察两直线，AB 为一般位置，CD 为侧平线。

（2）求出两直线 W 投影，$a''b''$ 和 $c''d''$ 没有相交，所以 AB 和 CD 不相交。如图 5-32（b）所示。

（3）如图 5-32（c）所示，假设 K 为某点的投影。若 K 是 AB 和 CD 的交点，则 K 在 CD 上，而图中 $ck:kd \neq c'k':k'd'$。根据点在线的定比性可知 K 不在 CD 上。所以 AB 和 CD 不相交。

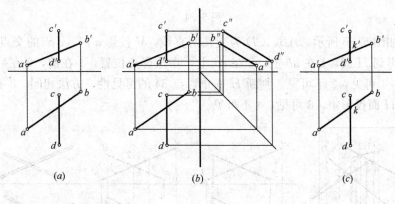

图 5-32

【例 12】求作直线 GH 与 AB 平行，与 CD、EF 相交。如图 5-33（a）所示。

【解】（1）观察直线 EF 为铅垂线，GH 与 EF 相交，交点 G 在 H 面上的投影就是积聚点 e。

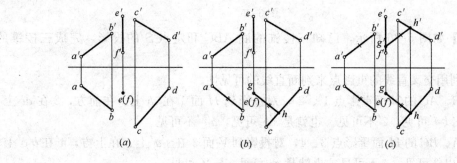

图 5-33

（2）因为 $GH \parallel AB$，所以 $gh \parallel ab$，与 CD 交于 h。

（3）H 在 CD 上，符合点在线上的从属性。对投影到 V 面 $c'd'$ 上，得到 h'。

（4）过 h' 作 $h'g' \parallel ab$，与 $e'f'$ 交于 g'。

（5）作粗线连接 gh，$g'h'$，即所求直线 GH 投影。

3. 交叉两直线

既不平行又不相交的两条直线称为交叉直线或称异面直线（相交或平行两直线皆可决定一个平面）。交叉两直线的投影会出现相交现象，如图 5-34（b）所示。H 面投影重叠，而非真有交点。AB、CD 为交叉的两直线，H 面投影交点为重影点，对投影到 V 面，e' 在 $c'd'$ 上，f' 在 $a'b'$ 上，$c'd'$ 比 $a'b'$ 高。所以，在 H 投影中，E 可见，F 不可见。

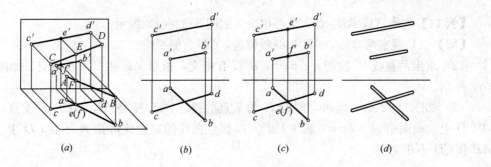

图 5-34

同理，如图 5-36 所示，AB、CD 为交叉两直线，V 投影 $a'b'$、$c'd'$ 的交点为 V 面重影点，对投影到 H 面，1 在 ab 上，2 在 cd 上，在重影点位置，1 在前，2 在后，所以在 V 面投影中，1 可见，2 不可见。判断 H 面重影点 34 的可见性，方法相同。$3'$ 在上，$4'$ 在下，所以在 H 面投影中，3 可见，4 不可见。

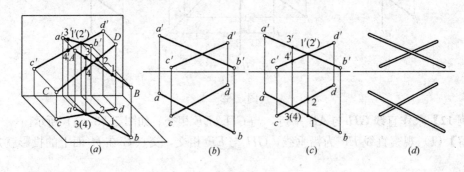

图 5-35

【例 13】 如图 5-36 所示，已知三棱锥的底 ABC 和定点 S 的投影，完成三棱锥的投影。

【解】 利用交叉直线的重影点来判断直线的可见性。

（1）SB、AC 的 V 面重影点 $1'$、$2'$，对投影到 H 面 1 在 sb 上、在前方，2 在 ac 上、在后方，所以 $1'$ 可见，$2'$ 不可见。也就是 $s'b'$ 可见，$a'c'$ 不可见。

（2）SA、BC 的 H 面重影点 3、4，对投影到 V 面 $3'$ 在 $s'a'$ 上、在上方，$4'$ 在 $b'c'$ 上、在下方，所以 3 可见，4 不可见。也就是 sa 可见，bc 不可见。

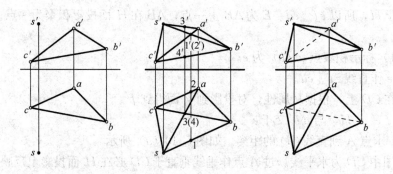

图 5-36

5.2.6 相交两直线的角度

两条相交直线的角度，一般情形下，投影不能反映空间直线间的角度。

当两相交直线同时与某投影面平行时，则在该投影面上的投影反映角度的真实大小。如图 5-37（a）所示。两直线为水平线，两直线在 H 面投影的角度就是空间两直线的角度。如图 5-37（b）所示，两直线为正平线。在 V 面投影反映空间两直线的角度。

如果两条直线正交（垂直）时，只要其中一条平行于某投影面，则在该投影面上的投影反映直角。如图 5-38 所示。$AB \perp BC$，$BC \parallel H$，则 H 面投影 $ab \perp bc$。

因为 $BC \perp AB$，$BC \perp Bb$，故 $BC \perp$ 面 $ABba$，又 $BC \parallel H$，故 $BC \parallel bc$，因此 $bc \perp$ 面 $ABba$，故而 $bc \perp ab$，即 H 投影仍为直角。

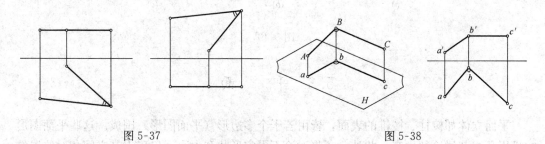

图 5-37   图 5-38

这条规律也适用于相互垂直的交叉两直线。

【例 14】求交叉直线 AB、CD 的公垂线 EF。如图 5-39（a）所示。

分析 因为 AB 为铅垂线，所以垂直于 AB 的直线 EF 必为水平线。EF 垂直于 CD

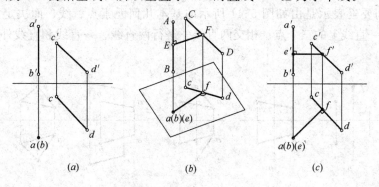

（a）   （b）   （c）

图 5-39

且 EF 平行于 H，所以 ef⊥cd。E 为 AB 上一点，AB 在 H 面投影积聚为一点。所以 e 也就是积聚点。

【解】（1）标示积聚点 a（b）为 e。

（2）过 e 作直线 ef⊥cd。

（3）F 在 CD 上，根据从属性，对投影到 V 面得到 f′。

（4）作 f′e′∥H，与 a′b′交于 e′。

【例 15】求点 A 到直线 CD 的距离。如图 5-40（a）所示。

分析 图中 CD 为水平线。过 A 点作垂线垂直于 CD 必在 H 面投影上反映直角。

【解】（1）过 a 作 ab⊥cd，与 cd 交于 b，

（2）对投影到 V 面，b′在 c′d′上。

（3）连接 a′b′，得到垂线 AB 的投影。

（4）利用一般位置直线求实长的方法求出 AB 的长度。即点 A 到 CD 的距离。

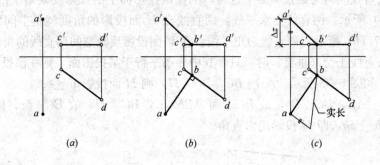

图 5-40

5.3 平　面

平面立体如棱柱、棱锥的表面，皆由若干个多边形（平面图形）围成。这些平面图形的投影是本节讨论的内容。此外，还将讨论不限定形状和大小，仅确定其空间相对位置的平面。

5.3.1 平面的表示法

1. 几何要素表示法

所谓几何要素表示是由如图 5-41 所示的基本几何元素点、线、面决定的平面（图形）：不在同一直线上的三个点、相交两直线、平行两直线、一直线和直线外一点、各种

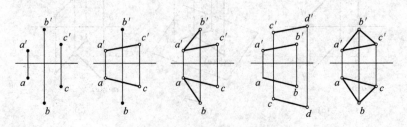

图 5-41

几何图形（平面）。

2. 迹线表示法

平面可以扩大，若该平面不与投影面平行则必相交，其交线为直线。这条直线称为平面的迹线。如图 5-42（b）所示为一般位置平面的迹线表示法。

平面 P 与 H 面的交线，称为 P 的水平迹线。以 P_H 表示；平面 P 与 V 面的交线，称为 P 的正面迹线。以 P_V 表示；平面 P 与 W 面的交线，称为 P 的侧面迹线。以 P_W 表示。

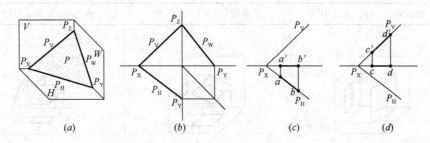

图 5-42

P_H 与 P_V 交于 OX 轴的 P_X；P_H 与 P_W 交于 OY 轴的 P_Y；P_V 与 P_W 交于 OZ 轴的 P_Z；P_X、P_Y、P_Z 称为迹线共点（投影轴上的点）。

P_H 是 H 面上的线，AB 为 P_H 上的线段，其两面投影应满足投影面上的线的特征，如图 5-42（c）所示。同理 P_V 是 V 面上的线，CD 为 P_V 上的线段，其两面投影如图 5-42（d）所示。

几何要素表示的平面可以转换成相应的迹线表示的平面。因为平面上直线的迹点必在平面同名的迹线上，所以只要把平面图形上的直线延伸至与投影面相交，求出两条直线的迹点，即可确定相应的迹线。

【例 16】已知△ABC 的投影如图 5-43（a），求出△ABC 的迹线。

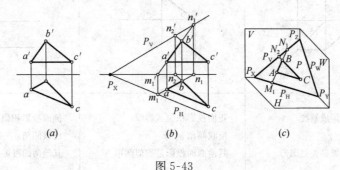

图 5-43

分析 求△ABC 上两条直线 AB、BC 的迹点。

【解】（1）延长 ab，与 OX 轴交于 n_1，对投影到 $a'b'$ 上得到 n_1'。即 N_{AB}。

（2）延长 cb，与 OX 轴交于 n_2，对投影到 $c'b'$ 上得到 n_2'。即 N_{BC}。

（3）连接 n_1'、n_2'，得到 P_V。延长 P_V 与 OX 轴交于 P_X。

（4）延长 $b'a'$，与 OX 轴交于 m_1'，对投影到 ba 上得到 m_1。即 M_{AB}。

（5）连接 P_X、m_1，得到 P_H。

至于侧面迹线 P_W，则可由 P_V 与 OX 的交点 P_Z 以及 P_H 与 OY 的交点 P_Y 作出。

观察投影图，AC 为水平线，思考 AC 与 P_H 的关系。

5.3.2 特殊位置平面

1. 与投影面垂直的平面

垂直于 H、V、W 投影面且与其他两投影面倾斜的平面，分别称为铅垂面、正垂面和侧垂面。其空间位置及投影特性见表 5-3。

投影面垂直面   表 5-3

	铅垂面：$\perp H$，$/V$，$/W$	正垂线：$\perp V$，$/H$，$/W$	侧垂线：$\perp W$，$/H$，$/V$
空间情况			
投影图			
迹线			
投影特征	水平投影积聚成斜线 反映倾角 β、γ 其他两面投影是类似图形	正面投影积聚成斜线 反映倾角 α、γ 其他两面投影是类似图形	侧面投影积聚成斜线 反映倾角 α、β 其他两面投影是类似图形

与投影面垂直的平面的投影特性归结为：在所垂直的投影面上的投影积聚成直线（即为相应的迹线），其与投影轴的夹角表示该平面与相应投影面的倾角（平面对三个投影面的倾角仍定义为 α、β、γ）；其余两面投影皆变形，与原来图形类似（此两面投影面迹线垂直于相应的轴）。

2. 与投影面平行的平面

平行于 H、V、W 投影面的平面，分别称为水平面、正平面和侧平面。其空间位置及投影特性见表 5-4。

58

	水平面：$\parallel H$，$\perp V$，$\perp W$	正平面：$\parallel V$，$\perp H$，$\perp W$	侧平面：$\parallel W$，$\perp H$，$\perp V$
空间情况			
投影图			
迹线	P_V　　P_W	P_W　P_H	P_V　P_H
投影特征	水平投影反映实形 正面投影积聚直线 $\parallel OX$ 侧面投影积聚直线 $\parallel OY_W$	正面投影反映实形 水平投影积聚直线 $\parallel OX$ 侧面投影积聚直线 $\parallel OZ$	侧面投影反映实形 正面投影积聚直线 $\parallel OZ$ 水平投影积聚直线 $\parallel OY_H$

　　与投影面平行的平面的投影特性归结为：在所平行的投影面上的投影反映实形（迹线表示时则无该投影面的迹线）；其余两投影皆积聚成直线（即为相应的迹线），且平行于相应的轴。

　　【例 17】 将直线 AB、点 C 表示的平面用迹线表示法表示。如图 5-44（a）所示。

　　【解】（1）直线 AB、点 C 是几何要素表示的铅垂面。在 H 面积聚成一条直线。

　　（2）迹线 P_H 为同一条积聚直线延长与 OX 轴交于 P_X。

　　（3）过 P_X 垂直于 OX 轴的直线即 P_V。

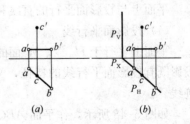

图 5-44

5.3.3　平面上的直线

1. 平面上的直线

平面上可做任意方向无数条直线，若符合下列条件之一者，直线必在已知平面上。如

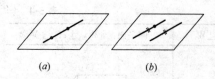

图 5-45 所示。

（1）直线过已知平面上两点。

（2）直线过已知平面上一点且平行于该平面上一直线。

图 5-45

利用这两个几何条件以及以前学过的投影规律，不难在已知平面上作出各种直线的投影，从而解决一些定位问题。

利用过已知平面上两点作图。

如图 5-46（a）所示，已知平面 ABC 的投影（几何要素表示），在 AB 边上取一点 1，又在 BC 边上取一点 2，1、2、$1'$、$2'$ 分别为这两点的 H 投影和 V 面投影。连接 12，$1'$ $2'$，即为平面 ABC 上的直线 12 的两面投影。

同理如图 5-46（b）所示，为过迹线平面 P 上两点的直线 12，$1'$ 在 P_V 上，所以它的 H 面投影 1 在 OX 轴上，2 点在 P_H 上，它的 V 面投影 $2'$ 在 OX 轴上。

利用过平面上一点且平行于平面上一条直线作图。

如图 5-47（a）所示，已知平面 ABC 的投影，在 AB 边上取一点 1，1、$1'$ 为它的两面投影。作 12∥ac，$1'$ $2'$∥$a'c'$。则直线 12 在平面 ABC 上。

同理如图 5-47（b）所示，为过迹线平面 P 上一点，且平行于 P 上的一条直线的作法。在 P_V 上取一点 1，1、$1'$ 为它的两面投影。过该点的 H 面投影作直线 12 平行于直线 P_H。直线 P_H 的 V 面投影即 OX 轴。所以 12∥P_H，$1'$ $2'$∥OX。

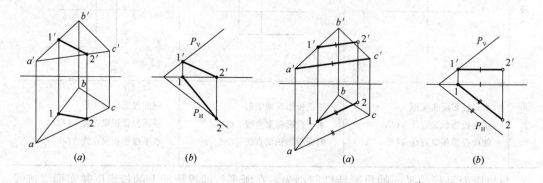

图 5-46   图 5-47

2. 平面上特殊直线

平面上与投影面平行的直线和与这些平行线垂直的直线，概称为平面上的特殊直线。

（1）投影面平行线

平面上平行于 H、V、W 面的直线，称为平面上的水平线、正平线、侧平线。它们的投影既有投影面平行线的特征，又具备了在已知平面上的特征。且平行于该平面相应的迹线。

如图 5-48 所示，作平面 ABC（几何要素表示）上的水平线 CD 和正平线 AE。水平线的特征是在 H 面投影反映实形，在 V 面投影平行于 OX 轴。所以 V 面作图，过 c' 作 c' d'∥OX 与 $a'b'$ 交于 d'。D 在 AB 上。由点在线上的从属性，求出 d，连接 cd，即所求水平线 CD 投影。如图 5-48（b）所示。求平面 ABC 上的正平线 AE 方法类同。如图 5-48（c）所示。

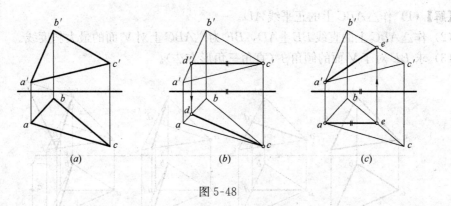

图 5-48

如图 5-49（a）所示，平面 P 上的水平线 $\parallel P_\mathrm{H}$，平面上的正平线 $\parallel P_\mathrm{V}$。

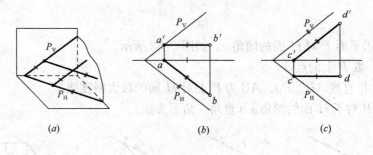

图 5-49

作迹线平面 P 上的水平线。平面 P 上的水平线 $AB \parallel P_\mathrm{H}$，且 AB 在 P 上。如图 5-49（b）所示。作 $a'b' \parallel OX$，与 P_V 交于 a'，A 在 P_V 上，所以对投影 a 在 OX 上，然后作 ab $\parallel P_\mathrm{H}$。即求出平面 P 上的水平线 AB 的两面投影。同理作出平面 P 上的正平线 CD。cd $\parallel OX$，$c'd' \parallel P_\mathrm{V}$。如图 5-49（$c$）所示。

（2）最大斜度线

最大斜度线是指平面上对投影面倾角最大的直线。该线的倾角即是平面对投影面的倾角。

一般常用的是对 H 面的最大斜度线。

对 H 面的最大斜度线垂直于平面上的水平线。如图 5-50（a）所示。平面 P 上直线 AB 为 P 的最大斜度线。求证：因为 AB $\perp P_\mathrm{H}$，在直角 $\triangle ABC$ 中。$AB < BC$，又 $BD \perp AD$，$BD \perp CD$，直角 $\triangle ABD$ 和直角 $\triangle CBD$，共用直角边 BD，$BD/AB > BD/ AC$。所以 $\angle BAD$ 最大。因此直线 AB 为平面 P 对 H 面的最大斜度线，直线 AB 对 H 面的倾角 α 即是平面 P 对 H 面的夹角 α。

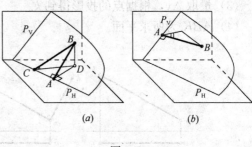

图 5-50

同理，对 V 面的最大斜度线垂直于平面上的正平线。对 V 面的最大斜度线的 β 角即是平面的 β 角。如图 5-50（b）所示。

【例 18】求 $\triangle ABC$ 对 V 面的倾角 β。如图 5-51 所示。

【解】（1）作△ABC上的正平线AD。

（2）作△ABC上的直线BE⊥AD，BE为△ABC上对V面的最大斜度线。

（3）求BE对于V面的倾角β（直角三角形方法）。

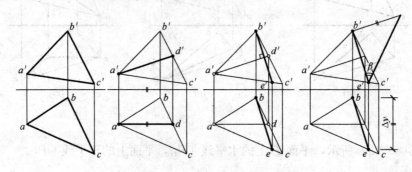

图 5-51

【例 19】求平面P对H面的倾角α。如图5-52所示。

【解】（1）取P上的点A。

（2）过A作直线AB⊥P_H。AB为P上对H面的最大斜度线。

（3）求AB对于H面的倾角α（直角三角形方法）。

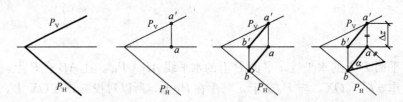

图 5-52

【例 20】包含AB作一平面，使其与V面成45°。

分析　AB的投影为正平线的投影特征。垂直于正平线的直线为对V面的最大斜度线。反映平面对V面的倾角45°。同时因为AB为正平线，所以V面投影能反映垂线的直角。

【解】（1）作$a'k'⊥a'b'$。

（2）作出直角三角形，一条直角边$a'k'$，β角45°，得到另一直角边为Δy。

（3）量取Δy，根据点的投影得到k。

（4）ABK为所求平面。

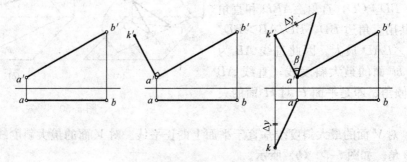

图 5-53

5.3.4 平面上的点

在已知平面上取点，可利用平面上的直线来作图。

如图5-54（a）所示，在已知平面△ABC内有一点D，若仅给出D点的V面投影d'，可以面上过已知点的直线为辅助线，利用点在线上、线在面上的从属性求得D的H面投影d。图5-54（b）辅助直线DE为过面上两点的一般位置直线。图5-54（c）DE为面上水平线、图5-54（d）DE为面上正平线。

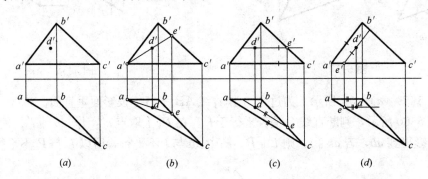

图 5-54

如图5-55所示，在平面P内有一点D，已知D点的H面投影d，可以面上过已知点的直线为辅助线求得D的V面投影d'。图5-55（b）辅助直线AB为过面上两点的一般位置直线。图5-55（c）辅助直线AD为面上水平线、图5-55（d）辅助直线AD为面上正平线。

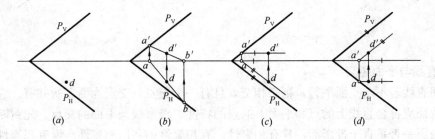

图 5-55

5.3.5 平面外的直线与平面

平面与平面外的直线的相对位置有平行、相交。特殊情形垂直相交。

1. 直线与平面平行

几何条件：空间一直线与某平面上的一直线平行，则该直线与该平面平行。如图5-56。$AB \parallel CD$，$CD \in P$，则 $AB \parallel P$。

根据这个几何条件，并运用平面上直线以及两直线平行时的投影特性，就不难作出已知平面的平行线或作出已知直线的平行平面，也可判别给出的直线与平面是否平行。

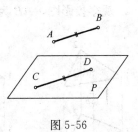

图 5-56

如图5-57，过A作直线AB与△BCD平行。只要作出与三角形上任意一条直线的平行线即可。

如图5-58，过A作平面与已知直线DE平行。只要过A作一条直线AB与DE平行，

63

另一直线 AC 可任做。

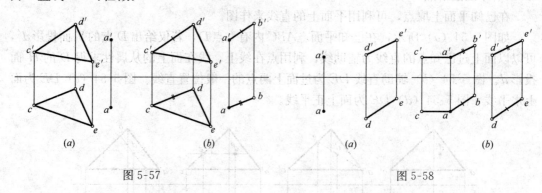

图 5-57   图 5-58

如图 5-59（a）（b）所示，为过点 A 作直线 AB 平行于投影面垂直面。

如图 5-60 所示，判断直线 L 是否平行于 P。在 P_V 上取点 a'，作 $a'b' \parallel l'$。使 $AB \in P$ 上，对投影得到 ab，若 $ab \parallel l$，则 $L \parallel P$。图中 ab 与 l 不平行，所以 L 与 P 不平行。

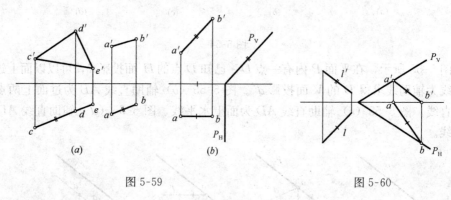

图 5-59   图 5-60

2. 直线与平面相交

空间直线若不与平面平行，则必相交，且有一个交点。交点为两者所共有。它在投影图上的特征应符合直线上的点和平面上的点的特性。求直线与平面的交点，先判断直线与平面的投影是否垂直于投影面，具有积聚性。有积聚性的利用积聚性。没有积聚性的，用几何方法求解。

（1）投影面垂直线与一般位置平面求交。

如图 5-61 所示，已知直线 AB 和△123 的投影图，求出它们的交点 K。

观察投影图，AB 为正垂线，它的 V 面投影具有积聚性，因而交点 K 的 V 面投影也

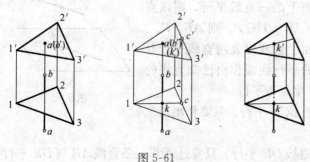

图 5-61

是积聚点，得到 k'。而 K 在△123 上，面上的点利用面上的直线。即可作出 K 点的 H 面投影。

通常把平面视为不透明。当直线穿过平面时，将有一段被平面遮住，应画成虚线。判断投影的可见性，利用重影点。H 面 12、bk 重影点位置，对投影在 V 面上，$1'2'$

高，$b'k'$低，所以 bk 被平面挡住一部分，画作虚线。

如图 5-62 所示，直线 AB 与迹线平面 P 求交点 K。

直线 AB 为铅垂线。交点 K 的 H 面投影即为积聚点，得到 k。面上的点利用面上的正平线 CK，得到 k'。然后判断可见性。V 面 $a'k'$、P_V 的重影点，对投影到 H 面上，ak 前，P_V 的 H 面投影 ox 轴后，所以 $a'k'$ 在 V 面上可见。

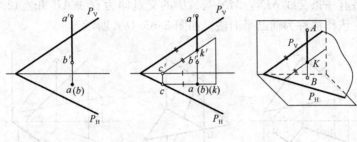

图 5-62

（2）一般位置直线与投影面垂直面求交。

平面的位置与某投影面垂直时，则可以利用它的积聚投影直接定出平面与直线的交点。

如图 5-63 所示，已知直线 AB 和四边形 P 的投影图。求出它们的交点 K。

观察投影图，四边形 P 为铅垂面，它的 H 投影有积聚性，因此可以在 H 投影中直接定出 P 与直线 AB 的交点 K。即 p 与 ab 的交点为 k。对投影到 $a'b'$ 上，得到 k'。然后判断可见性。ak 在 p 的前面，所以 $a'k'$ 可见。

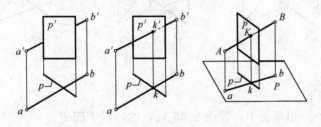

图 5-63

如图 5-64 所示，直线 AB 与迹线平面 P 求交点 K。

迹线平面 P 为正垂面。交点 K 的 V 面投影 k' 可以直接得到，即 $a'b'$ 与 P_V 的交点。对投影到 ab 上，得到 k。然后判断可见性。$a'k'$ 在 P_V 上面，所以 ak 可见。

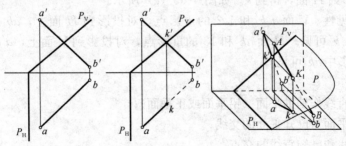

图 5-64

（3）一般位置直线与一般位置平面求交

当直线与平面皆为一般位置时，由于在投影图中没有积聚性，因而不能在任一投影中直接定出其交点。为此，要借助几何方法来完成求交。

如图 5-65（a）所示，已知直线 AB 和△123 的投影图。求出它们的交点 K。

观察投影图，直线 AB 和△123 皆为一般位置。包含直线 AB 作一个投影面垂直面 P，则 P 与△123 将有一条交线 MN，MN 与 AB 的交点即为直线 AB 和△123 的交点 K。P 称为辅助平面。该作法称为辅助平面法。如图 5-65（b）所示。

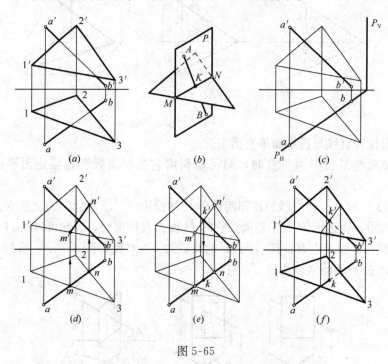

图 5-65

求交点作法如下：

1）包含 AB 作一铅垂面 P，如图 5-65（c）的迹线平面 P。

2）求 P 和△123 的交线 MN。因为 P 为铅垂面，在 H 面投影具有积聚性。所以 P 的积聚性直线 p 与△123 的边 13 的交点即为 m，p 与 23 的交点即为 n。对投影到 V 面，得到 m'、n'。如图 5-65（d）所示。

3）AB 与△123 的交点即为 AB 和 MN 的交点。由 V 面投影得 $a'b'$ 和 $m'n'$ 的交点，即为 k'。对投影到 H 面，得到 k。如图 5-65（e）所示。

4）判断可见性。V 面 $a'k'$ 和 $1'2'$ 的重影点，对投影到 H 面上，ab 在前，12 在后，所以 V 投影中 $a'k'$ 可见。H 面 ak 和 13 的重影点，对投影到 V 面上，$a'k'$ 在上，$1'3'$ 在下。所以 H 投影中 ak 可见。

作图步骤：

1）过已知直线作辅助平面（铅垂面或正垂面）；

2）求辅助平面与已知平面的交线；

3）定出交线和已知直线的交点；

4）判断可见性。

如图 5-66 所示，为直线 AB 与迹线平面 P 求交点 K。

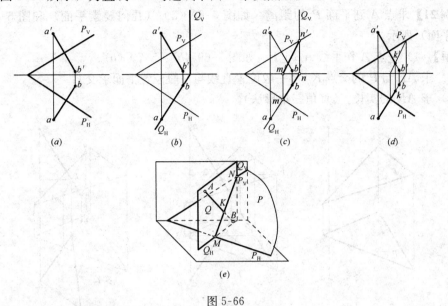

图 5-66

1）包含 AB 作铅垂面 Q；

2）求 Q 和 P 的交线 MN；

3）求 MN 和 AB 的交点 K；

4）判断可见性。

3. 直线与平面垂直

几何条件：空间一条直线与某一平面垂直，则直线必垂直该平面上的任意直线。

若直线 L 垂直 P，则 L 必垂直于平面 P 上任意两条相交直线。当然也包括平面 P 上的水平线、正平线和侧平线。已知两线垂直，当其中一条为投影面平行线时，则在该投影面投影中仍保持直角关系。利用这一特性，就可以作出已知平面的垂直线，或直线的垂直平面。

如图 5-67 所示，过 A 点作直线垂直于 P。作 P 上的水平线 12，$ab\perp12$，作 P 上的正平线 34，$a'b'\perp3'4'$。完成垂线 AB 的两面投影。

如图 5-68 所示，过 A 点作直线垂直于 P。P 为迹线表示的平面。因此直接作 $ab\perp P_H$，作 $a'b'\perp P_V$。完成垂线 AB 的两面投影。

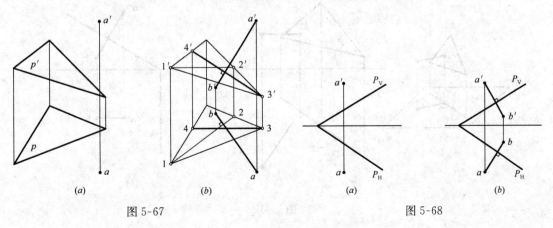

图 5-67   图 5-68

利用垂直作图可解决一些度量问题。

【例 21】 求点 A 到平面 P 的距离。如图 5-69（a）（几何要素平面）和图 5-70（a）（迹线平面）所示。

【解】（1）过点 A 作垂线 $AB \perp P$；如图 5-69（b）、5-70（b）。

（2）求 AB 与 P 的交点 K。（一般位置直线与一般位置平面求交）；

（3）求 AK 的实长。（直角三角形法）。

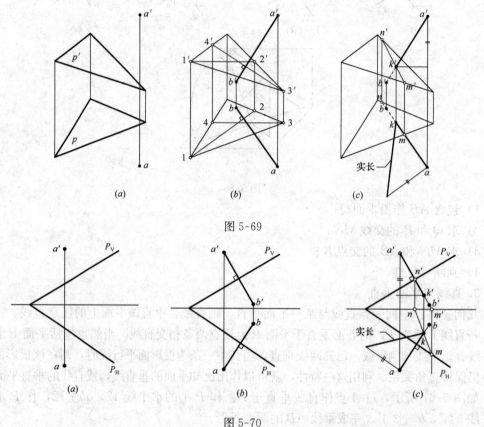

图 5-69

图 5-70

当平面是特殊位置时，如图 5-71（a）所示，P 为铅垂面，那么垂直于 P 的直线 AB

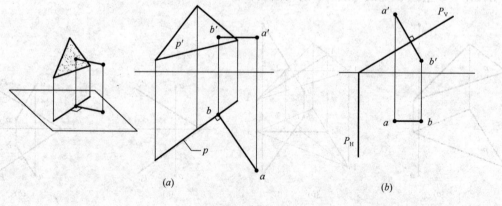

图 5-71

68

必为水平线。投影反映水平线的特征。图 5-71（b）为迹线表示的平面。P 为正垂面。垂直于 P 的直线必为正平线。

【例 22】 过点 A 作平面 ABC 垂直于已知直线 DE。如图 5-72 所示。

【解】（1）过 A 点作水平线 AC⊥DE，

（2）过 A 点作正平线 AB⊥DE。

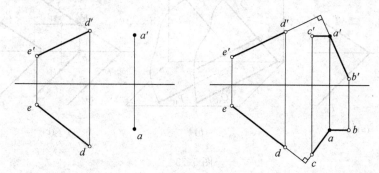

图 5-72

5.3.6 平面与平面

平面与平面的相对位置有平行、相交。特殊情形垂直相交。

1. 平面与平面平行

几何条件：若某平面上有两条相交直线与另一平面上两条相交直线对应地平行，则两平面互相平行。如图 5-73 所示。

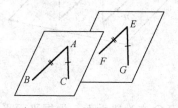 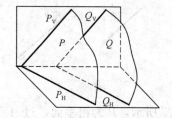

图 5-73

因此，可利用相交和平行直线的投影特性，判别两平面是否平行；或作出一个平面与已知平面平行。

如图 5-74 所示，过 A 点作平面平行于△ABC。作 AB∥12，AC∥13，则 AB 和 AC

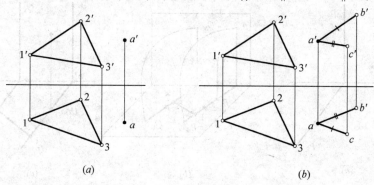

（a）　　　　　　　　　（b）

图 5-74

69

所决定的平面与△ABC平行。

如图5-75所示，过A点作迹线平面Q平行于迹线平面P。迹线P_V、P_H为两条平面上的相交直线。作$Q_V \parallel P_V$、$Q_H \parallel P_H$，使A点在Q上即可。因此过A点作$AB \parallel P_H$，B为直线AB的V面迹点。若使AB在Q上，则使B在Q_V上即可。

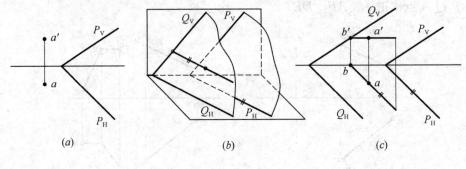

图5-75

当平面为投影面垂直面时的特殊情况如图5-76所示。

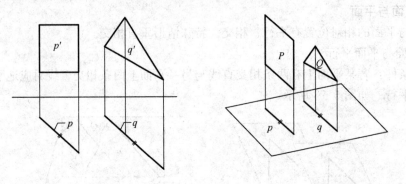

图5-76

如图5-77所示，P为铅垂面，过A点作平面Q亦为铅垂面，根据平面平行，迹线相互平行的特性，$Q_V \parallel P_V$、$Q_H \parallel P_H$。

Q_H与P_H间的垂直距离即为两平面的距离，如图中所示12。

2. 平面与平面相交

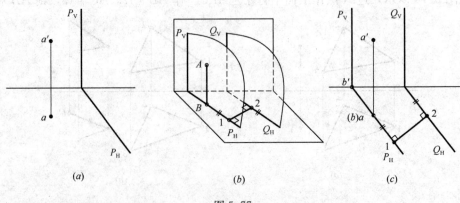

图5-77

70

空间两个不平行的平面将相交于一条直线，该交线为两者所共有。平面与平面相交求交线，可以看作直线与平面求交的问题。求平面上两条直线分别于另一个平面的交点。两交点相连，即平面与平面的交线。

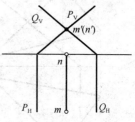

图 5-78

（1）两投影面垂直面相交求交线。

如图 5-78 所示，迹线平面 P 和 Q 为正垂面，则交线 MN 为正垂线。

同理，两个铅垂面的交线为铅垂线。

如图 5-79 所示，P、Q 为两铅垂面相互垂直的投影情况。其交线为铅垂线 MN。

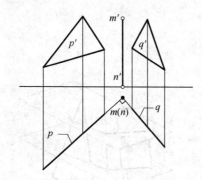
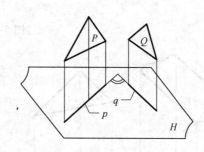

图 5-79

（2）投影面垂直面与一般位置平面求交线。

如图 5-80 所示，平面 P 为铅垂面，H 面投影积聚成直线，平面 P 与 Q 的交线的 H 面投影应在积聚性直线上。直接定出 Q 上直线 13、23 与 P 的交点 m、n。对投影到 V 面，m' 在 $1'3'$ 上，n' 在 $2'3'$ 上。即可作出交线的 V 面投影 $m'n'$。然后判断可见性。

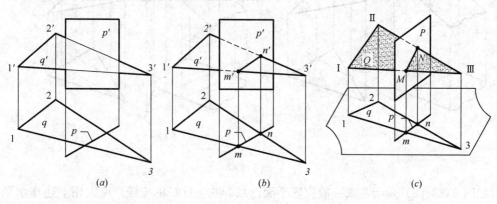

(a) (b) (c)

图 5-80

如图 5-81 所示，为一迹线表示的正垂面 P 与平面 Q 求交线。

（3）一般位置平面和一般位置平面求交线。

如图 5-82 所示，求一般位置平面 P 和 Q 的交线。

在空间图 5-82 (b) 中，可以看到作水平面 H_1，分别和 P 交于 AB，和 Q 交于 12。AB 和 12 的交点即交线上一点 K_1。同理作出 K_2，两点相连得到交线。

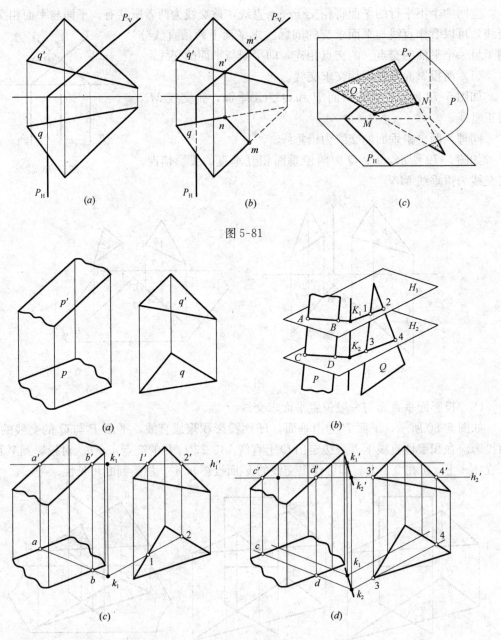

图 5-81

图 5-82

如图 5-83（a）所示，求一般位置平面△123 和△ABC 的交线，可以用上述作水平面的方法，也可以用一个平面上的两条直线和另一个平面求两个交点的方法，如图 5-83 所示。分别求 13，23 两条直线和△ABC 的交点 K_1、K_2。一般位置直线和一般位置平面求交点的方法。参见 5.3.5.2

3. 平面与平面垂直

几何条件：有一条直线与某平面垂直，则过该直线的一切平面皆与已知平面互相垂直。

如图 5-84 所示，若 $MN \perp R$，$MN \in P$ 上，则 $P \perp R$。

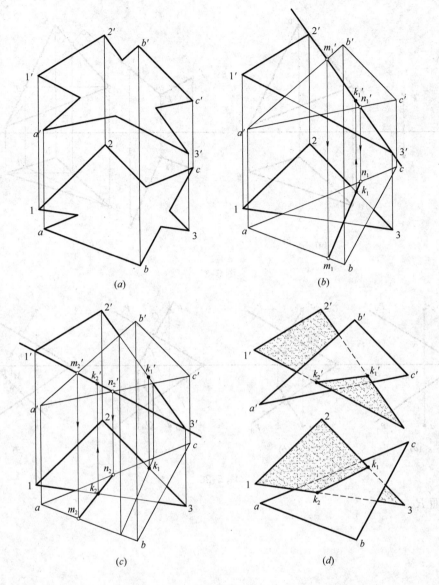

图 5-83

同理，$Q \perp R$。包含直线 MN 有无数平面与 R 垂直。

【例 23】 过 K 点作平面垂直于平面 ABC。如图 5-85 （a）所示。

【解】 作 KE 垂直于 $\triangle ABC$ 上的水平线 AD、正平线 CE，则 $KE \perp \triangle ABC$。再任作一直线 KF。用相交两直线 KE、KF 表示平面 $\perp \triangle ABC$。如图 5-85 （b）所示。

【例 24】 过 A 点作迹线平面 Q （R）垂直于迹线平面 P。如图 5-86 （a）所示。

【解】 作 AB 垂直于平面 P 上的迹线 P_H、P_V。则 $AB \perp P$。

如图 5-86 （c）作一正垂面 Q，如图 5-85 （d）任作一般

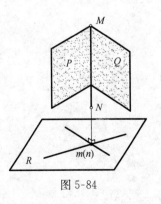

图 5-84

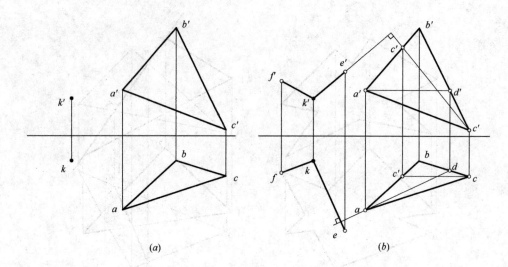

图 5-85

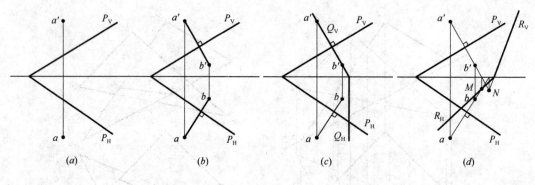

图 5-86

位置平面 R。

第6章 平面立体

在画法几何中，约定平面立体为实体，则平面立体与平面立体的交线称为相贯线。相贯线为组成平面立体的各个表面与另一个立体的各个表面的交线，因此求立体相贯线的问题就转换成求平面与平面的交线的问题。可通过求组成平面的外轮廓线，即立体的棱线对于另外一个立体的交点，是交线上的一点来求交。所以求立体的棱线对于彼此的贯穿点是求两立体相贯线的关键。

平面立体有两大类简单体：棱柱和棱锥。它们之间求交线是工程中常遇问题，需要熟练掌握。可以从直线与立体求贯穿点、平面与立体求截交线（面）着手，进而求立体的相贯线、挖缺口、穿孔等的投影。

除此之外，对于建筑形体的坡屋顶求交线的问题，本章也有具体的阐述。

相交线是两个立体表面公共线的集合，求相交线上的共有点通常有三种方法：

1. 利用积聚性：当相交两立体分别在两个投影面上具有积聚投影时，直接定出交点的两面投影，求交点的第三面投影即可。

2. 辅助线法：当相交两立体只有一个投影面上具有积聚性时，则定出交点的一面投影，然后利用线上的点对到线上（点在线上的从属性），面上的点利用过点的面上的线（辅助线常采用投影面平行线）的方法，来求作交点的其他两面投影。

3. 辅助面法：当相交两立体的投影不存在积聚性时，则需要根据不同情形用辅助截平面法求作。辅助截平面一般为投影面平行面。

6.1 平面立体与平面立体求交

6.1.1 直线与平面立体求贯穿点

贯穿点是直线与立体表面的交点。因此求作归结为直线与平面的交点问题。

【例1】求直线 AB 与三棱锥的贯穿点。如图 6-1（a）所示

分析 观察投影，AB 为正垂线，V 面投影积聚成一点，AB 和面 $S23$ 的交点 K_1、AB 和面 $S13$ 的交点 K_2，两交点的 V 面投影就是积聚点 a'。求 a，面上的点利用面上的直线。如图 6-1（b）所示，为面上的点利用面上的水平线；如图 6-1（c）为面上的点利用上的一条过锥顶的直线。

【解】（1）V 面投影确定 k_1'、k_2'，

（2）过 k_1'、k_2' 作面上的水平线 $d'e'$、$c'e'$，与 $s'3'$ 交于 e'；

（3）对投影到 H 面得到 e，作 $de \parallel 23$，$ce \parallel 13$；

（4）de 和 ab 的交点为 k_1，ce 和 ab 的交点为 k_2。如图 6-1（b）

【例2】求直线 AB 与三棱柱的贯穿点。如图 6-1（a）所示

分析 观察投影，棱柱的侧面在 H 面积聚成直线，棱柱的顶、底面在 V 面积聚成直

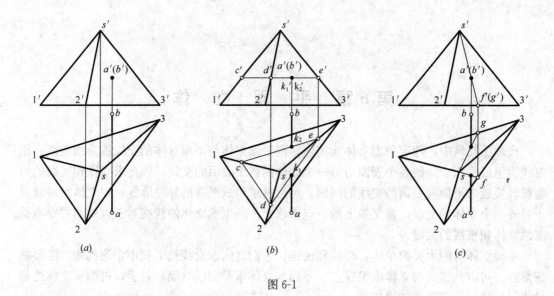

图 6-1

线。直线 AB 和侧棱面的交点在 H 面积聚直线上。

【解】（1）H 面确定 k_1、k_2，

（2）对投影到 V 面 $a'b'$ 上，得到 k_1'、k_2'。如图 6-1（b）所示。

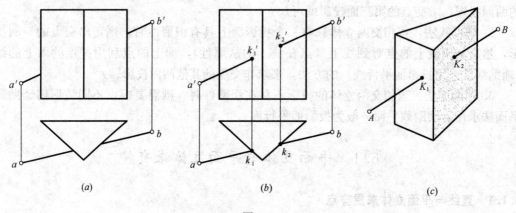

图 6-2

6.1.2 平面与平面立体求截交（线）面

截交线是平面与立体表面的交线。截交面为交线围合的平面。

【例 3】 求平面 $\triangle ABC$ 和三棱柱的截交线。如图 6-3（a）所示。

分析 观察 $\triangle ABC$ 在前视图的位置，AB、BC 的高度在棱柱中间。所以 AB、BC 和棱柱的侧面交；AC 在棱柱外面，和棱柱没有交点。因为三棱柱侧棱面垂直于 H 面，所以交线为棱面积聚直线 13，24。所以可以直接定 AB、BC 和棱柱的交点。

【解】（1）定出 1、2、3、4，

（2）对投影到 V 面、直线 AB、BC 上，得到 $1'$、$2'$、$3'$、$4'$。

（3）连交线，判断可见性。

【例 4】 求平面 $\triangle ABC$ 和三棱柱的截交线。如图 6-4（a）所示。

分析 观察 $\triangle ABC$ 在俯视图的位置，三棱柱中间的棱线在平面里，所以中间棱线与

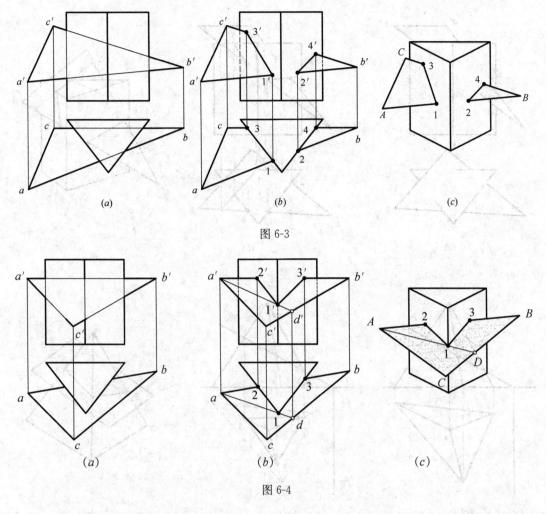

图 6-3

图 6-4

△ABC 有交点，观察△ABC 在前视图的位置，AB 的高度在棱柱中间，△ABC 与棱柱侧面交。交线为棱面积聚直线 12、13。

【解】（1）在俯视图，定出棱线与△ABC 的交点 1，利用辅助线 AD，求出 1′。

（2）定出 AB 和三棱柱的交点 2、3，对投影到 V 面、直线 AB 上，得到 2′、3′。

（3）连交线，判断可见性。

【例 5】 求平面△ABC 和三棱柱的截交线。如图 6-5（a）所示。

分析 观察△ABC 在前视图的位置，△ABC 的边 AB 在棱柱上方，和棱柱没有交点。△ABC 从上往下斜插入棱柱，和棱柱的顶面、侧面都有交线。顶面为水平面、侧面为铅垂面。

【解】（1）求△ABC 和顶面的交线 45，利用 V 的积聚性。

（2）求 AC、BC 对棱柱侧面的贯穿点 1、2、3、6。利用 H 的积聚性。

（3）连交线，判断可见性。如图 6-5（b）所示。

思考 EF 和 AB 的关系。AB 为水平线，顶面为水平面，所以 EF∥AB。

【例 6】 求平面 P 和三棱锥 SABC 的截交线。如图 6-6（a）所示。

【解】 P 为正垂面，利用 V 面积聚性求。如图 6-6（b）所示。

【例 7】 求平面 Q 和三棱锥 SABC 的截断面。如图 6-7（a）所示。

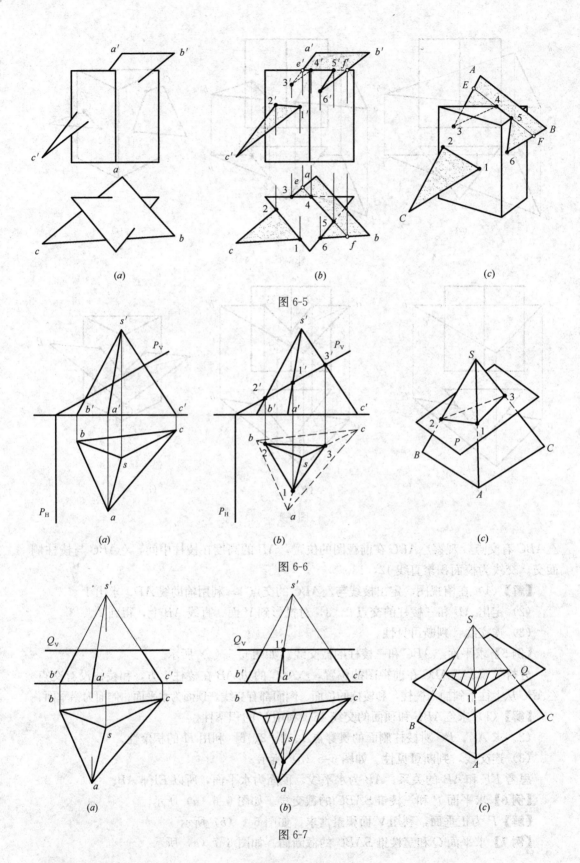

图 6-5

(a)　　　　　(b)　　　　　(c)

图 6-6

(a)　　　　　(b)　　　　　(c)

图 6-7

(a)　　　　　(b)　　　　　(c)

【解】Q 为水平面，垂直于 V，利用 V 面积聚性求。如图 6-7（b）所示。

棱锥的底面 ABC 也为水平面。所以 Q 与锥面的交线与相应的底边平行。

【例 8】求平面 R 和三棱锥 $SABC$ 的截断面如图 6-8（a）所示。

【解】R 为正平面，垂直于 H 面，利用 H 面积聚性求。如图 6-8（b）所示。

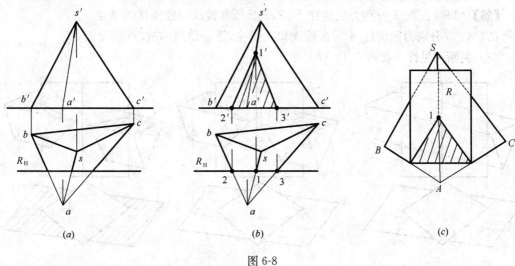

图 6-8

6.1.3 平面立体与平面立体求相贯线

【例 9】求挖缺口三棱锥 $SABC$ 的交线。如图 6-9（a）所示。

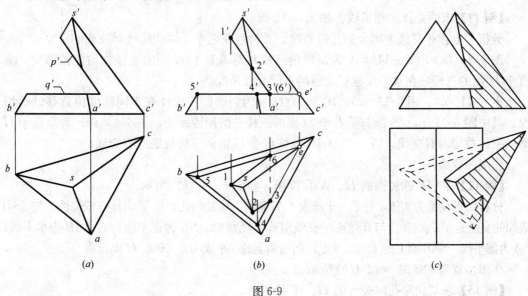

图 6-9

分析 三棱锥 $SABC$ 所挖缺口，可以看作 P（正垂面）、Q（水平面）去截三棱锥。

【解】（1）1、2、4、5 分别为 SB、SA 上的点，直接定点。

（2）3、6 分别为平面 SAC、SBC 上的点。利用面上的直线 V 面作水平截面 $5'4'e'$，其 H 面投影 $5e \parallel bc$，$54 \parallel ba$，$4e \parallel ac$，3、6 点分别在 $4e$、$5e$ 上。

（3）判断可见性。如图 6-9（b）所示。

思考：如图 6-9（c）所示，将缺口用三棱柱吻合，交线一致。可见性不一样。因此立体挖缺口和立体求相贯线的作法是一致的。

因为三棱锥的锥面倾斜于 H、V 面，因此其投影具有类似形，可以以此来检查作图。

【例 10】 求两立体的相贯线。如图 6-10 (a) 所示。

分析 立体相贯线为闭合的几段直线，关键点是两个立体的棱线对彼此的贯穿点。

【解】（1）1、2、3 分别为三棱柱 F、G、E 所在棱线对四棱柱的贯穿点。

（2）4、5 分别为四棱柱 A 所在棱线和三棱柱 EF、EG 所在棱面的交点。

（3）判断可见性。如图 6-10 (b) 所示。

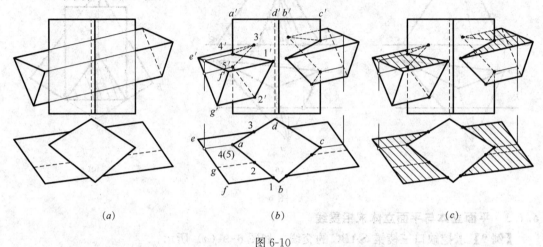

(a) (b) (c)

图 6-10

【例 11】 求两立体的相贯线。如图 6-11 所示。

分析 立体相贯线为闭合的几段直线，关键点是两个立体的棱线对彼此的贯穿点。

图 6-11 (a)、图 6-11 (b) 为斜卧的三棱柱与垂直于 H 面的三棱柱的侧棱面交，垂直于 H 面的三棱柱在水平位置移动后的不同交线情况。

图 6-11 (a)、图 6-11 (c)、图 6-11 (d) 为斜卧的三棱柱在不同高度位置移动的情况。其中图 6-11 (a) 全部与垂直于 H 面的三棱柱的侧棱面交；图 6-11 (c) 与垂直于 H 面的三棱柱顶面有交线；图 6-11 (d) 与垂直于 H 面的三棱柱底面有交线。

作图步骤略。

【例 12】 求穿孔四棱锥的 H、W 面投影，如图 6-12 (a) 所示。

分析 四棱锥为实体，打了一个垂直于 V 面的三棱柱的孔，在 V 面具有积聚性。与 SAB 表面的交线是 $1'2'$、$2'3'$，与其他面的交线对称。观察 12、SB 为正平线；23、AB 为水平线；SA 为侧平线。SAB 面上的 1、2、3 点，利用面上的水平线 $1E$、$3F$ 求 H 面投影。

作图步骤略。如图 6-12 (b) 所示。

【例 13】 求双向穿孔四棱台的 H、W 投影。

分析 四棱台打了一个垂直于 V 面的三棱柱的孔和一个垂直于 H 面的四棱柱的孔。三棱柱孔对四棱台的交线的求法同 ［例 12］。孔和孔相交的交线和实体相交的交线求法一致。四棱柱孔 E、F 所在的棱线对三棱柱孔的贯穿点在 H 面投影分别为 1、2 两点（E、F 棱线在 H 面的积聚性），在 V 面的投影为 $1'$、$2'$（三棱柱在 V 面的积聚性）。由此可求得贯穿点的 W 面投影。

作图步骤略。如图 6-13 (b) 所示。

80

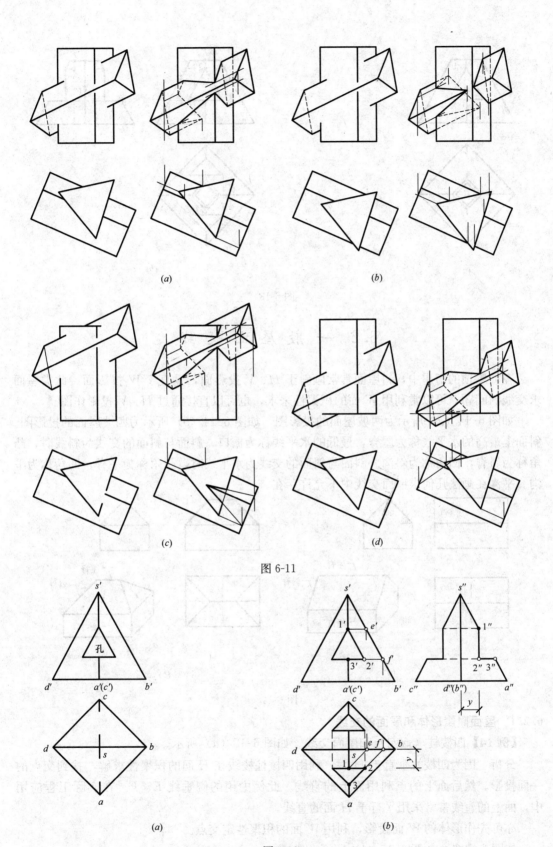

图 6-11

(a)

(b)

(c)

(d)

图 6-12

(a)   (b)

图 6-13

6.2 一般屋面交线

在坡屋顶的房屋中，斜屋面常常倾斜于 H、V 投影面，垂直于 W 投影面。此类屋面求交线的问题，可以常利用 W 面的积聚性来求，也可以直接通过 H、V 投影作图。

如图 6-14（a）所示为两坡屋面的投影图，如图 6-14（b）所示为四坡屋面的投影图。斜面上最高的水平线称为屋脊，最低的水平线称为檐口。斜面与斜面的交线为斜线时，凸角称为斜脊，凹角称为斜沟。斜面与斜面的交线为水平线时，凸角称为平脊，凹角称为平沟。平沟在画法几何求屋面交线中不允许存在。

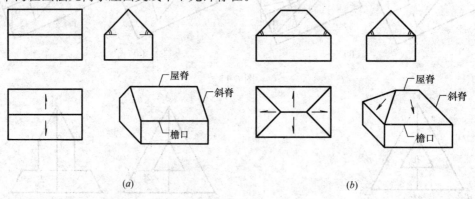

(a)   (b)

图 6-14

6.2.1 屋面附属形体和屋面的交线

【例 14】 四棱柱（烟囱）和屋面交线。如图 6-15（a）所示。

分析 因为四棱柱垂直于 H 面，利用四棱柱棱线在 H 面的积聚性求解，找到交点的一面投影。然后面上的点利用面上的直线。此例中用的侧垂线 E、F。在实际工程应用中，面上的直线常常采用平行于 H 面的直线。

亦可先作形体的 W 面投影，利用 W 面的积聚性定交点。

作图步骤略。如图 6-15（b）所示。

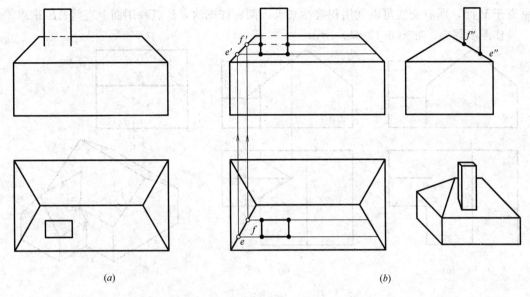

图 6-15

【例 15】求老虎窗和屋面交线。如图 6-16（a）所示。

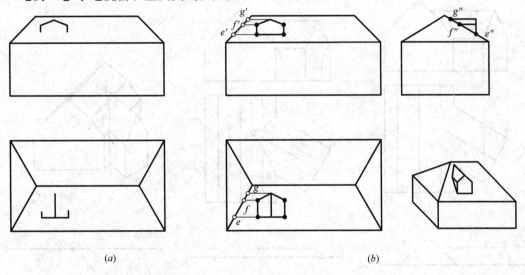

图 6-16

分析 在实际工程应用中，形体的定位已知条件有些在 H 投影图中，有些在 V 投影图中。老虎窗的定位就是这样。求交线时同样利用积聚性求解，找到交点的一面投影。然后面上的点利用面上的直线。此例中用的侧垂线 E、F、G。

作图步骤略。如图 6-16（b）所示。

6.2.2 一般坡屋顶建筑屋面和屋面的交线

【例 16】求屋面和屋面交线。如图 6-17（a）所示。

分析 从 6-17（c）中可以看到，两个房屋（立体）的交线为 AB、BC、CD。其中 AB 为两个屋面的交线，BC 为屋面和墙面的交线，CD 为墙面与墙面的交线。大屋的墙面

垂直于 V 面，所有交线可以利用积聚性来求。两面作图时，B 点利用面上直线 AE 来求。

作图步骤略。如图 6-17（b）所示。

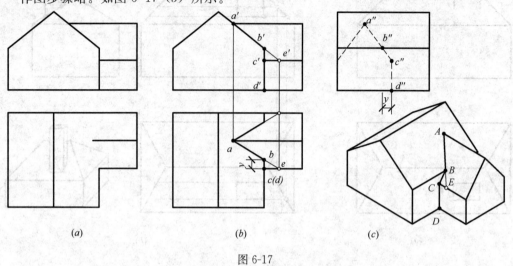

图 6-17

【例 17】求屋面和屋面交线。如图 6-18（a）所示。

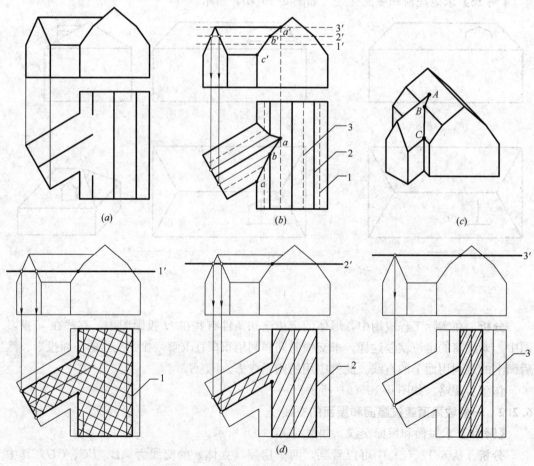

图 6-18

分析 求屋面交线可以采用作多个位置的水平截面的方法，和两个斜面相交的两条水平线的交点就是交线上的一点。如图 6-18（d）所示。求出两个交点相连就是斜面与斜面的交线。

作图步骤略。如图 6-18（b）所示。

【例 18】 求工程形体的交线，完成投影图。如图 6-19（a）所示。

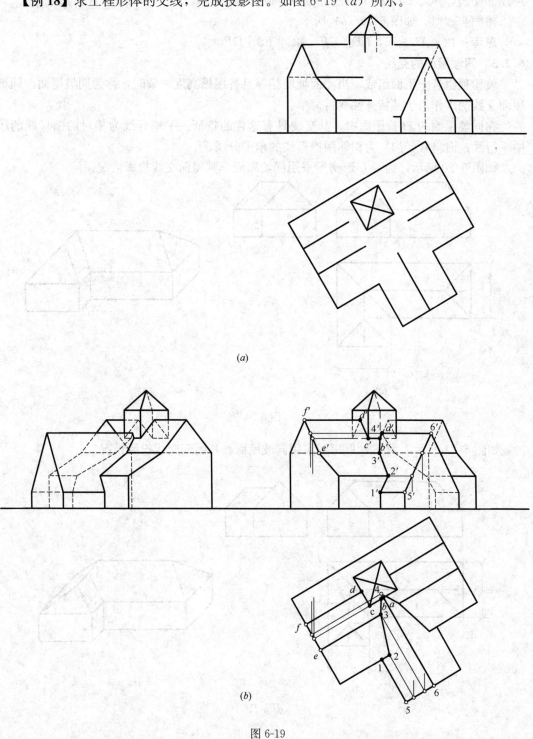

(a)

(b)

图 6-19

分析 此工程形体有三个立体相交，求屋面交线时应有从整体出发的观点。先求大的两个立体的交线，然后再插入垂直的四棱柱。如图 6-19（b）所示，12、23、34 为小屋屋面与大屋屋面的交线。插入四棱柱后，小屋屋脊插在四棱柱侧棱面上。*AB* 为四棱柱与小屋屋面交线，*BC*、*CD* 为四棱柱与大屋屋面的交线。

作图步骤略。如图 6-19（b）所示。

思考：12 ∥ *AB* ∥ 56，*CD* ∥ *EF*，*BC* ∥ *E*3 ∥ *DF*。

6.2.3 同坡屋面的交线

坡屋顶由若干平面组成，当屋面坡度相等且各屋檐高度一致时，称为同坡屋面。同坡屋面交线的求作由于其特殊性变得简单。

在同坡屋面的 *H* 投影图中，其交线具有这样的特征：平屋脊线为相对两檐口线的居中平行线；而斜脊（沟）为相邻两檐口线的角平分线。

如图 6-20 所示，为一 *L* 形房屋采用同坡屋面，其屋面交线投影情况。

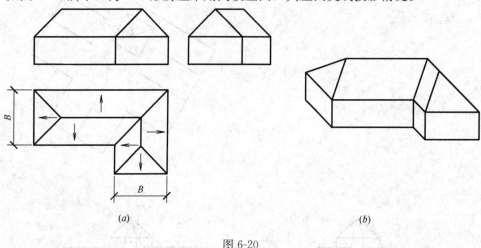

（a）   （b）

图 6-20

如图 6-21 所示，为一 *L* 形房屋采用同坡屋面，其屋面交线投影情况。

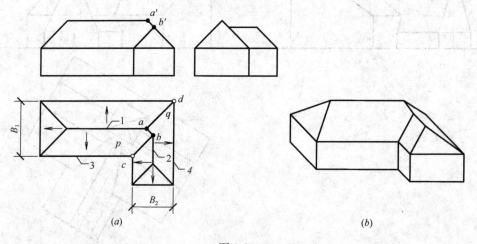

（a）   （b）

图 6-21

86

在此图中，矩形的短边 $B_1 > B_2$，所以屋脊1高于屋脊2。

屋脊 $1 \in P$ 上，$AD \in Q$ 上，点 A 为屋脊1和斜脊 AD 的交点。所以 A 是 P 和 Q 上的点。

屋脊 $2 \in Q$ 上，$BC \in P$ 上，点 B 为屋脊2和斜沟 BC 的交点。所以 B 是 P 和 Q 上的点。

因此，斜面 P 与 Q 的交线为 AB。

P 和 Q 的檐口分别为3、4。所以 AB 又是此两线的角平分线。

【例 19】 房屋外轮廓线形状如图 6-22（a）俯视图所示。已知房屋为同坡屋面，其屋面对 H 面的倾角为 α，作出该房屋的投影图。

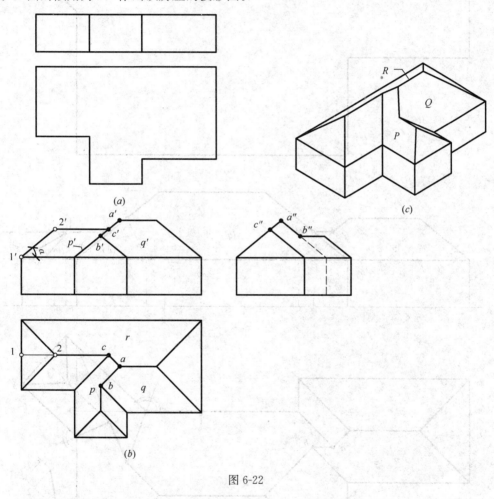

图 6-22

分析 同坡屋面所有轮廓线都需做斜面找坡。AB 是 P 和 Q 的交线，AC 是 Q 和 R 的交线。

12 为正平线，同时是斜面上的最大斜度线，所以 $1'2'$ 反映了斜面对 H 面的倾角 α。

作图步骤略。如图 6-22（b）所示。

【例 20】 房屋外轮廓线形状如图 6-23（a）俯视图所示。已知房屋为同坡屋面，其屋面对 H 面的倾角为 α，作出该房屋的投影图。

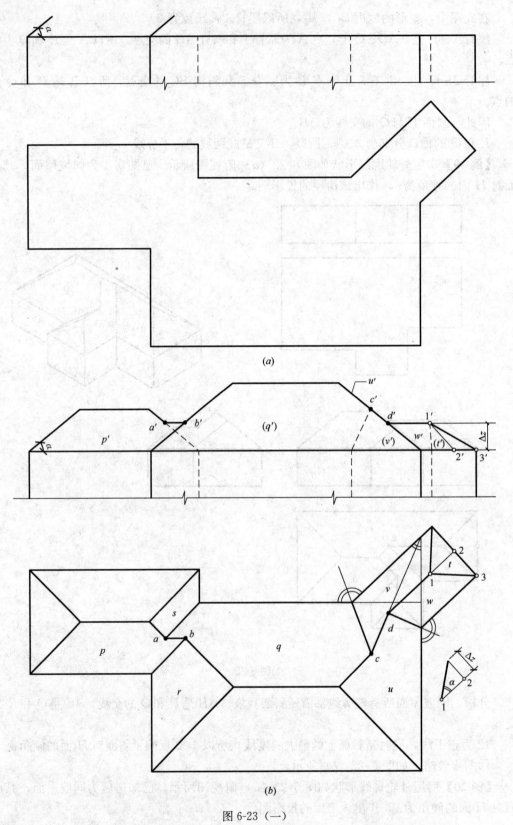

(a)

(b)

图 6-23 (一)

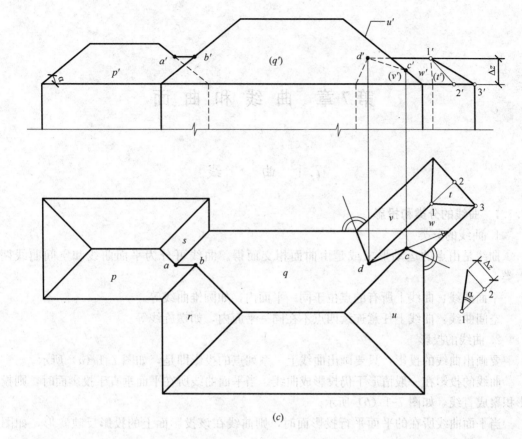

(c)

图 6-23（二）

分析　（1）AB 为斜面 P 与 Q 的交线，且 AB 是一条水平线（屋脊）

（2）CD 为斜面 U 和 V 的交线，C 点和 D 点高度不一样，CD 是一条斜脊，可以参考 U 面上的过点的水平线判断两点的相对高低。

（3）图中 13 为斜脊的投影，所以 $1'3'$ 与水平线的角度，不是斜面 T 面对 H 面的倾角 α。垂直于水平线 23 的直线 12 才是 T 上的最大斜度线，反映了 T 面对 H 面的倾角 α。而 12 为一般位置直线，需用直角三角形法。通过已知 α 角，求得 Δz_{12}，从而获得屋脊 1D 的高度。或利用 U 面的积聚性对投影到积聚性直线 u' 上，得到 D 点高度。

作图步骤略。如图 6-23（b）所示。

思考　此例屋面交线还有另一种情形，V、W 屋面的平脊和 Q、V 屋面的斜沟相交。此时 W、Q 相交可交得一段斜沟。如图 6-23（c）所示。

第7章 曲线和曲面

7.1 曲 线

7.1.1 曲线的分类和投影

1. 曲线的分类

曲线是由点的运动形成或是由曲面相交而得。曲线可分为平面曲线和空间曲线两大类。

平面曲线：曲线上所有的点位于同一平面内，如圆锥曲线等。

空间曲线：曲线上任意连续四点不在同一平面内，如螺旋线等。

2. 曲线的投影

要画出曲线的投影，只要画出曲线上一系列点的投影即是，如图 7-1（a）所示。

曲线的投影在一般情形下仍投影成曲线。当平面曲线所在平面垂直于投影面时，则投影积聚成直线，如图 7-1（b）所示。

当平面曲线所在的平面平行投影面时，则曲线在该投影面上的投影反映实形，如图 7-1（c）所示。

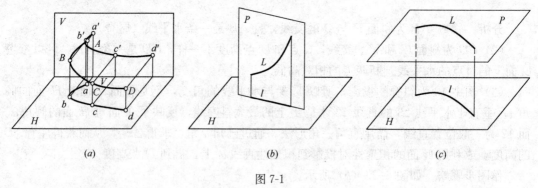

图 7-1

7.1.2 平面曲线

1. 圆锥曲线

工程上应用最广泛的有圆、抛物线、椭圆、双曲线等，这些曲线是由平面切割正圆锥体时，在圆锥表面形成的截交线。

随着平面切割圆锥的相对位置不同，有不同的曲线。平面与圆锥截交的几种情形如图 7-2 所示。

圆柱可看作圆锥的顶点在无穷远时的特殊情形。当平面与圆柱相截时，其截交线如图 7-3 所示。

90

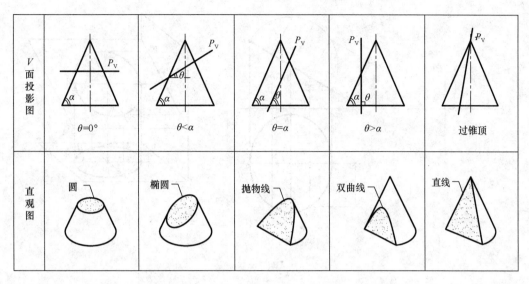

图 7-2

2. 圆的投影

圆是最常见的平面曲线，它的投影可以根据所在平面对投影面的不同位置而有不同的投影特征。

当圆所在的平面平行于投影面时，在该投影面上反映实形圆。

当圆所在的平面垂直于投影面时，在该投影面上有积聚性，投影成一直线，其长度等于圆的直径。

当圆所在的平面与投影面倾斜时，投影为椭圆。

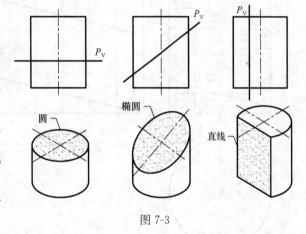

图 7-3

【例1】 已知某圆圆心为 O，投影如图 7-4（a）所示。圆所在平面 P 与 H 面成 30°角，并垂直于 V 面，直径为 30mm，试作出该圆的投影。

分析 圆垂直于 V 面，在 V 面积聚成直线，倾斜于 H 面，在 H 面投影是椭圆。如图 7-4（c）所示。椭圆长轴 AB 垂直于 V 面，在 H 面投影实长。短轴 CD 平行于 V 面，在 H 面投影为缩短的直线，可由平面倾斜角度求得。其他圆上的点，可任取一点 E，选取和长轴平行的弦如 $1E$，H 投影反映实长来定点。

【解】（1）过 o' 作 $c'd'$ 与水平线成 30°角，$c'd'=30$mm；

（2）过 o 点作 $ab⊥OX$，$ab=30$mm；

（3）作 $cd⊥ab$；对投影得 c，d；

（4）$c'd'$ 上任取一点 e'，作辅助圆直径为 30mm，量取 $E1$ 弦长。对投影到 H 面上，得到 e 点。如图 7-4（b）所示。

（5）取若干个一般点，用光滑曲线相连即可。

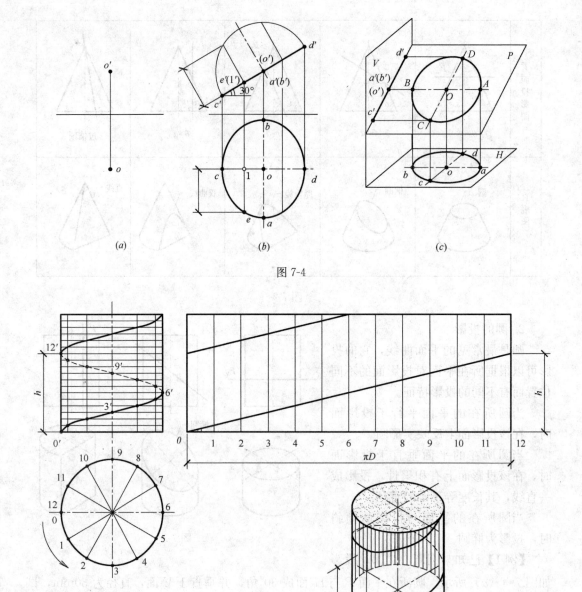

图 7-4

图 7-5

7.1.3 空间曲线

土建工程上常见的空间曲线是圆柱螺旋线。

1. 圆柱螺旋线的形成

圆柱螺旋线是一动点沿着圆柱的轴向做等速移动，同时绕轴做等角速度旋转，由点的这两个运动合成形成。如图 7-5（a）所示。

动点旋转一周，沿轴向移动的距离称为螺旋线的导程。圆柱的轴称为螺旋线的轴；圆柱的半径称为相应的螺旋线的半径。螺旋线分左、右旋。图 7-5（a）所示为右旋。

2. 圆柱螺旋线的投影

当已知螺旋线的轴、半径、旋转方向和导程，就可以精确地作出圆柱螺旋线的投影。其作图步骤如图 7-5 (b) 所示。

（1）先在 H 面上作出圆周，圆柱的 H 投影即为相应圆柱螺旋线的 H 投影。

（2）将 H 投影（圆周）分成若干等分，在 V 面上量取一个导程，并将该导程分成和 H 面投影相同的等分。如图中分为 12 等分。

（3）再从 H 投影图上的各等分点向上作垂线与 V 投影中的各等分点水平作直线相交，即求得螺旋线上的点，把这些交点连成光滑的曲线即得 V 投影。螺旋线的 V 投影是一正弦曲线。

将圆柱螺旋线（即相应的圆柱）展开，圆柱的底圆成一直线，螺旋线也成一直线。这两条直线的夹角称为螺旋线的升角。从图中可知，$\tan\alpha = h/\pi D$。式中 h 为导程，D 为圆柱直径。

7.2 曲 面

7.2.1 曲面的形成

曲面可看作由一条动线按照一定的规律运动而成。形成曲面的动线称为母线。控制母线运动的某些点、线、面称为导点、导线、导面。在曲面上的任一位置的母线称为素线。

如图 7-6 (a) 所示的曲面，是由直线母线沿着曲线导线 T 移动，且母线在运动过程中始终平行于直线导线 S 而形成。

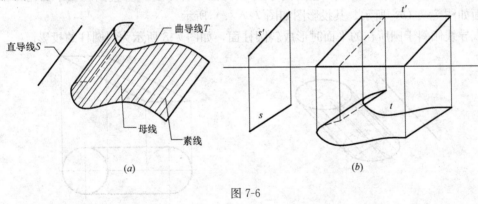

图 7-6

7.2.2 曲面的投影

只要把反映曲面的形状、大小和位置的那些素线的投影画出，即可表示曲面。为了表达清楚，应当画出其导线及重要位置的素线以及曲面投影外形线等。

投影外形线有时为曲面在投影图上的可见与不可见的分界线。如图 7-6 (b) 所示为曲面的投影图。

7.2.3 曲面的分类

形成曲面的母线可以是直线，也可以是曲线。以直线为母线所形成的曲面称为直线面，例如圆柱面、圆锥面等。以曲线为母线形成的曲面称为曲线面，例如球面、环面等。

由母线绕一条直导线旋转而形成的曲面称为回转面。回转面可以是直线面，也可以是曲线面。由于回转面有其特殊投影性质，本书将专门归类进行讨论。

1. 直线面

按母线的运动规律，连续两素线可能同面或异面，又可分为可展曲面和不可展曲面。

（1）柱面

柱面是以一直线为母线，沿着曲导线和平行直导线运动而形成。一般的柱面如图 7-7（a）所示。

在柱面上，连续两素线（即无限接近的两素线）为平行两直线，因此是可以展开的。

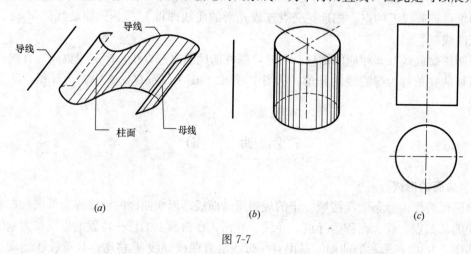

图 7-7

圆柱面是柱面的特殊情形。它的曲导线 T 为圆，直导线 S 垂直圆所在平面时形成正圆柱面如图 7-7（b）所示。其投影图如图 7-7（c）所示

直导线倾斜于圆所在的平面时形成斜圆柱面，如图 7-8 所示为斜圆柱的投影。

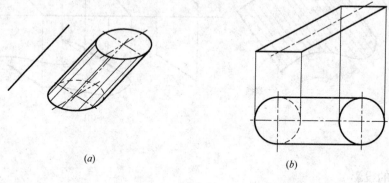

图 7-8

（2）锥面

锥面是由一直线为母线，沿着一曲导线 T，并通过定点 S 而运动所形成的曲面。如图 7-9（a）所示。

在锥面上，连续两素线为两条相交直线，因此也是可以展开的。

若曲导线 T 为一圆时形成圆锥面。导点 S 在圆 T 上的正投影和其圆心重合时，即正圆锥面。如图 7-9（b）所示。不重合时为斜圆锥面。如图 7-10 所示。

（3）双曲抛物面

94

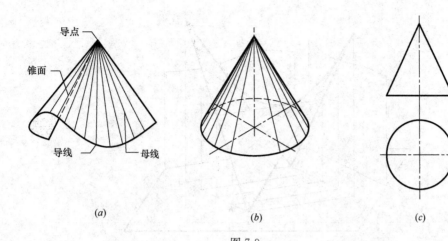

(a)
(b)
(c)

图 7-9

双曲抛物面是由一条直线为母线，沿着两交叉导直线且平行一导平面运动而成的曲面。

如图 7-11（a）所示，AB、CD 是一对交叉直线为导线（AB、CD 的 H 面投影相互平行），P 为导平面。母线 L 的两端点沿着 AB 和 CD 移动，且平行于 P 平面形成双曲抛物面。在双曲抛物面上，连续两条线为两条交叉直线，所以这种曲面是不可展的。

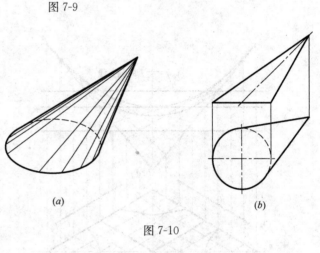

(a)　　　　　　(b)

图 7-10

若以 AD、BC 为另一对直导线，Q 为导平面，母线为 AB 时也可形成同一个双曲抛物面。因此双曲抛物面上的素线有两簇，分别平行于导平面 P 和 Q。

如图 7-11（b）所示为双曲抛物面的投影图。若用水平面来截断此抛物面，则截交线为双曲线，如 S、T 的截交线；若用正平面或侧平面截断，则截交线为抛物线，如 U 的截交线。

根据双曲抛物面的位置不同，工程上有时也称这种面为马鞍面、翘平面。

如图 7-12 所示为双曲抛物面在土建上应用的例子。

（4）锥状面

锥状面是由一条直母线，一端沿着直导线，一端沿着曲导线移动，并保持与导平面 P 平行而形成的。如图 7-13 所示。

（5）柱状面

柱状面是由一条直线为母线，沿着两条曲导线移动，并与导平面 P 平行而形成的。

柱状面和锥状面在土建上亦有应用，常用于房屋屋面、公共建筑雨篷等。

（6）单叶双曲回转面

单叶双曲回转面是以交叉直线之一为母线，另一直线为旋转轴旋转而形成的。如图 7-15（a）所示。直母线 12 与旋转轴为交叉直线，12 围绕旋转轴旋转。V 面投影的外形线

95

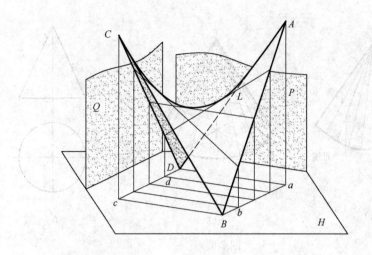

(a)

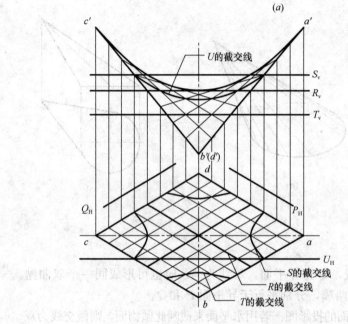

U的截交线

S_v

R_v

T_v

Q_H

P_H

U_H

S的截交线

R的截交线

T的截交线

(b)

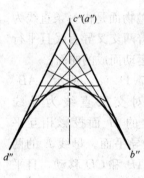

图 7-11

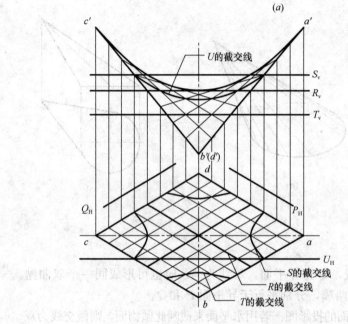

(a)   (b)

图 7-12

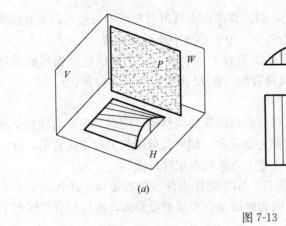

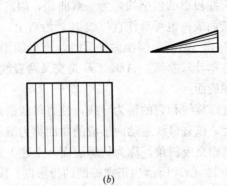

(a)

(b)

图 7-13

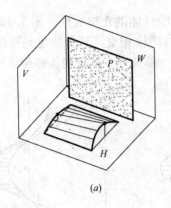

(a)

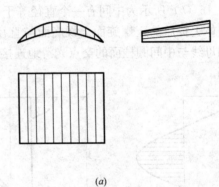

(a)

图 7-14

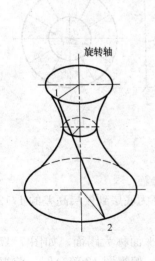

(a)

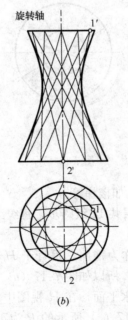

(b)

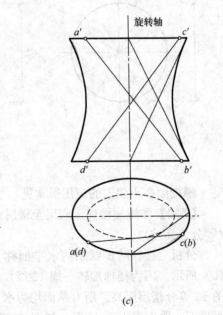

(c)

图 7-15

是切于诸素线投影的包络线，为一双曲线，因此该曲面也可由双曲线为母线，以某直线为旋转轴旋转而成。也可看作直母线12，沿着上、中、小三个圆运动而成。

如图 7-15（c），当圆换做椭圆时，直母线沿着上、中、小三个椭圆运动而形成单叶双曲面。在单叶双曲面上 AB、CD 是交叉两直线，在 H 面投影为同一位置。

（7）螺旋面

以圆柱螺旋线和它的轴为导线，使直母线沿这两条导线移动，同时又使它与轴相交成恒定的角度，该直母线运动而形成的曲面称为螺旋面。如果直母线与轴相交成直角，称为正螺旋面；相交成斜角，称为斜螺旋面。土建上常见的为正螺旋面。

如图 7-16（a）所示为正螺旋面的投影图。图中除作出导线的投影外，还作出了一系列母线的投影，这样使图形表示更清晰。因为轴线垂直于水平投影面，所以所有母线都平行于 H 面。

如图 7-16（b）所示为中间有一个直径等于 d 的圆柱体的正螺旋面。图 7-16（c）为将中间圆柱体去掉后的正螺旋面。螺旋面与直径 d 的圆柱相交，其交线也是螺旋线，只要把一系列母线与中间圆柱面的交点光滑地连接而成。螺旋面上的这两条螺旋线导程相同而直径不同。

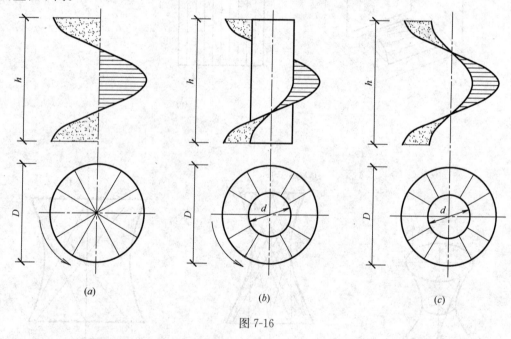

图 7-16

螺旋面在土建上的应用很常见。如楼梯等。

【例 2】作螺旋楼梯。底层至楼层共 12 级踏步，每级踏步高为底层到楼层高差的 1/12（等分该高差）。

分析　楼梯踏步踩踏的水平面称为踏面，垂直于 H 面的平面称为踢面。如图 7-17（a）所示。因为楼梯旋转一周 12 级，所以如图 7-17（b）所示，俯视图 12 等分圆，前视图 12 等分楼层层高。所有踏面均为水平面，在 H 视图中反映实形，如图 7-17（c）R 为水平面；踢面垂直于 H 面，如图 7-17（c）所示的 P 为正平面，Q 为侧平面，其他倾斜的为铅垂面。在前视图作出每一级踢面的投影。

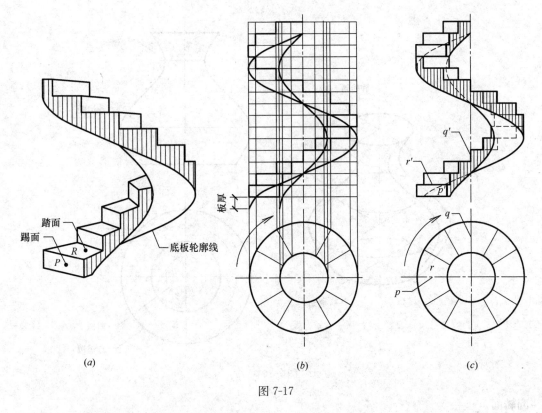

图 7-17

作完踢面投影后得到相应的螺旋线（内、外圆），楼梯底板的轮廓线可通过所得的螺旋线平移而得。然后判断可见性。

2. 曲线面

母线为曲线的曲面称为曲线面，如圆球面、椭球面等均为曲线面，如图 7-18、图 7-19 所示。

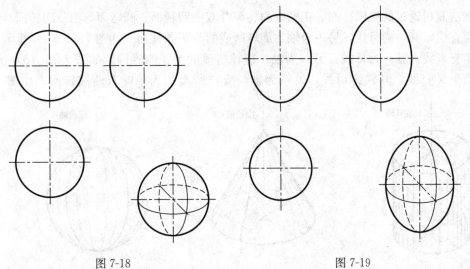

图 7-18   图 7-19

3. 回转面

回转面是以一直线或曲线为母线，绕一条直导线旋转而成的曲面。如图 7-20 所示为

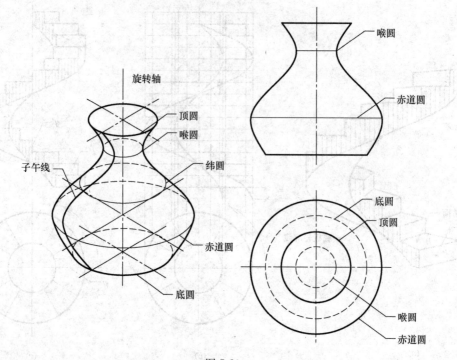

图 7-20

一回转面。

  它是一条平面曲线以 H 面垂直线为轴回转所形成的回转面。在回转面上，母线上的每一个点绕轴旋转时的轨迹，为垂直于轴的圆周，称为纬圆。最大纬圆称为赤道圆，最小纬圆称为喉圆。

  因此，凡是回转面都有一个共同的特性：若垂直于回转面作平面与回转面截交，其交线为圆（即纬圆）。

  在前面讨论过的正圆柱面、正圆锥面、单叶双曲回转面、圆球面等都是回转面。若以平行两直线，其一为母线，另一为轴，旋转所成的为正圆柱面。如图 7-21（a）所示。若以两相交直线，其一为母线，另一为轴，旋转所成的为正圆锥面。如图 7-21（b）所示。若以两交叉直线，其一为母线，另一为轴，旋转所成的为单叶双曲回转面，如图 7-15

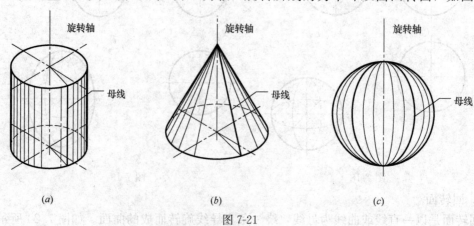

图 7-21

(*b*) 所示。以圆周为母线，其直径为轴旋转即为圆球面。如图 7-21（*c*）。因此回转面是曲面中的一种特殊情形。

工程上常见的回转面还有圆环面。它是以一圆周为母线，位于圆周所在平面上，且不与圆周相交的直线为轴旋转而成。如图 7-22 所示。

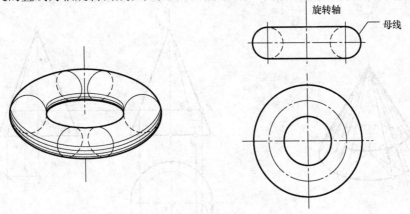

图 7-22

7.3 曲面上的点

在曲面上取点也同平面上取点类似，可分为两种情形：一种当曲面垂直于某投影面时，可利用其积聚性求得；另一种则是作辅助线来完成。与平面取点不同的是：辅助线选取除了直线之外，还可以用圆来作图。

曲面上作直线的前提是直线面，且为素线向。取圆的前提是回转面，且垂直于回转轴。

下面来归结一下在圆柱、圆锥、球、环面上取点的作法。

7.3.1 圆柱

如图 7-23 是正圆柱面的投影图。圆柱面垂直于 H 面，在 H 面上积聚成圆，在 V 面、W 面的投影为矩形，两竖直线即圆柱面的最外素线的投影。

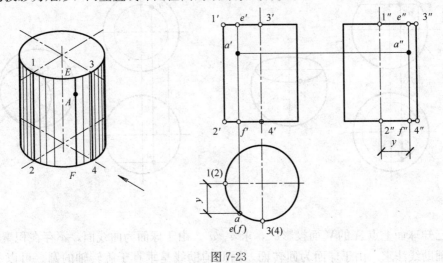

图 7-23

若已知圆柱面上点 A 的 V 面投影 a'，利用积聚性对投影可得 a、a''。

7.3.2 圆锥

如图 7-24 是正圆锥面的投影图。圆锥的底圆平行 H 面，在 H 面上投影为圆，在 V、W 面的投影积聚为直线。圆锥面的投影在 V、W 面是过锥顶的最外两条素线的投影和底圆积聚直线围合成的三角形区域内，在 H 面的投影为圆的区域内。

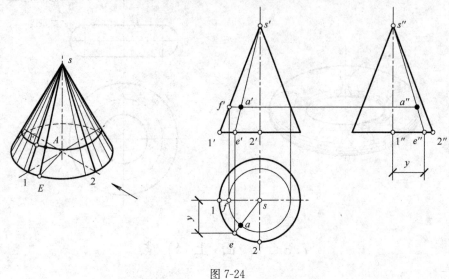

图 7-24

若已知圆锥面上点 A 的 V 面投影 a'，求 a、a''。由于圆锥面不存在积聚性，因此要用辅助线法求。如图 7-24 所示，因为圆锥面为直线面，所以辅助线可以是过锥顶的素线 SE。又因为圆锥面为回转面，因此辅助线还可以是平行于底圆（即 H 面）的圆。

7.3.3 球

如图 7-25 是球的投影图。球的投影为球的最外素线，它们都是圆，圆的直径即球的直径。H 投影的圆为水平圆。V 投影的圆为正平圆。

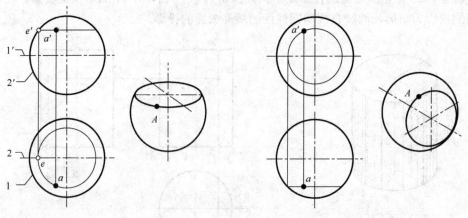

图 7-25

若已知球面上点 A 的 V 面投影 a'，求 a、a''。由于球面为曲线面，不存在积聚性，因此要用辅助线法求。由于球面为回转面，因此辅助线是垂直于旋转轴的圆。可以平行 H 面，也可以平行 V 面。如图 7-25 所示。

第8章 曲面立体

曲面立体可分为圆柱体、圆锥体、球、环等。

曲面立体的相交可分为两种情形来讨论：一种是曲面立体与平面立体相交，其交线为平面曲线；另一种是曲面立体与曲面立体相交，其交线一般为空间曲线，但特殊情形时为平面曲线。

相交线是两个立体表面公共线的集合，求相交线上的共有点通常有三种方法：

1. 利用积聚性：当相交两立体分别在两个投影面上具有积聚投影时，直接定出点的两面投影，求点的第三面投影即可。

2. 辅助线法：当相交两立体只有一个投影面上有积聚性时，则定出交点的一面投影，然后线上的点对到线上，面上的点利用过点的面上的线，来求作其他两面投影。对于回转体来说，辅助线常采用水平圆。对于直线面来说，可以利用面上的直线。

3. 辅助面法：当相交两立体的投影不存在积聚性时，则需要根据不同情形用辅助截平面法求作。辅助平面一般为平行面。

4. 球面法：当相交两立体为回转体，但其轴线斜交，此时用辅助线、面法只能求得近似图形，而球和回转体的截交面始终都是圆，利用这一特性就可准确求得相交线上的点。

8.1 曲面立体和平面立体相交

8.1.1 平面和曲面立体求截交线（面）

【例1】平面截圆柱，如图 8-1 （a）所示。

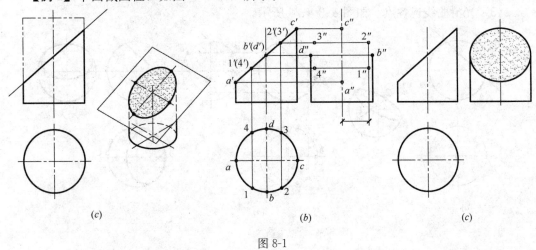

（c）　　　　　　　（b）　　　　　　　（c）

图 8-1

分析 平面斜截圆柱,与圆柱面的截交线为平面曲线椭圆。正圆柱垂直于 H 面,在 H 面有积聚性。

【解】(1)定出圆柱棱线与平面交点 A、B、C、D 四点。椭圆短轴 BD、长轴 AC。

(2)定出一般点 1、2、3、4 四点,光滑曲线相连。如图 8-1(c)所示。

【例 2】 平面截圆锥,如图 8-2(a)所示。

分析 平面斜截圆锥,平面平行于圆锥一条素线,因此截交线为平面曲线抛物线。

【解】(1)定出圆锥最外素线与平面交点 A、B、C、三点。

(2)定出圆锥底面与平面的交线 E、D 两点。

(3)光滑曲线连 $ECABD$ 各点。如图 8-2(c)所示。

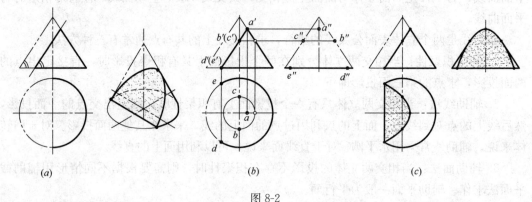

图 8-2

【例 3】 平面截球,如图 8-3(a)所示。

分析 平面截球时,不管位置如何,截交线的空间形状总是圆。平面倾斜于 H、W 面,在 H、W 面投影为椭圆。

【解】(1)定出各点。球 V 面外形线与平面的交点 A、B(即椭圆的轴);球 W 面外形线与平面的交点 C、D;球 H 面外形线与平面的交点 E、F。

(2)定出椭圆的另一轴 12。在平面上作垂直于 AB 的中垂线,即得 12 点。因为 AB 为正平线,所以 12 为正垂线。

(3)光滑曲线连各点。如图 8-3(c)所示。

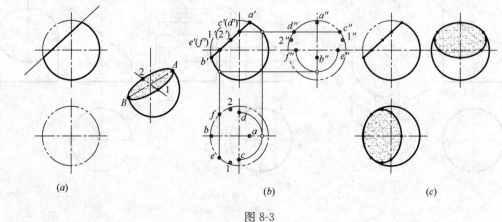

图 8-3

104

8.1.2 曲面立体挖缺口

【例4】 求缺球的 H、W 投影，如图 8-4（a）所示。

分析 缺球可视为由若干平面截割球体形成。此题截交面均与 H 或 W 平行，因此截交线圆的 H 或 W 投影均反映实形圆。

【解】（1）定出两个水平面圆的半径 R_1、R_2，定出两个侧平面圆的半径 R_3、R_4。

（2）完成截交线。如图 8-4（b）所示。

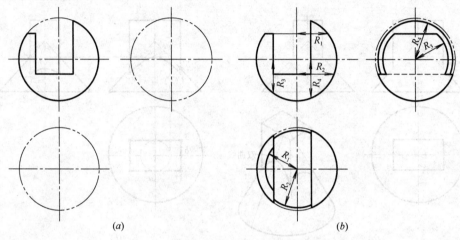

图 8-4

8.1.3 曲面立体穿孔

【例5】 求穿孔圆柱的 H、W 投影，如图 8-5（a）所示。

分析 该圆柱 V 面穿孔，实质上是三个平面截割圆柱，分别为侧平面、水平面和正垂面。和圆柱面的截交线分别为直线、圆、椭圆。正圆柱垂直于 H 面，求作利用 H 面的积聚性。

作图步骤略。如图 8-5（b）所示。

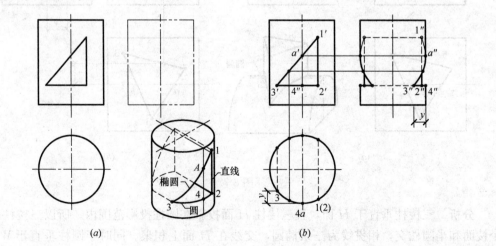

图 8-5

8.1.4 曲面立体和平面立体求相贯线

【例6】 求圆锥与四棱柱的相贯线，如图 8-6（*a*）所示。

分析 四棱柱垂直于 *H* 面，且四棱柱 *H* 面投影在圆锥投影范围内。所以四棱柱的四个棱面和圆锥交，相贯线为四条双曲线。交线在 *H* 面上积聚。如图 7-28（*b*）所示。其中 1、2、3 为四棱柱棱线对圆锥的贯穿点，*A*、*B* 为圆锥的最外素线对棱柱的贯穿点。

作图步骤略，如图 8-6（*b*）所示。

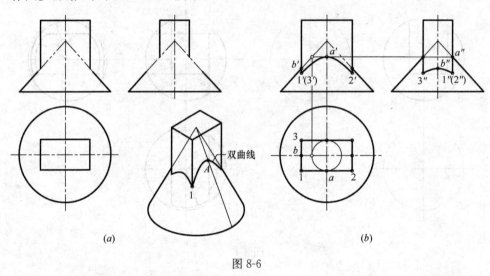

（*a*）   （*b*）

图 8-6

【例7】 求半圆柱与三棱柱的相贯线，如图 8-7（*a*）所示。

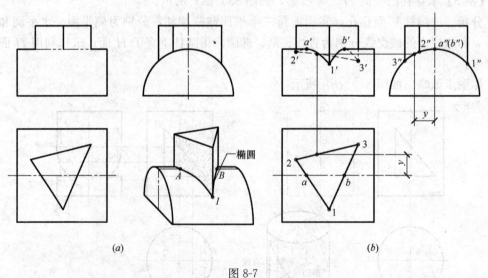

（*a*）   （*b*）

图 8-7

分析 三棱柱垂直于 *H* 面，且三棱柱 *H* 面投影在圆柱投影范围内。所以三棱柱的三个棱面和半圆柱交，相贯线为三条椭圆，交线在 *H* 面上积聚。同时半圆柱垂直于 *W* 面，在 *W* 面有积聚性。所以只要直接定点的投影。其中 1、2、3 为三棱柱棱线对半圆柱的贯穿点，*A*、*B* 为半圆柱的最外素线对三棱柱的贯穿点。

作图步骤略，如图 8-7（b）所示

【例 8】求正圆柱与三棱锥的相贯线，如图 8-8（a）所示。

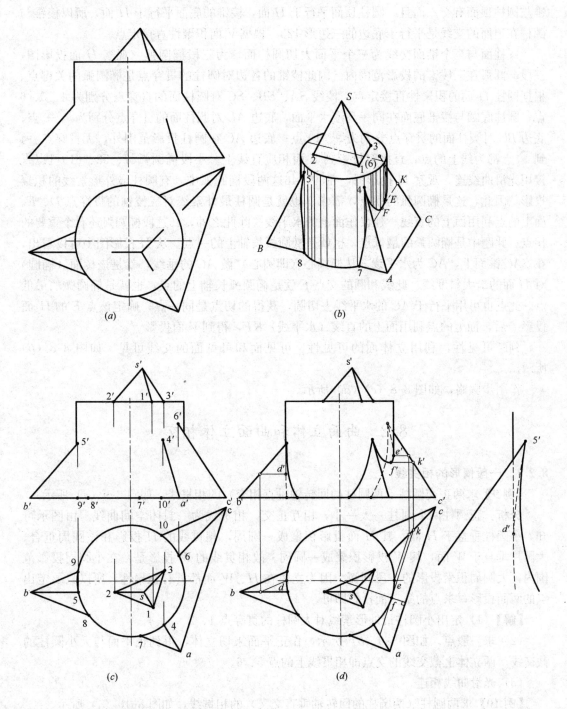

图 8-8

分析 正圆柱垂直于 H 面，圆柱面在 H 面积聚，圆柱体顶面在 V 面积聚。

观察 V 面投影图，三棱锥三条棱线高于圆柱且锥顶在圆柱顶面范围内。因此，三棱锥与圆柱顶面有交。而且，圆柱顶面平行于 H 面，棱锥的底面平行于 H 面，所以棱锥与圆柱在顶面的交线是平行于底边的三边形123。根据 V 面积聚性直接定点。

圆柱面与三个锥面交线为三个平面去切圆柱面，为三段椭圆弧。观察 H 面投影图，三段椭圆弧在三棱锥的投影范围内。因此棱锥的各边对圆柱的贯穿点是椭圆弧的关键点。根据圆柱 H 面的积聚性直接定点，棱线 SA、SB、SC 对圆柱面的贯穿点分别为 4、5、6 点；圆柱底圆与棱锥底面在同一高度水平面，底边 AB 对圆柱面的贯穿点分别为 7、8 点；底边 BC 对圆柱面的贯穿点分别为 9、10 点；底边 AC 在圆柱投影范围外，无贯穿点。4 到 10 点都为线上的点，直接对投影到 V 面相应直线上。小段椭圆弧 $\overarc{47}$、$\overarc{58}$、$\overarc{610}$ 可以直接用光滑曲线连。观察 H 投影图，在 $\overarc{59}$、$\overarc{46}$ 这两段椭圆弧中，有圆柱最外形素线的积聚投影，因此，这是椭圆弧的拐点，需求。也就是圆柱最外素线对三棱锥的贯穿点 D、E。面上的点利用面上的直线。建议作面上的水平线。除此之外，$\overarc{46}$ 这段椭圆弧还有个重要的拐点。此题中是椭圆弧的最低点，也就是椭圆弧长轴上的一点。从 H 投影图中可以看出，在 SAC 锥面上，AC 为水平线，从椭圆心（即圆心）做 AC 的垂线，就是该棱面（椭圆）对 H 面的最大斜度线。此线和圆的交点 F 就是椭圆弧长轴上的点，也就是椭圆弧的最低点。此点也可用平行于 AC 的水平线去切圆，获得的切点是同一点。确定该点 F 的 H 面投影 f 后，面上的点利用面上的直线（水平线）KF，得到 V 面投影 f'。

判断可见性，利用立体面的可见性。可见面和可见面的交线可见。如图 8-8（b）所示。

作图步骤略，如图 8-8（c）（d）所示。

8.2　曲面立体和曲面立体相交

8.2.1　一般情形的相贯线

【例 9】 求两正交圆柱（两圆柱的回转轴垂直相交）的相贯线，如图 8-9（a）所示。

分析 正圆柱两个圆柱一大一小，相互正交，相贯线为一封闭空间曲线。由图示可知，小圆柱垂直于 H 面，其 H 面投影积聚成一圆周，相贯线的 H 投影和该圆周重合。大圆柱垂直于 W 面，其 W 投影积聚成一圆周。故相贯线的 W 投影是：在小圆周投影范围内，大圆周积聚投影的一段圆弧。因为立体在 H、W 面都具有积聚性，所以只要定出点的两面投影，求点的第三面投影即可。

【解】（1）定出小圆柱最外形素线对大圆柱的贯穿点 1、2、3、4。

（2）求一般点。如图 8-9（b）所示，作正平面来切立体，得到正平面与大小圆柱的截交线。两立体上截交线的交点即相贯线上的点 5、6。

（3）光滑曲线相连。

【例 10】 求两圆柱（两圆柱的回转轴垂直交叉）的相贯线，如图 8-10（a）所示。

分析 由图示可知，一圆柱 Q 垂直于 H 面，其 H 面投影积聚成一圆周；另一圆柱 P 垂直于 W 面，其 W 投影积聚成一圆周。故相贯线在 W 面的投影是在 q'' 投影范围内 p'' 的一段圆弧、在 H 面的投影是在 p 投影范围内的 q 的一段圆弧。因为立体在 H、W 面都具

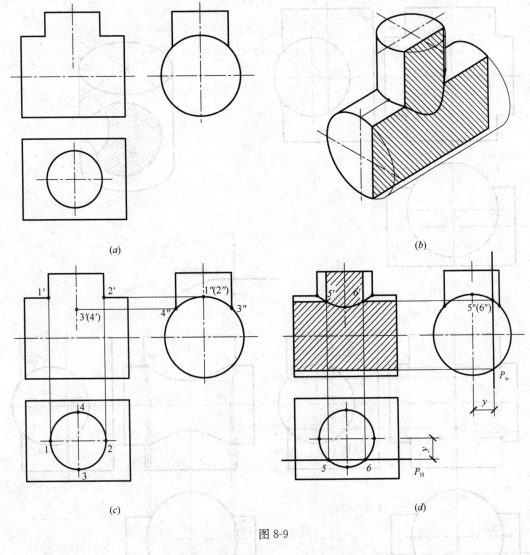

图 8-9

有积聚性，所以只要定出点的两面投影，求点的第三面投影即可。

【解】（1）定出垂直于 H 的圆柱最外形素线对另一圆柱的贯穿点 1、2、3、4、5、6。如图 8-10（b）所示。

（2）定出垂直于 W 的圆柱最外形素线对另一圆柱的贯穿点 A、B、C、D、E、F。如图 8-10（C）所示。

（3）判断可见性，光滑曲线相连。

8.2.2 特殊情形的相贯线

1. 有一个公共内切球的相交两曲面立体。

一般情况下，两曲面立体相交为封闭的空间曲线。

两圆柱垂直相交，其中垂直圆柱的直径小于水平圆柱的直径，相贯线的空间情形和投影如图 8-11（a）所示。当两个圆柱的直径大小改变时，相贯线的形状和位置都将发生变化。其中垂直圆柱的直径大于水平圆柱的直径，相贯线的空间情形和投影如图 8-11（b）

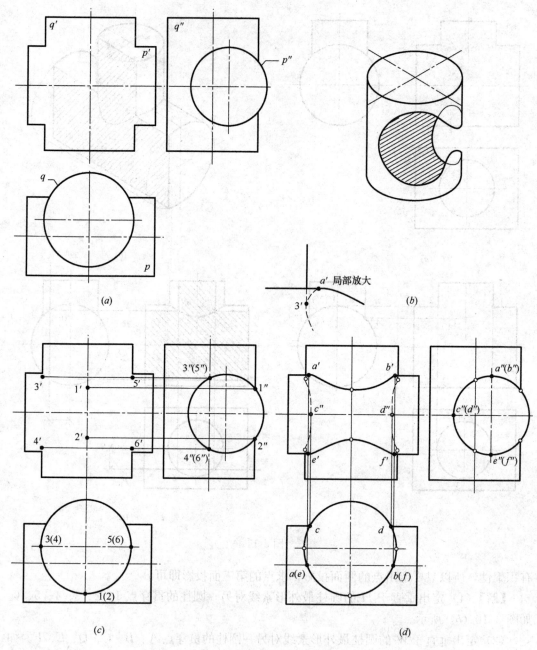

图 8-10

所示。相贯线的正面投影都是由小圆柱弯向大圆柱的回转轴的空间曲线。

如果两个正交圆柱的直径相等，则它们的相贯线为两个椭圆（平面曲线）。如图 8-11 (c) 所示。在 V 面投影中，两个圆柱投影的公共部分可以做一个等直径的内切圆，因此两个圆柱有一个公共内切球。则它们的交线必为平面曲线——椭圆。两圆柱的回转轴平行于 V 面，椭圆在 V 面的投影积聚为直线。椭圆其他两面的投影和圆柱面积聚投影的圆重合。

110

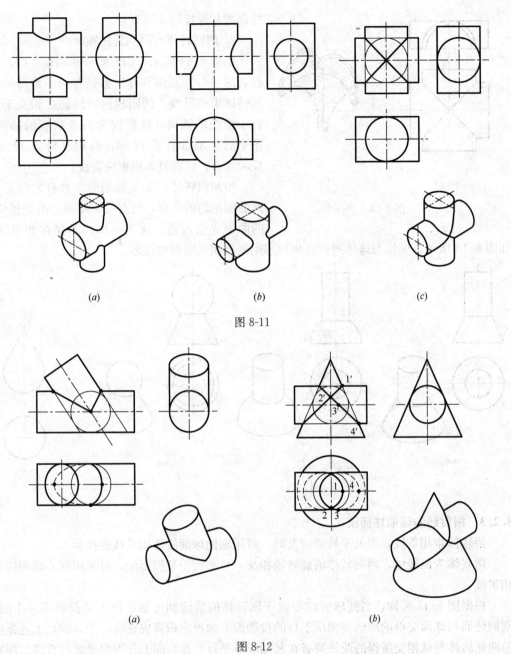

图 8-11

图 8-12

如图 8-12 所示，（*a*）两斜交的圆柱，（*b*）两正交的圆柱和圆锥，两曲面立体皆轴线相交，且在其三面投影的公共部分都可以做一个内切球的等直径投影圆，因此其相贯线为椭圆，V 面投影积聚为直线。

因此，有公共内切球的两轴线相交的回转面，其相贯线为平面曲线椭圆。在两旋转轴所平行的投影面的投影积聚成直线。

如图 8-13 所示，为十字拱顶，内、外两个正交半圆柱柱面相交，交线为内、外两个半椭圆，两半圆柱旋转轴平行于 H 面，椭圆 H 面投影积聚成直线，椭圆 V 面投影和半圆

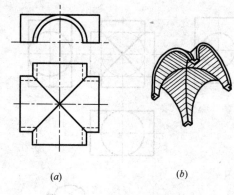

柱面的积聚投影半圆重合。

2. 两回转体有同一旋转轴时。

如图 8-14 所示，(a) 圆柱和圆锥；(b) 圆柱和球，(c) 圆锥和球，都是有同一旋转轴的回转体求相贯线。两同轴的回转面必相交于垂直于轴线的圆周，该圆周为两者共有的纬圆。图中旋转轴垂直于 H 面，纬圆平行于 H 面，反映实形，V 面投影积聚成直线。

当两回转体同轴又相切时，共有的位置为两曲面相切的圆周，公有一个纬圆。由于相切，两曲面光滑过渡，融为一体，不存在相贯线。

图 8-13

如图 8-15 所示。圆锥与球体同轴且相切不用画出相切圆周的投影。

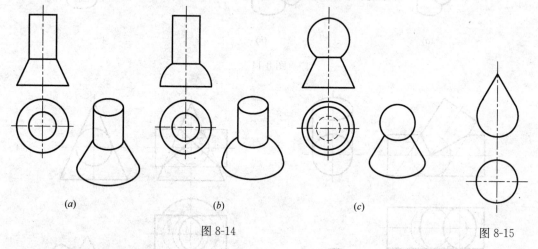

图 8-14

图 8-15

8.2.3 相贯线的辅助球面法

回转体求相贯线，当处于特殊情况时，可用辅助球面法作相贯线的投影。

两立体为回转体，两回转体的旋转轴相交，且平行于某投影面。可采用同心球面法求相贯线。

根据图 8-14 可知，当圆球的球心位于回转体的旋转轴（轴平行于某投影面）上时，则回转面与球面交得的纬圆在轴所平行的投影面上的投影积聚成直线。于是满足上述条件的两回转体与球相交所得的两纬圆必在其轴线所平行的投影面上分别积聚成两直线。两直线的交点即相贯线上的点。

【例 11】 求两旋转轴相交的圆柱体和单叶双曲回转体的相贯线如图 8-16 (a) 所示。

分析 圆柱和单叶双曲回转体的旋转轴平行于 V 面，交点为 O。两个曲面的外形线的交点即为交点，可直接定出。其他交点用同心球面法求。

【解】 (1) 在 V 面上定出两回转体外形线上的交点 1、2 点。

(2) 以 O 为球心，作同心球 A 的两面投影 a、a'，与单叶双曲回转体交于纬圆 A_1，与圆柱交于纬圆 A_2，A_1A_2 的交点 A_0。即两曲面交线上的一点。A_1、A_2 在 V 面积聚成直线 a'_1、a'_2。两直线 a'_1、a'_2 的交点即为点 A_0 的 V 面投影 a'_0。

112

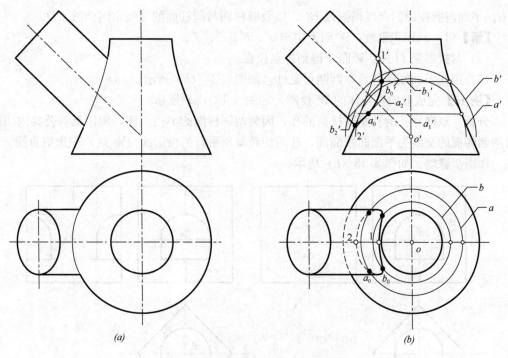

图 8-16

（3）依次求多个一般点，光滑曲线相连，得到

（4）各点对投影到 H 面上，光滑曲线相连得到相贯线的 H 面投影。

8.3　综合体求相贯线

【例 12】完成综合体的 H、V 投影，如图 8-17（a）所示。

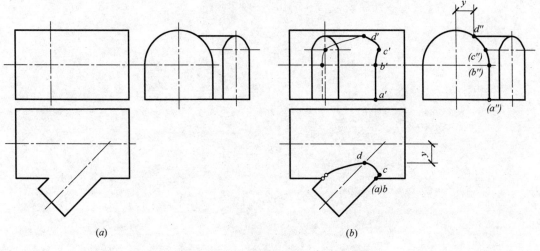

图 8-17

分析　观察 W 面投影，大的立体和小的立体分别有三段交线，为平面与平面的交线

AB；平面与圆柱面的交线椭圆弧 BC；以及圆柱面与圆柱面的交线空间曲线 CD。

【解】（1）利用积聚性，W 面上定出 a''、b''、c''、d''。

（2）对投影到 H 面、V 面，得到各点投影。

（3）用光滑曲线连各点，判断可见性。如图 8-17（b）所示。

【例 13】完成双向穿孔体的 W 投影，如图 8-18（a）所示。

分析　双向穿孔的孔是圆柱面的孔，因为两圆柱面的半径一样，所以具有公共内切球的两回转面的交线为平面曲线椭圆，在两旋转轴所平行的投影面（W 面）积聚成直线。

作图步骤略。如图 8-18（b）所示。

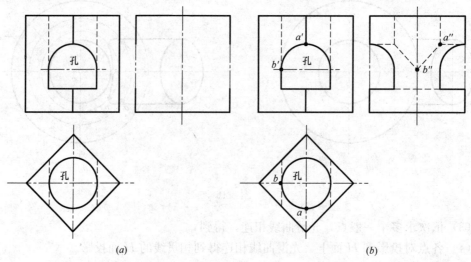

(a)　　　　　　　　　　　　　　　(b)

图 8-18

第9章 投 影 变 换

9.1 投影变换的目的及方法

一般工程形体选择一个投影体系，用三面投影表达，对于某些形体，有时为了表达更清楚，还可选择更多的投影面，即在六个基本投影中选取。即使这样，仍可能由于物体的某些部分不能使之与任一基本投影面平行，从而使该部分的投影没有一个能反映它的实形，不仅增加了读图的难度，且不能直观地表达形体的形状和尺寸。如图 9-1 所示的形体即如此。为此可以把原来的投影适当地加以变换，使在新的投影中呈现出这部分的真实形状。

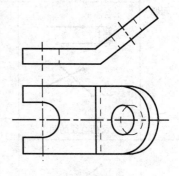

图 9-1

此外，还有一些形体的长度、角度和距离等度量问题，如果不能直接在投影图中得到，也可用投影变换来求解。

投影变换的基本方法有两种：

1. 是以新的投影面代替原有的投影面，使直线、平面、立体等在新的投影体系中处于特殊位置，以达到解题的目的——变换投影面法。如图 9-2 (a) 所示。

2. 保持原有的投影体系，把直线、平面、立体等绕选定的轴旋转，使转至与投影面处于特殊位置，以达到解题的目的——旋转法。如图 9-2 (b) 所示。

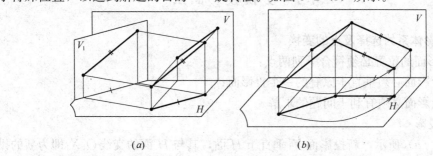

(a)   (b)

图 9-2

解决具体问题时，在熟练掌握各种投影原理规律的基础上，根据解题的要求，应使对象（直线、平面、立体等）与投影面处于何种相对位置，心中先要有数。然后考虑采用哪一种方法、什么样的步骤去实现这个目的。

表 9-1 为能直接反映量度问题的特殊情况。总之：和投影面平行，具有量度性，反映实形。和投影面垂直，具有积聚性，能直接定位求交。熟练掌握特殊位置的投影图，有助

于快速解决复杂的问题。在实际工程中，对于和投影面倾斜的面常采用投影变换法直接获得实形和实长。

直接反映量度问题的特殊情况　　　　　　　　　　　　　　　　表 9-1

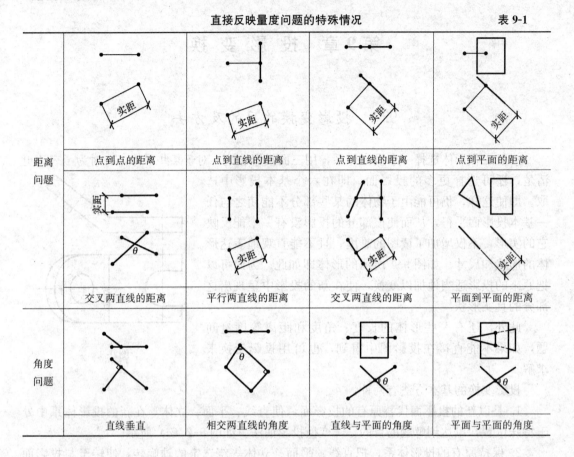

距离问题	点到点的距离	点到直线的距离	点到直线的距离	点到平面的距离
	交叉两直线的距离	平行两直线的距离	交叉两直线的距离	平面到平面的距离
角度问题	直线垂直	相交两直线的角度	直线与平面的角度	平面与平面的角度

9.2　变换投影面法

9.2.1　新投影体系的选择及点的变换

1. 新投影面的位置必须符合下列两点：

（1）新投影面必须垂直于原有的一个投影面；

（2）新投影面必须有利于问题的求解。

2. 点的投影

如图 9-3（a）所示，新投影面 V_1 垂直于 H 面，其与 H 面的交线 O_1X_1 即为新的投影轴。从空间 A 点向 V_1 做垂线，得交点 $a_1{}'$，即为 A 点在新投影面 V_1 中的投影。

由于 $V_1 \perp H$，所以 A 点在 V 和 V_1 上的投影，到 H 面的距离（高度）相等，即 $a_1'a_{x1} = a'a_x$。

因此可以作出点在新投影体系中的投影，如图 9-3（b）所示，作图步骤为：

（1）在适当位置作一条直线 O_1X_1（新的投影轴）；

（2）过 a 向 O_1X_1 作垂线交于 a_{x1}；

（3）延伸 aa_{x1}，量取 $a_1'a_{x1} = a'a_x$ 的长度即得 a_1'。

116

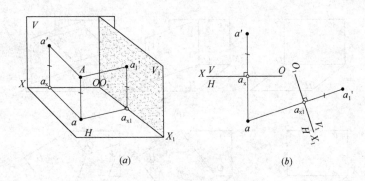

图 9-3

　　同理，建立新的投影体系，也可以保持原有 V 投影面不变，作新投影面 H_1 垂直于 V 面。如图 9-4（a）所示。从空间 A 点向 H_1 做垂线，得交点 a_1，即为 A 点在新投影面 H_1 中的投影。

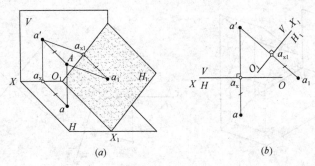

图 9-4

　　由于 $H_1 \perp V$，所以 A 点在 H 和 H_1 上的投影，到 V 面的距离（宽度）相等，即 $a_1 a_{x1} = aa_x$。投影图如图 9-4（b）所示。

　　在实际问题中，有时一次变换不能解决问题，则可以连续变换，第二次的新投影面选取应与第一次变换的新投影面垂直。

　　若第一次变换时以 V_1 代替 V 面，则第二次变换时应 H_2 代替 H，$H_2 \perp V_1$。作图步骤和量取尺寸与前类似。

　　若第一次变换时以 H_1 代替 H 面，则第二次变换时应 V_2 代替 V，$V_2 \perp H_1$。作图步骤和量取尺寸与前类似。

　　在第一次变换时，把新投影轴和投影加注脚标 1，第二次变化则加注脚标 2，以示区别。

　　作投影图时，须把 H_2 摊平至 V_1 平面，这时把第一次变换的一组投影视为原投影，则第二次变换的投影图的作法如前所述。即在新 V_1/H_2 投影体系中与原 H/V 投影体系的关系是：由于 $H_2 \perp V_1$，所以点 A 在 H 和 H_2 上的投影到 V_1 面的距离（宽度）相等。即 $a_1{}' a_2 \perp O_2 X_2$，$a_2 a_{x2} = aa_{x1}$。作图步骤略，投影图如图 9-6（b）所示。

9.2.2　直线的变换

　　由于直线的投影仍为直线，因此，直线的投影变换只要定出线段的两个端点的投影，然后连成直线，即为新投影体系中的直线投影。

117

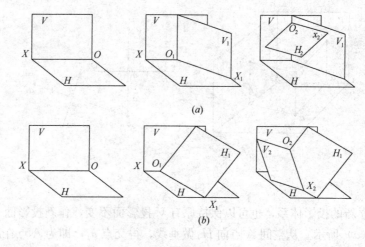

(a)

(b)

图 9-5

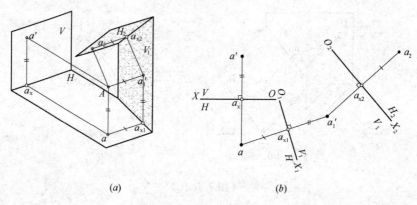

(a)

(b)

图 9-6

直线与投影面的关系有倾斜、平行和垂直三种关系。进行投影变换时要把一般位置直线变换成投影面平行线，只需一次变换，而变换成投影面垂直线，则更为特殊，需要由平行线进行第二次变换，才能把一般位置直线变换成与投影面垂直的关系。对直线进行投影变换是要把一般位置变换成特殊位置，解决实际问题。因此直线的投影变换是有目的的变换，根据需要选择新的投影体系，确定新投影轴的位置。

1. 一般位置直线变换成投影面平行线

如图 9-7（a）所示将一般位置直线 AB 变换成正平线。正平线的投影特征是 H 面投影与投影轴平行。所以一般位置直线变换成正平线的变换应该变换 V 投影面，新投影轴 $O_1X_1 \parallel ab$。如图 9-7（b）所示。此时直线 AB 在 H/V_1 投影体系中呈现出正平线的特征。$O_1X_1 \parallel ab$，$a'b'$ 反映实长，且反映直线对 H 面的夹角 α。同理可以将直线变换为水平线，如图 9-7（c）所示。

2. 投影面平行线变换成投影面垂直线

如图 9-8 所示，AB 为正平线，若取 $H_1 \perp V$ 且与 AB 垂直，则在新的投影面 H_1 上，AB 积聚成一点。所以作新投影轴 $O_1X_1 \perp a'b'$。将正平线变换成铅垂线。

3. 一般位置直线变换成投影面垂直线

将一般位置直线换成投影面垂直线，应先把它变换成投影面平行线，然后变换成投影

118

面垂直线。即完成上述 1，2 两种变换。如图 9-9 所示。一般位置直线一次变换成正平线，二次变换成铅垂线。

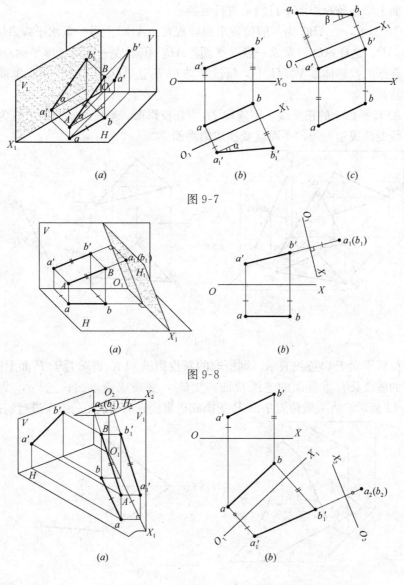

图 9-7

图 9-8

图 9-9

9.2.3 平面图形的变换

平面与投影面的关系有倾斜、垂直和平行三种关系。进行投影变换时要把一般位置平面换成投影面垂直面，只需一次变换，而变换成投影面平行面，则更为特殊，需要由垂直面进行第二次变换，才能把一般位置平面变换成与投影面平行的关系。

1. 一般位置平面变换成投影面垂直面

若已知空间一条直线与某投影面垂直，则包含该直线的所有平面都和这个投影面垂直。

因此，可以在需变换的平面上取任意直线，使之变化成投影面垂直线（积聚成一点），则平面变换成该投影面的垂直面（积聚成一直线）。在直线的变换中已知，一般位置直线变换成投影面垂直线需进行两次变换，而平行线变换成垂直线只需一次变换。为此，可在需变换的平面上取一条投影面平行线来进行变换。

如图 9-10 所示，△ABC 为一般位置平面，现在△ABC 上做一条水平线 AD，选取新投影面 $V_1 \perp AD$，这样 AD 积聚成一点，平面△ABC 积聚成一直线。即平面△ABC 变换成正垂面。在新的投影体系 V_1/H 中，新投影轴 $O_1X_1 \perp AD$，△ABC 为正垂面，投影具有正垂面的特征。

若取△ABC 平面上的正平线，则应取 H_1 为新投影面，新投影轴与正平线为垂直的关系。将正平线变换成铅垂线，平面就变换成铅垂面。

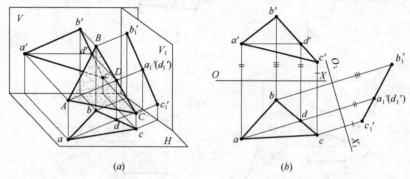

图 9-10

若一般位置平面 P 以迹线表示，则所取的新投影轴 O_1X_1 需垂直于 P 面上的一迹线，在新投影面的迹线具有垂直面的迹线特征。$\perp P_V$，变换成铅垂面；$\perp P_H$，变换成正垂面。如图 9-11 所示，将一般位置平面 P 变换成正垂面。取 P_V 上一点 A 进行变换。

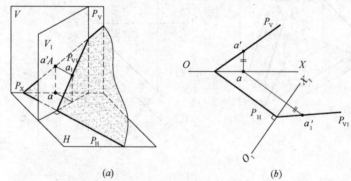

图 9-11

2. 投影面垂直面变换成投影面平行面

投影面平行面的特征是在所平行的投影面反映实形，在其他投影面上积聚成直线，且平行于相应的轴。所以新的投影轴 O_1X_1 与积聚直线平行。如图 9-12 所示，将铅垂面变换成正平面。

3. 一般位置平面换成投影面平行面

将一般位置平面换成投影面平行面，应先把它变换成投影面垂直面，然后变换成投影面平行面。即完成上述 1，2 两种变换。如图 9-13 所示。一般位置平面一次变换成正垂

120

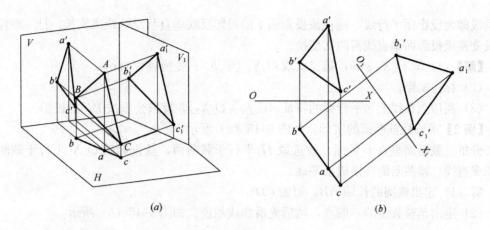

图 9-12

面，二次变换成水平面。投影 $a_2b_2c_2$ 反映了 $\triangle ABC$ 的实形。

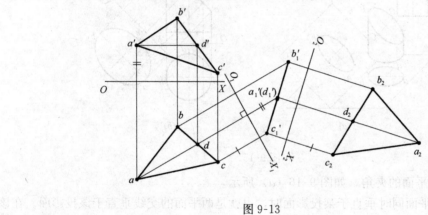

图 9-13

【例 1】 求交叉两直线的距离。如图 9-14（a）所示。

分析 如图 9-14（b）所示，若把其中一条直线变换成投影面垂直线，两交叉直线的

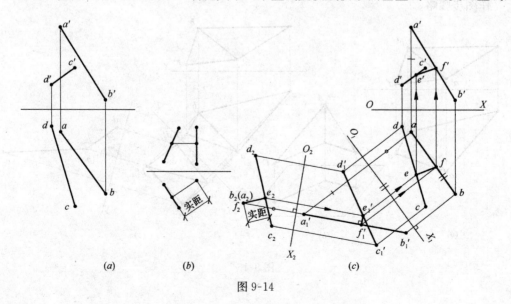

图 9-14

121

公垂线即为投影面平行线，则在该投影面上的投影反映垂直且反映距离实长。把一般位置直线变换成投影面垂直线需两次变换。

【解】（1）取 $O_1X_1 \parallel ab$；第二次取 $O_2X_2 \perp a_1'b_1'$；变换过程略；

（2）标注实距；

（3）利用点在线上和平行线的特征（$e_1'f_1' \parallel O_2X_2$），反求公垂线 EF 的投影。

【例2】 求圆柱截断面的实形，如图 9-15（a）所示。

分析 截断面垂直于 V 面，故选取 H_1 平行于截断面，新投影轴 O_1X_1 平行于截断面的积聚直线。将截断面变换成水平面。

解（1）定出椭圆的长轴 AB，短轴 CD；

（2）定出足够数量的一般点，然后光滑曲线相连。如图 9-15（b）所示。

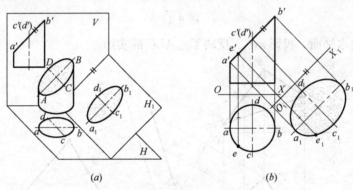

图 9-15

【例3】 求两平面的夹角，如图 9-16（a）所示。

分析 当两平面同时垂直于某投影面时，也就是两平面的交线垂直于该投影面。在该投影面两平面积聚成直线且反映两平面的倾角，如图 9-16（b）所示。

根据这一点，只要把两平面的交线变换成投影面垂直线即可，需两次变换。

作图步骤略。

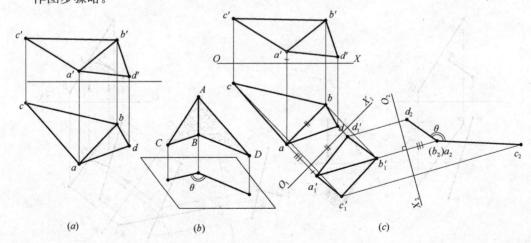

图 9-16

122

9.3 旋 转 法

旋转法是投影体系不变，而把空间几何要素或立体绕轴旋转，使之处于有利解题的位置。

9.3.1 点的旋转

如图 9-17 (a) 所示，为 A 点绕垂直于 V 面的旋转轴旋转的情况。

A 点的旋转轨迹是一个圆，旋转半径是 A 到旋转轴的垂直距离。由于取旋转轴垂直于 V 面，点 A 绕轴旋转的圆平面（旋转平面 P）与 V 平行，即为正平面。所以 V 投影反映圆的实形，H 投影则为一条平行于 OX 轴的积聚直线，其长度为圆的直径。

若空间 A 点绕轴旋转 θ 角至 A_1 位置，其 V 投影也转动 θ 角，H 投影则在平行于 OX 的直线上移动。如图 9-17 (b) 所示。

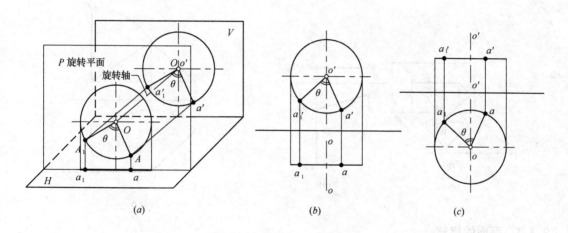

图 9-17

同理，若 A 点绕垂直于 H 面的轴旋转，其旋转轨迹在 H 面反映实形（圆），而在 V 投影则为积聚直线（$\parallel OX$）。投影图如图 9-17 (c) 所示。

9.3.2 直线的旋转

两点决定一条直线，将直线的两端点绕同一轴，按同一方向，转动同一角度，然后连接起来就得到旋转后的直线的投影。

如图 9-18 (a) 所示，将一般位置直线 AB 旋转为正平线，取旋转轴过直线 AB 的 B 点，则 B 点在旋转过程中始终不动，仅需定出 A 点旋转后的投影。图中取旋转轴垂直于 H 面。因此 A 点旋转轨迹的投影在 H 面上为圆，在 V 面上做平行于 OX 轴的直线。

当 A 点转到 A_1，H 投影 b_1a_1 与 OX 平行，此时表示 AB 的新位置与 V 面平行，它的 V 投影 $b_1{}'a_1{}'$ 即为原线段实长。其与 OX 轴的夹角即 AB 对 H 面的倾角。

同理，若要获得这些对 V 面的倾角，需选取旋转轴与 V 面垂直，直线旋转成水平线。如图 9-18 (b) 所示。

由平行线转换成投影面垂直线，如图 9-19 所示。

和变换投影面的方法一样，一般位置直线经过一次旋转，可以变换成投影面平行线，再由平行线经过一次变化可以变成投影面垂直线。如图 9-20 所示。

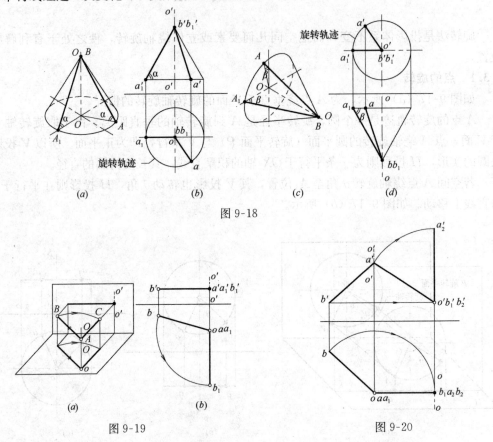

图 9-18

图 9-19

图 9-20

9.3.3　平面的旋转

　　如果有一个多边形表示的平面，旋转时只要把它的角点绕同一轴，按同一方向，旋转同一角度，然后依次连接成多边形。这些角点显示于投影图上和点的投影完全一致，即一投影在与旋转轴垂直的投影面上做圆弧转动；另一投影则做和投影轴平行向移动。

　　如图 9-21 所示。$\triangle ABC$ 垂直于 V 面，取旋转轴垂直于 V 且过 A 点，旋转时，a' 点不动，b'、c' 皆绕 a' 作圆弧运动，且 $a'b'c'$ 始终在一条直线上（因 b'、c' 转动角度相同）。当它转至与 OX 轴平行为 $a'_1 b'_1 c'_1$ 时，它的 H 投影 a 点不动，b、c 各点做平行于 OX 轴的运动到 b_1、c_1，$\triangle a_1 b_1 c_1$ 即为 $\triangle ABC$ 的实形。

　　如图 9-22 所示，为一般位置平面旋转为投影面垂直面的情形。取 $\triangle ABC$ 上的一条水平线 BD，将其旋转到与 V 面垂直的位置，$\triangle ABC$ 就旋转到正垂面的位置，在 V 面上积聚成直线。

　　观察一下 H 投影，除 b 不动外，其余各点均绕同一轴、按同一方向，转同一角度。显然，旋转后的 H 投影 $\triangle a_1 b_1 c_1 \cong \triangle abc$。

　　如图 9-23 所示，为一般位置平面旋转为投影面平行面的情形。需经过前面的两次旋转。和变换投影面的方法一样，一般位置平面经过一次旋转，可以变换成投影面垂直面，再由垂直面经过一次变化可以变为投影面平行面。平行面反映实形。

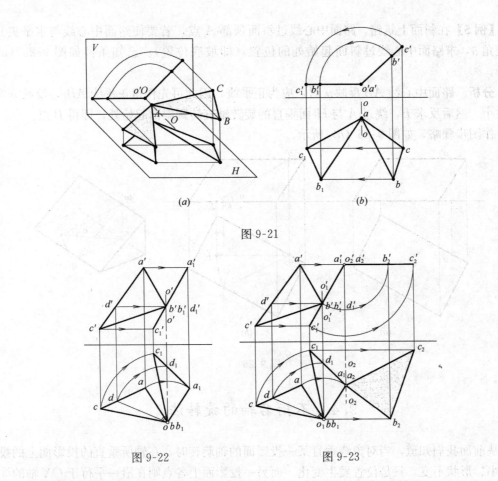

图 9-21

图 9-22   图 9-23

【例 4】 把 K 点绕轴 $O\text{-}O$ 旋转到平面 ABC 上。如图 9-24（a）所示。

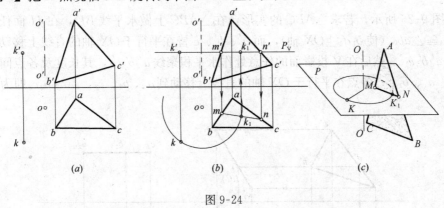

图 9-24

分析　已知旋转轴垂直于 H 投影面，K 的旋转轨迹圆的 H 投影反映实形圆，而 V 投影在过 k' 的水平线上移动。通过作包含旋转轨迹的辅助平面 P，即可求得 k_1，空间分析如图 9-24（c）所示。

【解】（1）包含 k' 作平面 P_V 平行 OX 轴。

（2）根据积聚性得到交线 $m'n'$，对投影到 H 面得到 mn。

（3）过 k 作圆和 mn 交于一点，即 k_1。对到 V 面得到 k'_1。如图 9-24（b）所示。

【例5】 在斜面上筑路，路面中心线过斜面顶部 A 点，若要使路面中心线与水平夹角为定角 α，求路面中心线过斜面起始处的位置（即坡底位置）。已知条件如图 9-25（a）所示。

分析 路面中心线 AB 反映 α 时，应为正平线，因此可先作得正平线 AB_1，反映 α 实际大小。然后反求 B，绕过 A 与 H 面垂直的旋转轴旋转到斜面起始处，即得 B 点。

作图步骤略，如图 9-25（b）所示。

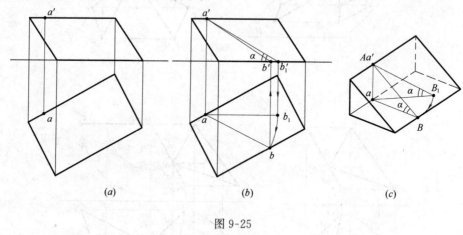

图 9-25

9.4 不指名轴的旋转法

从前面我们知道，当对象绕垂直某一投影面的轴旋转时，在轴所垂直的投影面上的投影大小、形状不变，只是位置发生变化。而另一投影面上各点则在沿一平行于 OX 轴的线上移动。

如图 9-26 所示，若求 $\triangle ABC$ 的实形，在 $\triangle ABC$ 上做水平线 BD，在 H 面任意处作 $\triangle a_1b_1c_1 \cong \triangle abc$（使 $b_1d_1 \perp OX$ 轴），而 a'、b'、c' 皆在平行于 OX 轴的直线上移动，积聚成直线 $a'_1b'_1c'_1$。然后在 V 投影面的任意处作水平积聚线 $a'_2b'_2c'_2$，其长度及各点间隔等于 $a'_1b'_1c'_1$。a_1、b_1、c_1 各点在平行于 OX 轴的直线上移动到 a_2、b_2、c_2，$\triangle a_2b_2c_2$ 即为 $\triangle ABC$ 的实形。

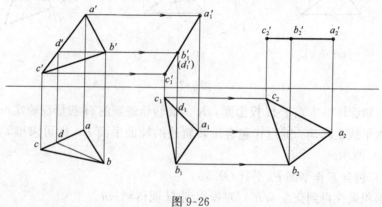

图 9-26

126

在作图过程中，实际上第一次是绕垂直于 H 面的轴旋转；第二次则绕垂直于 V 面的轴旋转。然而在这两次旋转中，轴的位置并未指明，这就是不指明轴的旋转法。不指明轴的旋转法优点是使旋转后的投影不重叠，从而作图清晰。

【例 6】 折线屋面板（由平面围成），求绕 H 面垂直轴旋转某一角度后的 V 投影。如图 9-27。

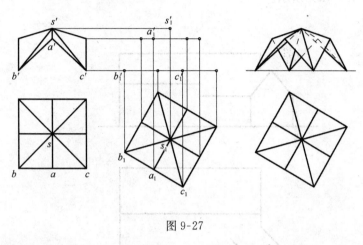

图 9-27

【解】 H 投影形状不变，只需旋转某一约定角度即可；V 投影由新位置的 H 投影和原 V 投影各点做直线运动得到。

【例 7】 图 9-28（a）为一屋面翘角（挑梁）在整体屋面 H 投影中的位置，图 9-28（b）为翘角局部两视图（按和投影面特殊位置关系做出）。已知翘脚与水平面夹角为 $30°$，试求翘角在整体屋面投影图中的 V 投影图。

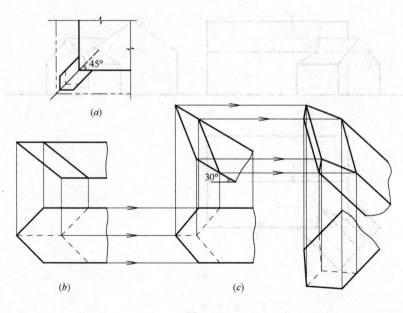

图 9-28

【解】 利用不指明轴的旋转法，旋转两次即可。其作图过程如图9-28（c）所示。第一次选取旋转轴垂直于V面，旋转30°，第二次选取旋转轴垂直于H面，旋转45°。

【例8】 如图9-29（a）求两坡屋面的交线。

分析 两坡屋面求交线可以通过作水平辅助截面求交线的方法，如图9-29（b）所示。也可利用变换投影面和旋转法，将小屋面转换成投影面垂直面，利用积聚性直接定交点。如图9-29（c）（d）所示。

【解】 略。

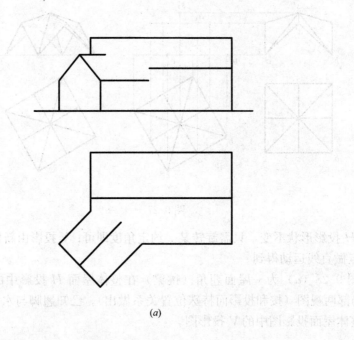

(a)

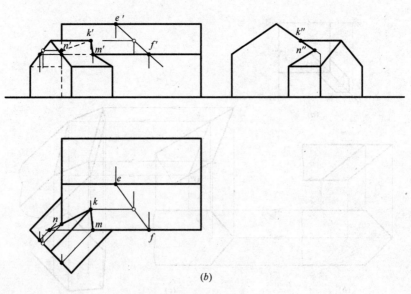

(b)

图 9-29 （一）

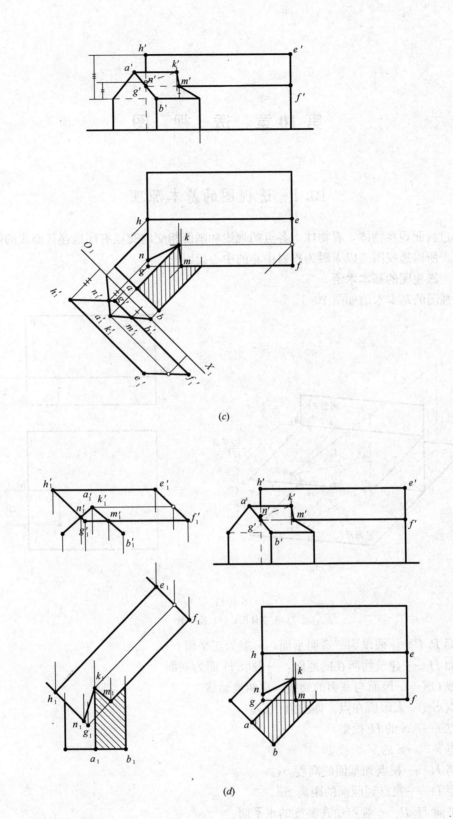

(c)

(d)

图 9-29 （二）

第 10 章 透 视 图

10.1 透视图的基本原理

透过画面观察物体，看物体上各点的视线和画面相交的交点有序地连接而成的图称为透视图。所以透视图是以人眼为投射中心的中心投影图。

10.1.1 透视图的基本术语

透视图的基本术语如图 10-1。

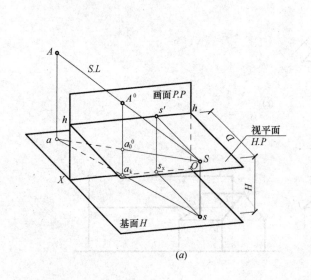

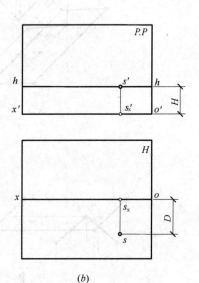

图 10-1

(a) 立体图；(b) 投影图

画面 $P.P$——假设为一透明平面，一般为正平面。

基面 H——建筑物所在的地面，一般取 H 面为基面。

基线 OX——画面与基面的交线。也叫地面线。

视点 S——人眼所在点。即投射中心。

站点 s——S 的 H 投影

主点 s'——S 的 V 面投影

视高 H——视点到基面的高度 Ss。

视距 D——视点到画面的距离 Ss'。

视平面 $H.P$——视点所在高度的水平面。

视平线 $h\text{-}h$——视平面与画面的交线（视平面的画面迹线）。

130

A　空间的点。

a　点 A 的 H 面投影。

$S.L$ 视线（sight line）。

SA　过 A 点的视线。

Sa　过 a 点的视线。

sa　视线 SA、Sa 的 H 面投影。

A^0　A 点的透视，即 SA 与画面的交点（SA 的画面迹点）。

a_0^0　A 点的次透视，即 Sa 与画面的交点（Sa 的画面迹点）。

后续文中图例符号：

F　灭点。

M　量点。

$T.H$　真高线 $T.H$。

10.1.2　透视图的形成

作物体的透视，即组成物体各线的端点的透视相连。而各点的透视的求法是通过各点的视线与画面的交点。所以作透视图的核心是直线与平面求交的问题。即过点的视线与画面（正平面）求交的问题。

10.1.3　透视的基本现象

1. 近高远低

2. 近疏远密

3. 近大远小

10.1.4　透视的基本规律

1. 画面上的直线，其透视即本身。

如图 10-2。AB 在画面上，符合投影面上的线的特征，A^0B^0 即 AB 本身。

2. 和画面平行的相互平行的直线，其透视仍和原直线相互平行。

如图 10-3。画面外两直线 $AB \parallel CD \parallel P.P$，则其透视 $A^0B^0 \parallel AB \parallel C^0D^0 \parallel CD$。

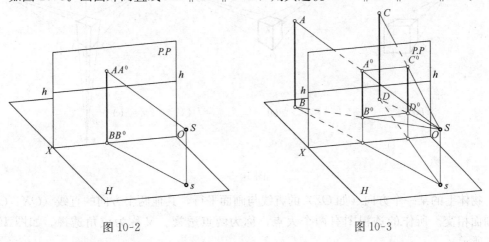

图 10-2　　　　　　　　　　　　　图 10-3

3. 和画面相交的相互平行的直线，其透视消失到同一点。

如图 10-4。当画面相交线延伸至无穷远处时，视线和直线的夹角趋近 0，视线与直线

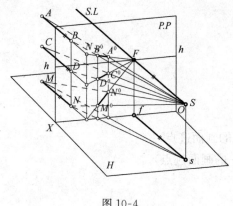

图 10-4

平行，通过直线 AB 无穷远处的点的视线 $SF \parallel AB$，视线 SF 与画面 $P.P$ 交于点 F（SF 的画面迹点），AB 的透视 A^0B^0 延长线必通过 F 点，则 F 称为直线 AB 的灭点。将 AB 延长和画面交于点 N（AB 的画面迹点），所以 AB 的透视 A^0B^0 必在 NF 上。NF 称为直线 AB 的透视线。

同理 $AB \parallel CD \parallel MN \parallel SF$，则 A^0B^0，C^0D^0，M^0N^0 的延长线必通过同一灭点 F。

10.1.5 透视图的种类

透视图是以人的眼睛为投射中心的中心投影，符合人们感受的视觉形象，具有较强的立体感和真实感。根据物体与画面的不同位置，透视图可分为一点透视、两点透视和三点透视。物体有 OX、OY、OZ 三个方向。

物体上的某两个方向（如 OX、OZ）的直线与画面平行，只有一个方向的直线（OY）与画面相交，所作的透视图只有一个灭点，称为一点透视。又称为平行透视。如图 10-5 (a)

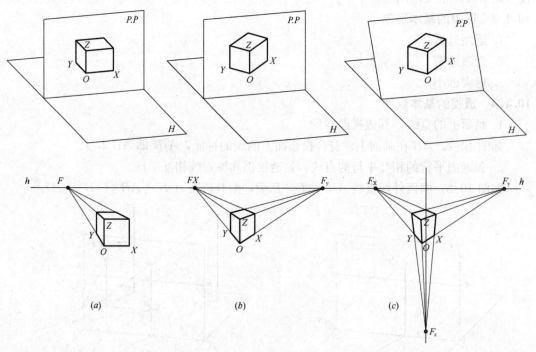

图 10-5

物体上的某一个方向（如 OZ）的直线与画面平行，其他两个方向的直线（OX、OY）与画面相交。所作的透视图有两个灭点，称为两点透视。又称为成角透视。如图 10-5 (b) 所示。

物体 OX、OY、OZ 三个方向的直线与画面均不平行，所做的透视图有三个灭点，称为三点透视。又称为斜透视。如图 10-5 (c) 所示。

10.1.6 透视图的选择

一点透视一般用于 V 面投影图比较复杂的形体。在建筑中多用于室内透视、入口透视和街景透视中。

两点透视更具立体感，表现充分、生动。应用最广泛。

三点透视具有夸张的立体效果。常用在需要夸张高度方向的尺寸时，如鸟瞰图。

10.2　透视图的作法

10.2.1　点的透视作法

点的透视的作图即过点的视线与具有积聚性的特殊位置平面（画面）求交的问题。利用画面在 H 面的积聚性直接确定交点的 H 面投影。

点的透视作法如图 10-6 所示，图例表示分别为：（a）立体轴测图，（b）点的正投影图，（c）点、画面 P.P、视点的相互关系，（d）过点的视线的两面投影，（e）确定点的透视 A^0。

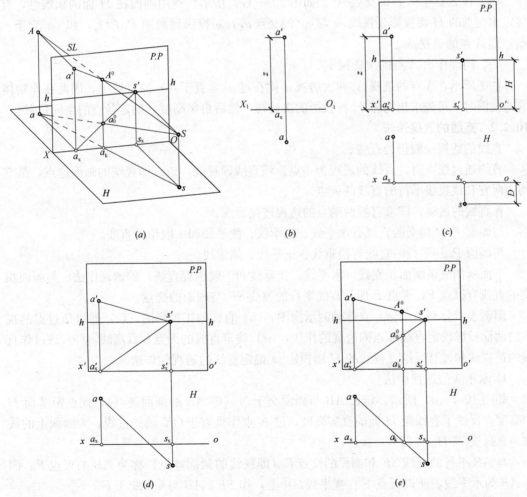

图 10-6

作图前先了解点的正投影体系和点的透视投影体系的相互关系。

点的正投影体系 H 和 V 相互垂直，在投影图中，H 和 V 的交线（投影轴）是一条直线 OX。

点的透视投影体系基面 H 和画面 $P.P$ 相互垂直，在投影图中，基线 OX 分离成两面投影，基线的 H 面投影为 ox，画面投影为 $o'x'$。

作点的透视时，以点的正投影体系 H 为透视图的基面 H，V 面与画面 $P.P$ 平行。则点的 V 面投影在画面 $P.P$ 中反映实形。

点的透视作图步骤：

（1）建立透视图的投影体系：基面 H 和画面 $P.P$。

（2）确定视点 S 的位置，根据视距和视高，作出视平线和视点的两面投影。

（3）确定点 A 与画面 $P.P$ 的关系，如图 10-6（c）所示，先在投影面基面 H 上，确定 a 与基线 ox 的相对位置，再在画面上作出 a'（以点的正投影体系 H 为透视图体系的基面 H）。

（4）作过 A 点的视线 SA 的两面投影 sa' 和 sa。如图 10-6（d）所示。

（5）作 SA 与 $P.P$ 的交点 A^0。如图 10-6（e）所示。利用画面在 H 面的积聚性，直接定出交点的 H 面投影是视线 sa 与 ox 的交点 a_k，对投影到画面 $P.P$ 上，和 $s'a'$ 交于一点，即 A 点的透视 A^0。

（6）同理作出 A 点的次透视 a_0^0。

如图所示，A 点的透视 A^0 和次透视 a_0^0 同在过 a'_k 垂直于 $o'x'$ 的直线上，因此在作物体的透视图时，可先求出物体 H 面投影的次透视，然后再竖高度，确定各点的空间位置。

10.2.2 直线的透视作法

直线的透视一般仍为直线。

直线通过视点时，直线的透视为一点。该直线即视线，该点即视线的画面迹点，是空间中所有和该视线平行的直线的灭点。

作直线的透视，即求直线两端点的透视连接而成。

与画面 $P.P$ 相交的直线有水平线、正垂线、侧平线和一般位置直线。

与画面 $P.P$ 平行的直线有铅垂线、正平线、侧垂线。

下面示例三条画面相交线（水平线、正垂线和一般位置直线）的透视作法。与画面相交的直线有灭点 F，灭点 F 即与直线平行的视线 SF 与画面的交点。

图例表示分别为：（a）立体轴测示意图，（b）直线的正投影图，（c）通过作过点的视线的两面投影确定直线端点的透视的作法，（d）确定直线的灭点和真高线，（e）通过作直线的透视线和过直线端点视线的 H 面投影 sa 确定直线的透视的作法。

1. 水平线的透视作法

如图 10-7（a）所示，延长 AB 与画面交于 N（即 AB 的画面迹点），此点距基面 H 的高度，反映了直线距 H 面的真实高度，过 N 点作垂直于 OX 轴的直线，为画面上的线称为真高线 $T.H$。

与 AB 平行的视线 SF 和画面的交点 F（即视线的画面迹点）称为 AB 的灭点 F。因为 AB 为水平线，所以灭点 F 在视平线 h-h 上，作 $SF \parallel AB$ 与 h-h 交于 F。

AB 的透视线 NF 与 SA 交于一点，即 A 点的透视 A^0。

作图步骤：

如图 10-7（d）所示。确定真高线和灭点。

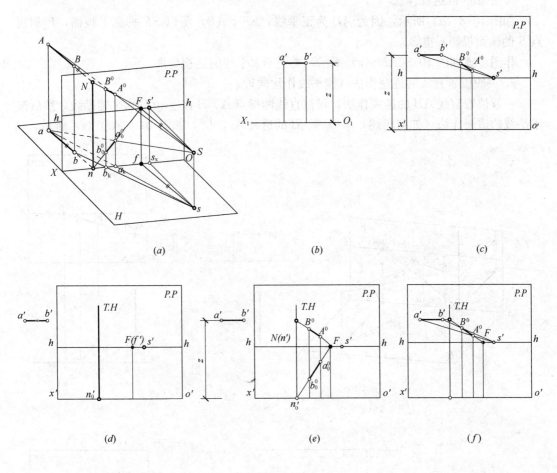

图 10-7

（1）在基面上放入 ab，确定 ab 与 ox 的相对位置关系。

（2）在基面上作 $sf \parallel ab$，与 ox 交于 f，对投影到 h-h 上，得到 F。

（3）在基面上，延长 ab 与 ox 交于 n，对投影到 $o'x'$ 上，得到 n_0'，过 n_0' 作垂直于 $o'x'$ 的直线，得到真高线 $T.H$。

如图 10-7（e）所示。作 AB 的透视 A^0B^0。如图 10-7（d）所示，求 AB 的灭点 F 和真高线 $T.H$。

（4）在真高线 $T.H$ 上量取 $a'b'$ 距离地面的高度 z，得到 N。

（5）连接 NF 得到 AB 的透视线。

（6）在基面上连接 sa，sb，与 ox 分别交于 a_k，b_k，即 A^0，B^0 的 H 面投影。

（7）对投影到画面上和 NF 交于 A^0，B^0。即求得直线 AB 的透视。

如图 10-7（f）所示，通过直线的两面投影作过点的视线求透视的方法和利用灭点、真高线求透视的方法，透视点是一致的。

利用灭点和真高线求透视的方法，能使直线的 V 面投影不重叠在画面上。但这种方法仍需作过点的视线的 H 面投影来确定交点，所以称为视线法。

2. 正垂线的透视作法

如图 10-8（a）所示，因为 AB 为正垂线，$SF \parallel AB$，所以 SF 垂直于画面，F 和视点 S 的画面投影 s' 重影。

作图步骤如图 10-8（d）（e）所示，类同于水平线的透视作图。

3. 一般位置直线的透视作法（侧平线作法同理）

一般位置直线 AB 的透视作法，可过直线两端点 A、B 作 $\parallel ab$ 的水平辅助线，然后按水平线的透视作法（如前所述）求得 A、B 的透视 A^0、B^0，如图 10-9（d）（e）所示。

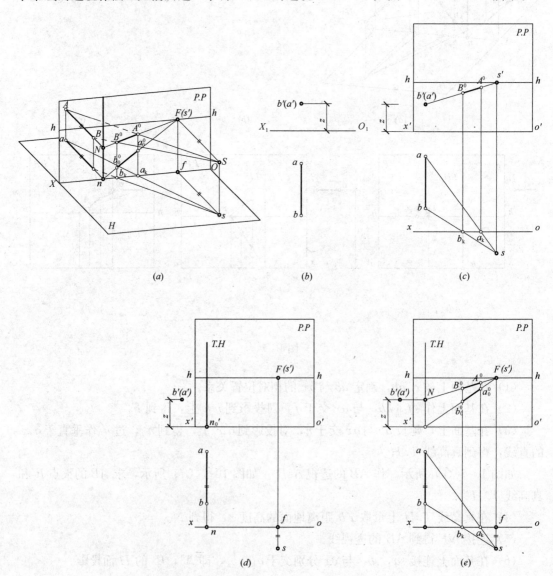

图 10-8

136

下面介绍一般位置直线的灭点求法：

如图 10-9（a）所示，$SF_{AB} \parallel AB$，所以两直线对 H 面的倾角 α 相同，即 $\alpha_{SFAB} = \alpha_{AB}$。因此，利用旋转法，以 $F_{AB}F_{ab}$ 为旋转轴，视平面（$H.P$）为旋转平面，将 SF_{AB} 旋转到画面上，则 S 旋转到视平线（h-h）上，得到 S_p。则直线 S_pF_{AB} 反映了 SF_{AB} 的倾角，即 AB 的倾角。

作图顺序如下：如图 10-9（f）（g）所示。

（1）在基面 H 上，作 $sf \parallel ab$，与 ox 交于 f。

（2）以 f 为圆心，sf 为半径作圆弧，与 ox 交于 s_p。

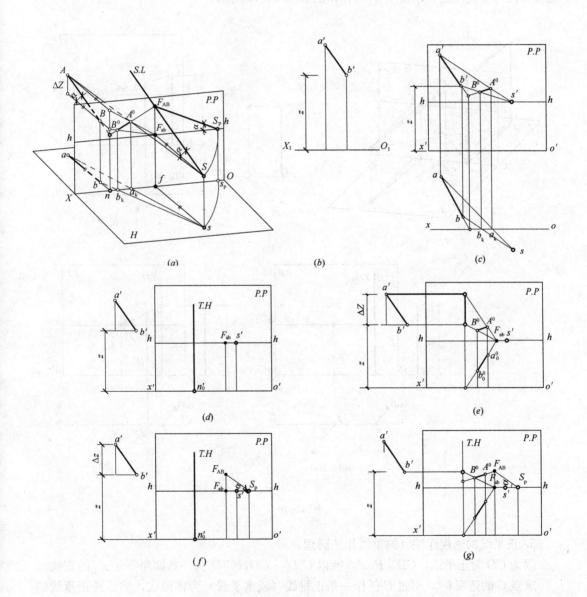

图 10-9

137

（3）对投影到 $h\text{-}h$ 上，得到 S_p。

（4）过 S_p 作倾角为 α_{AB} 的直线，与过 f 垂直于 ox 的直线交于一点，即 F_{AB}。

（5）定出 B^0，连接 $B^0 F_{AB}$，A^0 在此透视线上。

下面示例与画面平行的直线：铅垂线、正平线、侧垂线的透视作法。与画面平行的直线，其透视仍与原直线平行。

4. 铅垂线的透视作法

因为 CD 为铅垂线，所以 $CD \parallel C^0 D^0$，$C^0 D^0$ 为画面上一条铅垂线，垂直于 $o'x'$。

求点 C 的透视 C^0，可过 C 任作一条水平线（或正垂线）为辅助线，然后按水平线的透视作法（如前所述）求得 C^0。具体作法如图 10-10 所示。

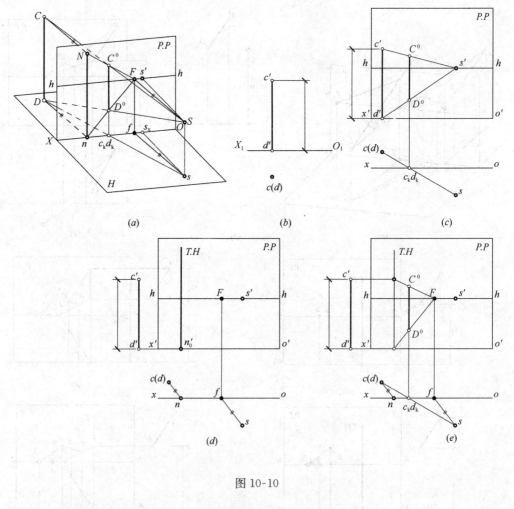

图 10-10

5. 正平线的透视作法（侧垂线作法同理）

因为 CD 为正平线，$CD \parallel P.P$，所以 $C^0 D^0 \parallel CD$，$C^0 D^0$ 为一条倾角等于 α_{CD} 的直线。

求点 C 的透视 C^0，可过 C 任作一条正垂线（或水平线）为辅助线，然后按正垂线的透视作法（如前所述）求得 C^0。然后过 C^0 作倾角为 α_{CD} 的直线，即 D^0 所在直线。具体作法如图 10-11（f）所示。图中，CE 为侧垂线，$C^0 E^0$ 的作法类同。

138

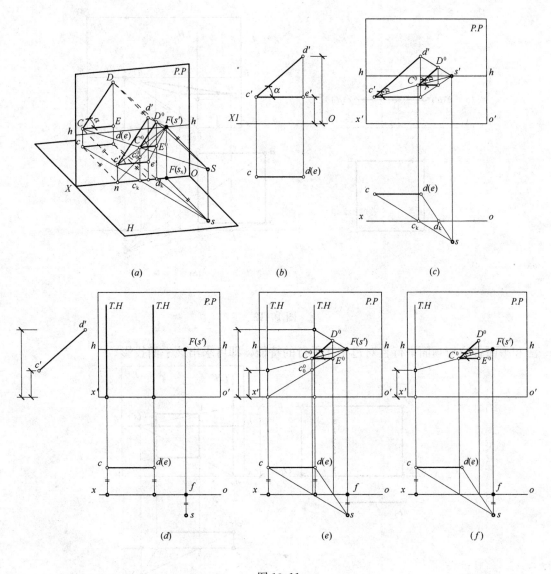

图 10-11

10.2.3 平面图形的透视作法

平面图形的透视一般仍为边数相同的几何图形，平面图形的透视为平面轮廓线的透视。

当平面通过视点时，其透视为一条直线。该直线即过视点的平面的画面迹线，是空间中所有和该平面平行的平面的灭线。例如视平面的画面迹线是视平线 h-h，h-h 是所有水平面的灭线。

如图 10-12，水平面的透视作法，该水平面有正垂线 AB 和 CD 与画面相交，故根据正垂线的透视做法，求出 AB、CD 的透视 A^0B^0、C^0D^0。侧垂线 BC 和 CD，其透视 B^0C^0 $\parallel C^0D^0 \parallel BC \parallel CD$。

如图 10-13，为正平面的透视作法。该正平面有铅垂线 AB，故根据铅垂线的透视做

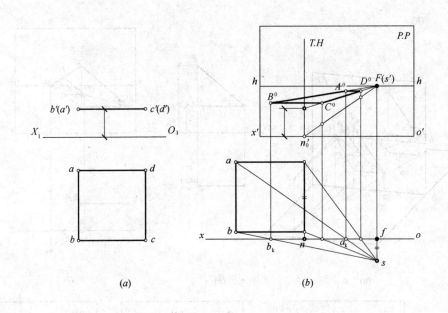

图 10-12

法和平面各边与画面平行且对边相互平行的特征，即可求出该平面投影。

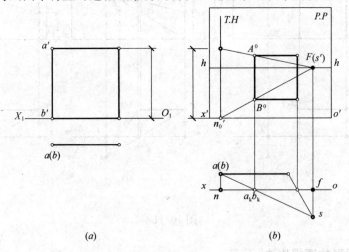

图 10-13

10.2.4　立体的透视作法

作立体的透视图，先要选择视点、画面和立体的相对位置关系。视点的选择，画面、立体和视点之间的相互位置不同，作出的透视图不相同。视点的选择要能够表现立体的特点和主要部分，同时也应使立体在一个自然的视锥范围内。

透视图只要作立体可见轮廓线。

作透视图有两种方法：视线法和量点法。

下面以立方体为例，介绍一点透视和两点透视的作法及特征。

140

1. 一点透视

视线法：上述线、面的透视作法，是在画面上用真高线量取高度，往灭点作透视线，同时依赖线、面的 H 面投影图作过线、面各点的视线的 H 投影，以确定视线与画面交点的基面投影位置，然后对投影到透视线上，该点即为点的透视。此种方法称为视线法。视线法简单明了地反映透视的定义，容易理解。

【例1】 作立方体的一点透视图（视线法作图）。

取立方体的 OX、OZ 方向平行于画面 $P.P$，OY 方向与画面 $P.P$ 垂直相交。

如图 10-14 所示，(a) 为投影图，(b) (c) (d) 为从左、中、右三个方向看立方体的透视效果。

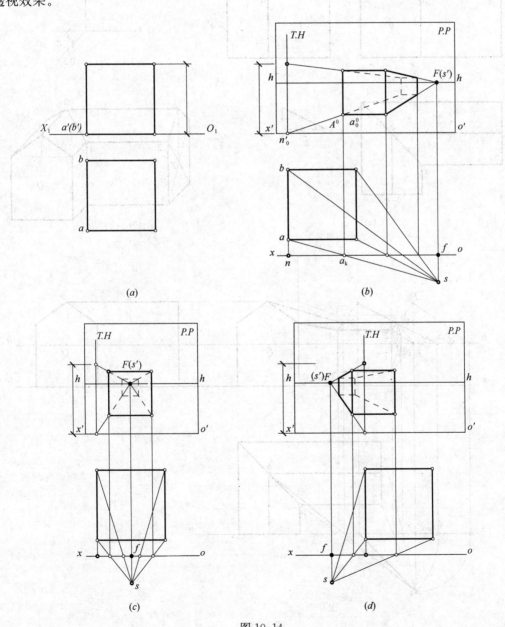

图 10-14

以图 10-14（b）为例，讲解一点透视的视线法。

作图步骤：

（1）建立立体透视图的投影体系：基面 H 和画面 P.P，

（2）确定视点 S 的位置，根据视距和视高，作出视平线 h-h 和视点 S 的两面投影 s，s'。

（3）确定立体与画面的关系，如图 10-15（b）所示，在基面 H 上，放入立方体的 H 面投影图，使立方体的 OX、OZ 方向平行于画面，OY 方向与画面垂直相交。

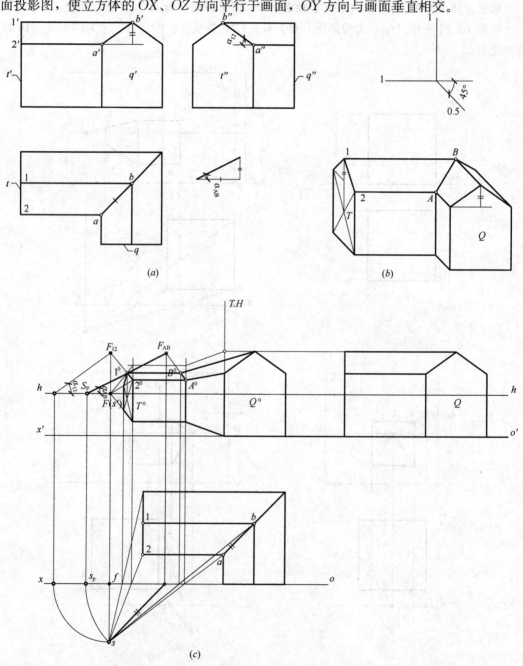

图 10-15

（4）在画面上确定立方体的放置高度，将立方体放在基面 H 上。

（5）求 OY 轴的灭点。OY 轴为正垂线，灭点求法如前所述。

正垂线的灭点与视点的 V 面投影 s' 重影。

（6）确定真高线 $T.H$。真高线求法如前所述。

在基面上，延长 OY 轴直线的 H 面投影，和 ox 交于一点 n，过 n 作垂直于 ox 的直线到画面上即真高线（画面上的铅垂线）。

（7）求立方体各点透视。例如求 A 点的透视 A^0，在基面 H 上，连接 sa，与 ox 交于 a_k。对投影，作垂直于 ox 的直线到画面 $P.P$ 上。与画面 $P.P$ 上的 AB 所在透视线 $n_0'F$ 交于一点，即 A^0。

【例 2】作坡屋面建筑的一点透视图（视线法作图）。

取 OX、OZ 平行于画面 P、P、OY 与画面 P、P 垂直相交如图 10-15 所示，（a）投影图，（b）正面斜二测，（c）透视图。

作图步骤：

（1）建立建筑透视图的投影体系：基面 H 和画面 $P.P$，

（2）确定视点 S 的位置，根据视距和视高，作出视平线 h-h 和视点 S 的两面投影 s，s'。

（3）确定立体与画面的关系，在基面 H 上，放入建筑的 H 面投影图，使建筑的 OX、OZ 方向平行于画面，OY 方向与画面垂直相交。建筑最前的面 Q 在画面 $P.P$ 上。

（4）在画面上确定建筑的放置高度，将建筑放在基面 H 上。

（5）求 OY 轴的灭点。s' 即 F。

（6）确定真高线 $T.H$。Q 面在画面上，因此 Q 面上的铅垂线皆为真高线。

（7）求建筑各点透视。依据建筑形体本身的各线、面的逻辑性与相关性定点。尽可能地少用作 H 面视线的方法来定点的位置。例如 1 点的透视 1^0，在侧面 T 的中心线上，可利用对角线的交点确定居中线。同时在真高线上量取高度，根据形体透视关系求出透视高度即可。

（8）求一般位置直线 AB 的透视 A^0B^0，可通过求 AB 的灭点来作图。

在实际作图中，尽量不求一般位置直线的灭点，而是根据形体本身的关系来定点。如图 A^0 的作法可通过求两屋面檐口的透视线交点定，B^0 的作法可通过求两屋面屋脊的透视线交点定。而两檐口和屋脊的直线一个是与 OY 平行的直线，其透视往 OY 的灭点，一个是平行于画面 $P.P$ 的直线。都容易定位。

从以上作图可以看出，作立体的透视图和作立体的轴测图一样，首先要读懂视图，然后根据形体的关系和观察的角度，采用端面法和坐标法能快速的作图，避免作不可见的轮廓线和求过多的灭点、辅助线。

量点法：用视线法作透视图，需把立体的 H 面投影图放在图纸上作视线对投影，不方便。所以实际工程应用一般采用量点法。直接在正投影图中量取长、宽、高三向的尺寸作图。

如图 10-16（a）所示，an 为 H 面上一条直线，n 点在 OX 上，an 垂直于 $P.P$，确定 a 点的透视投影可以根据视线法来作；也可以作一条辅助线 aa_m，aa_m 为 H 面上的一条直线，使 $na=na_m=y$，a 为直线 an 与 aa_m 的交点，a_m 在 OX 上，求出 na 的灭点 F 和 aa_m 的

灭点 M，na 的透视线是 nF，aa_m 的透视线是 a_mM，a_o^0 在 nF 与 a_mM 的交点上。由此可作出 a 点的透视 a_o^0。在这里直线 aa_m 的灭点 M 起到量取 na（Y 轴）尺寸的目的，所以称为量点，以 M 表示。

用量点法求得 a_o^0，在 $T.H$（真高线）上量取高度，即可求离地面任意高度的 A 点的透视 A^0。

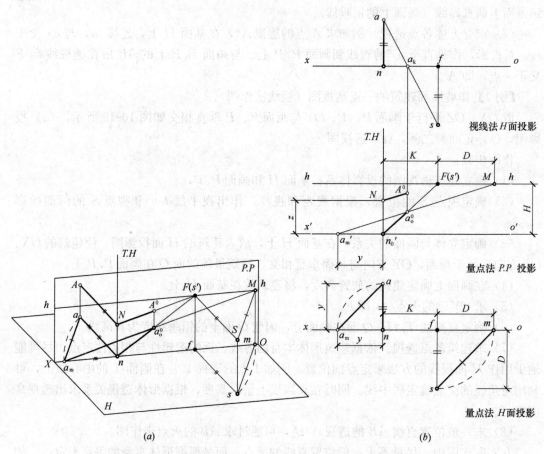

视线法 H 面投影

量点法 $P.P$ 投影

量点法 H 面投影

(a) (b)

图 10-16

作图步骤如图 10-16（b）所示：

（1）在基面 H 上作 $sf \parallel an$，对投影到 h-h 上，得到 F。

（2）在基面 H 上，以 n 为圆心，na 为半径作圆弧，将 a 点旋转到 ox 上，与 ox 交于 a_m，因此 $na = na_m = y$。

（3）连接 aa_m，因为 na 垂直于 $P.P$，所以，此时 aa_m 为一条与 $P.P$ 成 45°角的基面上的线。

（4）在基面 H 上作 $sm \parallel aa_m$，对投影到 h-h 上，得到 M。$FM = fm = sf = D$。

【例 3】 作立方体的一点透视图（量点法作法）。如图 10-17 所示。

用量点法求透视图前先作以下准备：

（1）在立方体的 H 面投影图上，放置画面 $P.P$、视点 s。确定视距 D。延长立方体的直线 ab 与 ox 交于 n。

144

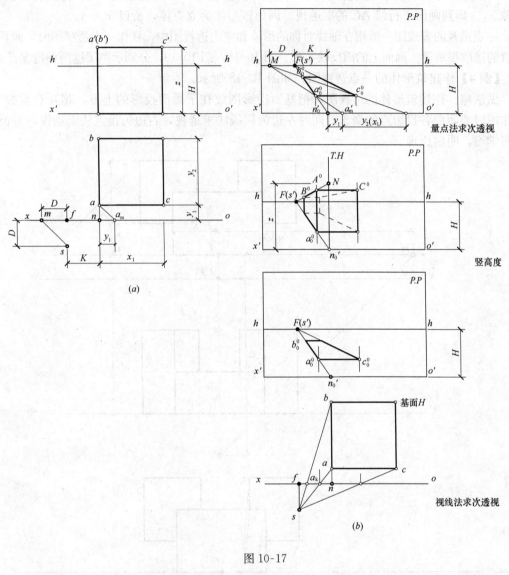

图 10-17

（2）作 $sf \parallel ab$，与 ox 交于一点 f。

（3）根据 $fm=D$，在 ox 上确定 m。

（4）在立方体的 V 面投影图上，确定 $o'x'$ 和 $h\text{-}h$，确定视高 H。

然后在 $P.P$ 上开始作图。

（1）在 $P.P$ 上根据视高 H，作 $o'x'$ 和 $h\text{-}h$。

（2）在 $o'x'$ 上确定 n'_0。过 n'_0 作铅垂线，获得真高线（$T.H$）。

（3）在 $P.P$ 上，根据 n，f，m 在 ox 上的相对水平投影距离，确定 F、M。

（4）在立方体 H 面投影图上量取宽度 na，在 $P.P$ 的 $o'x'$ 上，量取 $n'_0 a'_m = na = y_1$。

（5）连接 $a'_m M$，与 AN 的次透视方向线 $n'_0 F$ 相交，交点为 A 的次透视 a^0_0。

（6）在立方体 V 面投影图上获得高度，在 $T.H$ 上量取高度 $n'_0 N=z$。

（7）连接 NF，则 NF 与过次透视 a^0_0 的垂直线相交于一点，即 A 点的透视 A^0。

（8）继续求 B 点的次透视量取 y_2，得到画面垂直线 AB 的次透视；求 C 点的次透视量取 x_1。得到画面平行线 AC 的次透视。因为该形体为立方体，所以 $x_1 = y_2$。

一点透视的表现图一般用在轴线对称的形体和室内透视图中。在作一点透视图时，画面位置的选取很重要。画面上的面反映实形。图 10-18，图 10-19，分别示例了这两种情况。

【例 4】 作建筑形体的一点透视图。如图 10-18 所示。

做法略。作建筑形体的透视图，把基面投影图放在了画面投影的上方，相互有重叠。在作图时要明白各投影点的概念。同时左边为视线法求透视，右边为量点法求透视，方便对照学习，明白原理。

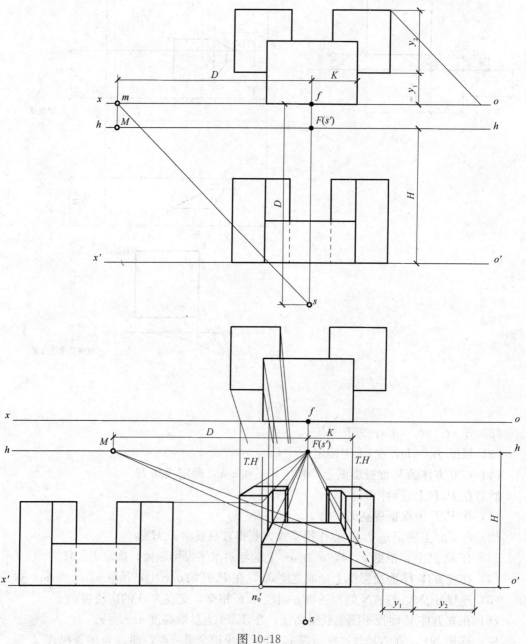

图 10-18

146

【例5】 作室内的一点透视图（量点法作图）。如图 10-19 所示。

作法略。形体简单，图示明了。

示例中，①在遇到室内需要布置多的家具或者是有曲线的情况时，可以采用画单元网格的方式求透视，然后定点。②OY 轴方向的尺寸，往左边、右边都可以量取。注意左右边的量点。③用量点法作透视可以以一定比例放大透视图的大小。

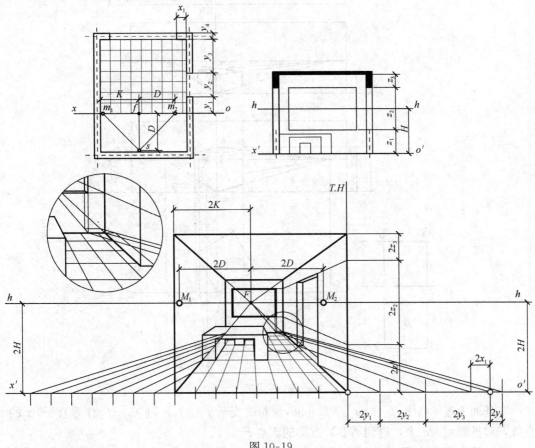

图 10-19

2. 两点透视

视线法：

【例6】 作立方体的两点透视图（视线法作图），如图 10-20 所示。

取立方体的 OZ 方向平行于画面 $P.P$。OX、OY 方向与画面 $P.P$ 相交。

如图 10-20 所示（a）为投影图，（b）（c）（d）为改变立体高度的透视效果。以图 10-20（b）为例，讲解两点透视的视线法。

（1）在基面 H 上确定 $P.P$、S 的位置。

（2）在基面 H 上确定立方体位置。放入立方体 H 面投影图。使 n 点所在垂直于基面的棱线在 $P.P$ 上。

（3）在 $P.P$ 上确定 $o'x'$、h-h 的位置。

（4）在 $P.P$ 上确定立方体的放置高度。将立方体放在基面上。

（5）确定灭点。过 S 点分别作视线∥OX（na）、∥OY（nb）。

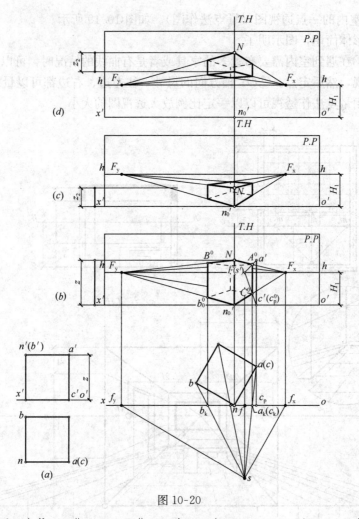

图 10-20

在基面上过 s 点作 $sf_x \parallel na$、$sf_y \parallel nb$，与 ox 交于 f_x、f_y。过 f_x、f_y 作垂直于 ox 的直线，对投影到 h-h 上，得到 X、Y 方向的灭点 F_x、F_y。

（6）确定真高线 $T.H$。N 在画面（$P.P$）上，因此过 N 的垂直线即为 $T.H$。

在基面上，过 n 点作垂直于 ox 的直线，对投影到 $o'x'$，得到 n_0'。过 n_0' 作垂直于 $o'x'$ 的直线即 $T.H$。

（7）求立方体各点透视。例如求 B 点的透视 B^0。

在基面上，连接 sb，与 ox 交于 b_k。对投影，作垂直于 ox 的直线到 $P.P$ 上。与 $P.P$ 上的 nb 所在透视线 $n_0'F_y$ 交于一点，即 b_0^0。在 $T.H$ 上竖高度，得到 N，然后往 F_y 作透视线 NF_y，与过 b_0^0 垂直于 $o'x'$ 的直线交于一点，即 B^0。

思考：

1. 作 AC 棱线的两面投影图，在基面上作过 A、C 视线的 H 面投影。在画面上作过 A、C 视线的 V 面投影，作出 A、C 的透视 A^0、C^0。（过两面投影的各点作视线求透视点的方法。）

2. 在基面上，过 c 作直线 $cc_p \perp ox$，与 ox 交于 c_p，过 s 作视线 $sf \perp ox$，与 ox 交于 f。对投影到 h-h 上，得到 F，即直线 C_pC 的灭点。过 c_p 作垂线对投影到 $o'x'$ 上，得 c_p^0。连接

148

$c_p^0 F$（s'），即 cc_p 的透视线方向，与过 c_k 垂直于 OX 的直线交于一点，即 C 点的透视点 C^0。（求一点透视的灭点方法。）

【例7】作坡屋面建筑的两点透视图（视线法作图）。如图10-21所示。

取 OZ 平行于画面 $P.P$。OX、OY 与画面 P、P 相交。

如图10-21所示，（a）为投影图，（b）为正二测，（c）为透视图，（d）屋面交线灭点求法。

作图步骤如下：

（1）在基面上确定 $P.P$、S 的位置。

（2）在基面上确定建筑位置。放入建筑的 H 面投影图，使建筑的棱线 L 在 $P.P$ 上。

（3）在 $P.P$ 上确定 $o'x'$、h-h 位置。

（4）在 $P.P$ 上确定建筑放置高度。建筑放在基面上。

（5）确定灭点。过 S 点作视线分别 $\parallel OX$、$\parallel OY$ 与画面的交点，即 F_x、F_y。

（6）确定真高线 $T.H$。因为建筑的棱线 L 在 $P.P$ 上，所以 L 为真高线（$T.H$）。

（7）求建筑各点透视。依据形体本身的各线、面的逻辑性与相关性定点。尽可能地少用作 H 面视线的方法来定点的位置。例如一般位置直线 AB 即可利用两檐口、两屋脊的透视线相交而定点，而不用求 AB 的灭点。

（8）一般位置直线 AB 的透视 A^0B^0 的灭点作法如前所述。

（9）侧面 T、Q 可利用对角线的交点确定居中线。

（10）灭线的概念。

视平线 h-h 是平行于水平面的视平面和画面的交线，是画面上的线（视平面的迹线），视平线为水平面的透视消失线，称为灭线。水平面上所有的水平线的灭点都在 h-h 上。

同理，铅垂面 T 的灭线是过 F_y 的铅垂线，铅垂面 Q 的灭线是过 F_x 的铅垂线。T 面上的直线12的灭点 F_{12} 在 T 面的灭线上。Q 面上的直线34的灭点 F_{34} 在 Q 面灭线上。如图10-21（d）所示。

下面以灭线的概念来求 F_{AB} 的灭点。根据两相交直线成一平面的几何原理，在同一平面上两相交直线的灭点的连线是该平面的灭线。斜面 S 上有直线12和1B。F_{12} 在 T 面灭线

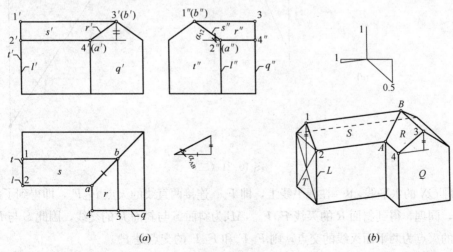

（a）　　　　　　　　　　　　　　（b）

图10-21（一）

149

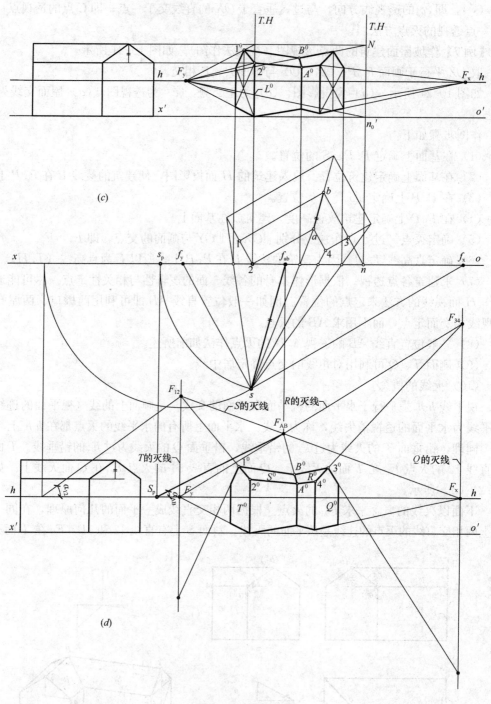

图 10-21（二）

上，$1B \parallel OX$ 的水平线，F_{1B} 在视平线上，即 F_x。连接两直线的灭点 $F_{12}F_x$，即得到了斜面 S 的灭线，同理，得到斜面 R 的灭线 $F_{34}F_y$。AB 为斜面 S 与斜面 R 的交线，因此 S 与 R 两平面交线的灭点为两平面灭线的交点，则 $F_{12}F_x$ 和 $F_{34}F_y$ 的交点是 F_{AB}。

学习灭线的概念时，先复习一下正投影部分的迹线、迹点的原理。深入理解概念。增强作图技能。

思考:

1. 求 B 点的透视 B^0,可以通过延长 $B3$ 与画面交于 N,确定另一条真高线来求。所以求透视的方法有很多。熟练地掌握各种方法能加快作图速度。

2. 一点透视中图 10-15 用求灭线交点的方法来求屋面交线 F_{AB} 的灭点。

【例 8】 作同坡屋面建筑的两点透视图(视线法作图)。如图 10-22 所示。

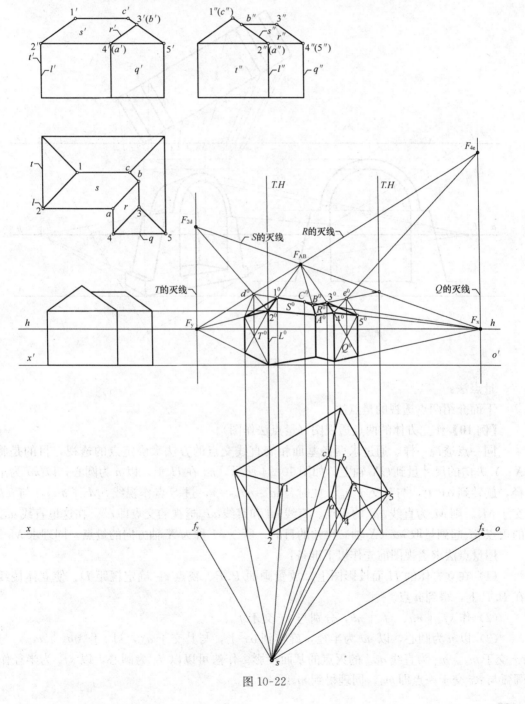

图 10-22

该同坡屋面建筑的透视作法同上例。思考屋面交线 AB、12、34 的灭点。$AB \parallel 12 \parallel$ 34，三线有同一灭点 F_{AB}。思考 CB、35 的灭点，$CB \parallel 35$ 有同一灭点在 S 的灭线上。

【例9】作双拱拱桥的两点透视图（视线法作图）。如图 10-23 所示。

作双拱拱桥的两点透视作法同上例。依次放置视点和拱桥与画面的相对位置。确定灭点和真高线。求拱桥曲线的透视，可在拱桥上取适当的点，如图中的 A、B、C 三点的透视 $A°$、$B°$、$C°$，再求若干一般点的透视，然后用光滑的曲线相连。

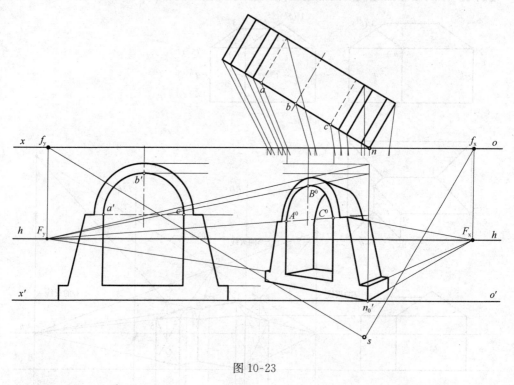

图 10-23

量点法：

下面介绍两点透视的量点法。

【例10】作立方体的两点透视图（量点法作图）。

同一点透视一样，通过求两条基面相交直线交点的方法来确定点的透视，目的是将 X、Y 方向的尺寸量到 OX 轴上。如图 10-24 所示，na 在 H 上，以 n 为圆心，以 na 为半径，旋转到 ox 上，与其交于 a_m。此时，$na = na_m = x$，过 S 点作视线 $SM_x \parallel aa_m$，与 h-h 交于 M_x。则 M_x 为直线 aa_m 的灭点。直线 na 和直线 aa_m 透视的交点即 a_0^0。在这里直线 aa_m 的灭点 M_x 起到量取 na（X 轴）尺寸的目的，所以 M_x 称为 X 轴方向的量点。同理求 M_y。

用量点法求透视图前先作以下准备：

（1）在立方体的 H 面投影图上，放置画面 $P.P$、视点 s。确定视距 D。使立体棱线在 $P.P$ 上，得到 n 点。

（2）作 $sf_x \parallel na$、$sf_y \parallel nb$，分别与 ox 交于 f_x、f_y。

（3）以 n 为圆心，以 na 为半径，旋转到 ox 上，与其交于 a_m，过 s 作 $sm_x \parallel aa_m$，与 ox 交于 m_x。m_x 为直线 aa_m 的灭点的基面投影。作法可以以 f_x 为圆心，以 sf_x 为半径作圆弧与 ox 交于一点即 m_x。同理得到 m_y。

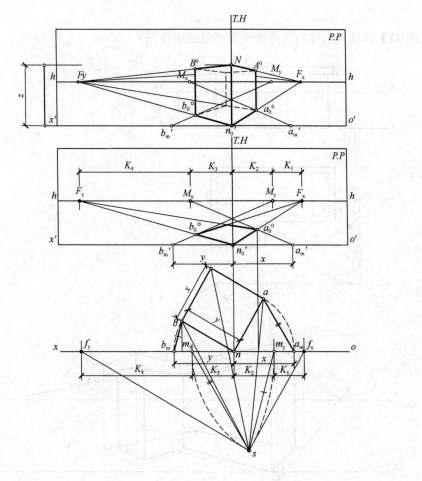

图 10-24

(4) 在立方体的 V 面投影图上，确定 $o'x'$ 和 h-h，确定视高 H。

然后在 $P.P$ 上开始作图。

(1) 在 $P.P$ 上，根据视高 H，作 $o'x'$ 和 h-h。

(2) 在 $o'x'$ 上确定 n'_0。过 n'_0 作铅垂线，获得真高线（$T.H$）。

(3) 根据立方体 H 投影图上确定的 n、f_x、f_y、m_x、m_y 在 ox 上的相对水平投影距离，确定灭点和量点。

(4) 在立体 H 面投影图上量取宽度 na，在 $P.P$ 的 $o'x'$ 上，量取 $n'_0 a_m' = na = x$。

(5) 连接 $a_m' M_x$，与 NA 的次透视方向线 $n'_0 F_x$ 交于一点，即 A 的次透视 a_0^0。

(6) 在立体 V 面投影图上获得高度，在 $T.H$ 上量取高度 $n'_0 N = z$。

(7) 连接 NF_x，则 NF_x 和过次透视 a_0^0 垂直于 OX 的直线相交于一点，即 A 点的透视 A^0。

(8) 同理量取 Y 方向，求得 B 点的透视 B^0。

同一点透视一样，用量点法作形体的透视图可以直接在画面上作透视图，在正投影图上量取尺寸，同时以一定比例放大各尺寸，可以作出较大的透视图。

两点透视具有很强的实体效果，能表现立体的两个主要面，所以在实际工程中广泛应用。

【例 11】作建筑形体的两点透视图（量点法作图）。

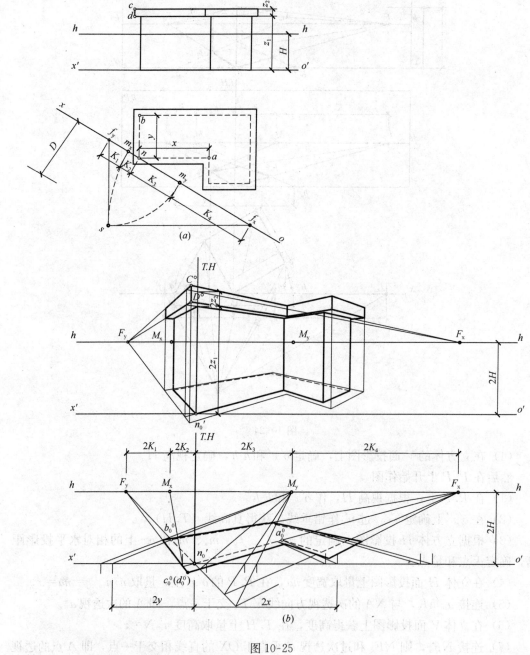

图 10-25

用量点法求透视图前先作以下准备：

（1）在建筑形体的 H 面投影图上，放置画面 $P.P$、视点 s。确定视距 D。使建筑墙角的棱线在 $P.P$ 上，得到 n 点。

（2）作 $sf_x \parallel na$、$sf_y \parallel nb$，分别与 ox 交于 f_x、f_y。

（3）以 f_x 为圆心，以 sf_x 为半径作圆弧与 ox 交于一点 m_x，同理得到 m_y。

（4）在立方体的 V 面投影图上，确定 $o'x'$ 和 $h\text{-}h$，从而确定视高 H。

然后在 $P.P$ 上开始作图。用量点作图可整倍放大尺寸，图中放大两倍尺寸。

（1）在 $P.P$ 上，根据视高 $2H$，作 $o'x'$ 和 $h\text{-}h$。

（2）在 $o'x'$ 上确定 n'_0。过 n'_0 作铅垂线，获得真高线（$T.H$）。

（3）根据立方体 H 投影图上确定的 n、f_x、f_y、m_x、m_y 在 ox 上的相对水平投影距离，放大两倍确定灭点和量点。

（4）在立体 H 面投影图上量取长度尺寸 x，宽度尺寸 y，两倍放大尺寸在 $o'x'$ 上量取。细线在 $o'x'$ 轴上方表示量取的 X 方向尺寸，往 M_x 透视，X 在真高线右的往该线右边量，左的往该线左边量；细线在 $o'x'$ 轴下方表示的表示量取的 Y 方向尺寸，往 M_y 透视。Y 在真高线前的往该线右边量，后的往该线左边量。

（5）与各方向的透视线的交点即各建筑转角的定位。如 a 点的透视 a^0_0，在 $o'x'$ 上往右量取 $2x$，往 M_x 透视，与 $n'_0 f_x$ 交于一点即 a^0_0。如 b 点的透视 b^0_0，在 $o'x'$ 上往左量取 $2y$，往 M_y 透视，与 $n'_0 f_y$ 交于一点即 b^0_0。

（6）对于复杂的建筑可以先作出建筑形体的次透视，然后竖高度。

（7）思考 CD 铅垂线 $C^0 D^0$ 的透视作法。依据建筑形体本身的几何关系作透视。

【例 12】作台阶的两点透视图（量点法作图）。

如图 10-26 所示，分步骤画出台阶各个体块的透视作法。

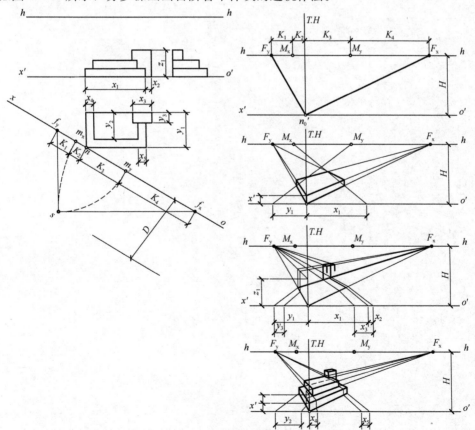

图 10-26

155

综上所述，透视图无非是过组成形体的各条直线的端点的视线与画面的交点有机连接而成。方法简单，但投影点众多。熟练地绘制立体的透视图，需要明确灭点、量点、真高线的概念，然后直接在立体正投影图上量取立体的三向尺寸，在画面上作透视图。

在画形体的透视图之前，要读懂形体的正投影图，在脑中建立形体的立体形象，明确形体各体量的关系。如果没有扎实的空间想象能力和熟练的求交作图能力，会觉得很棘手。因此作透视图需要有画法几何的扎实基础，还要多练多画，熟能生巧。

第11章 投影图中的阴影

物体在环境中受到光线的照射会产生阴影，所以在物体的投影图上画出阴影，能表达出物体在环境中的客观现象，更具有立体感。在表达设计思想和设计过程中，给正投影图和透视图绘制阴影，能使设计更有表现力和说服力。

物体受光线照射时，被光线直接照射的面光表面称为阳面，照射不到的背光表面称为阴面。阳面与阴面的分界线称为阴线。

影的轮廓线称为影线，影所在的平面（如地面、墙面等）称为承影面。

阴和影称为阴影。

11.1 正投影的阴影

11.1.1 常用光线

在正投影图中绘制阴影常采用平行光线，并使其照射方向从正立方体的前方左上角，射至右方后下角的对角线方向。如图 11-1 (*a*)。这种方向的光线被称为常用光线 L。在三面投影图中，光线 L 的各个投影 l、l'、l''的方向和投影轴成 45°的倾角。

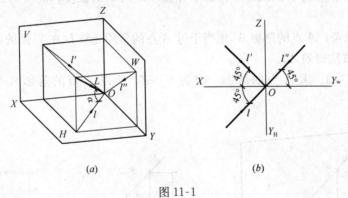

图 11-1

11.1.2 点的落影

点的落影是过点的光线与承影面的交点。

1. 承影面是 H 面（水平面）、V 面（正平面）时

如图 11-2 (*a*)。求 A 点的落影，A 点的落影在 V 面上。

过点的光线是空间对角线方向的直线，而承影面 V 面垂直于 H 面，则求点的落影的问题转换成一般位置直线和特殊位置平面求交的问题。

作图步骤：如图 11-2 (*b*)

（1）判断 A 点落影的承影面。因为 $Z>Y$，所以 A 点的落影 A_0 在 V 面上。

（2）过 a 作与 ox 轴成 45°角的光线 l，与 ox 轴交于 a_0。

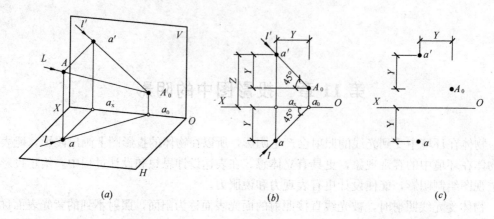

图 11-2

（3）因为 $V \perp H$，所以 L 与 V 的交点 A_0 的 H 面落影在 V 面的积聚性直线上，即 ox 轴上，也就是 a_0。

（4）过 a' 作与 ox 轴成 $45°$ 角的光线 l'，与过 a_0 垂直于 ox 的直线交于一点，得 a'_0，即 A 点的落影 A_0。

观察图 11-2（b），因为常用光线 L 从左上前方射向右后下方，所以 A 点在 V 面的落影在 a' 的右方、下方；同时光线 L 的 H、V 面投影均与 OX 轴成 $45°$ 的倾角，所以，A 点的落影 A_0 在 a' 的右方、下方与 a' 的距离等于 a 到 ox 轴，即 A 点到承影面 V 的距离 Y。获得这个特征以后，作 A 点的落影时可以单面作图。如图 11-2（c）。在 A 点的 H 面投影量取 Y，然后在 A 点的 V 面投影中往右下方量取距离 a' 的长度和高度均为 Y 的点，即 A 点的落影 A_0。

换个角度思考，A 点的落影 A_0 相当于过 A 点的常用光线 L 在 V 面的迹点。可用求 L 的 V 面迹点的方法得到 A_0。

同理如图 11-3。求 A 点的落影。因为 $Y > Z$，所以 A 点的落影 A_0 在 H 面。作法如图。

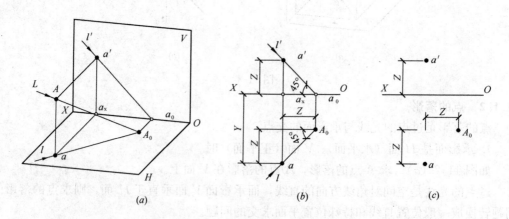

图 11-3

A 点落影在哪个面上取决于该点距离 H 面的高度 Z 和距离 V 面的宽度 Y 哪个大。Z 大即落影在 V 面上，Y 大即落影在 H 面上。

158

2. 承影面是侧垂面时。

如图 11-4，求 A 点的落影。A 点的落影在 Q 面上。此时 Q 倾斜于 H、V 面，$\perp$ W 面。

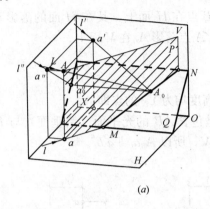

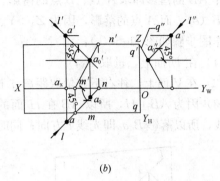

图 11-4

两面作图求 A 点落影时，此时光线 L 是一般位置直线，承影面 Q 是倾斜面，所以求落影时可以用一般位置直线与一般位置平面求交点的方法求 A_0。

原理如图 11-4 (a)：

(1) 包含过 A 点的光线 L 做 H 面垂直面 P；

(2) P 与 Q 交于 MN；

(3) L 与 Q 的交点 A_0 在 MN 上。

作图步骤如 11-4 (b) 投影图：

(1) 过 a 作 l（与 ox 轴成 $45°$）与 q 交于 mn；

(2) 对投影到 q' 上，得到 $m'n'$；

(3) 过 a' 作 l'（与 ox 轴成 $45°$）与 $m'n'$ 交于 a_0'；

(4) 对投影到 l，得 a_0。

也可利用 W 面投影作图。因为 Q 是侧垂面，Q 在 W 面积聚。所以过 A 点的光线 L 与 Q 的交点 A_0 在 Q 的积聚性直线 q'' 上。在 W 投影图中，直接过 a'' 作 l'' 与 OX 轴成 $45°$ 角，l'' 与 q'' 的交点，即 a_0''，对投影到 H 面、V 面上得到 a_0、a_0'。

3. 承影面是一般位置平面时同侧垂面的作法。

11.1.3 直线的落影

直线的落影是包含直线的光平面和承影面的交线。

1. 直线落影的特征：（根据平行投影的特性）

(1) 直线与承影面平行时，直线的落影与直线等长且相互平行。

(2) 直线与承影面相交时，直线的落影必过直线与承影面的交点。

(3) 一条直线落影在两个相互平行的承影面上的落影必相互平行。

(4) 一条直线落影在两个相交的承影面上时，两段落影的交点必在承影面的交线上。

(5) 相互平行的两直线在同一承影面（相互平行的承影面）上的落影相互平行。

2. 直线落影的作法：

求直线的落影，只需作出直线两个端点在承影面上的落影，然后两点相连即直线的落影。

铅垂线的落影作法：

如图 11-5，$AB \perp H$，且 B 点在 H 面上。

作 AB 的落影即求 A 点、B 点的落影。因为 B 点在 H 面上，其在 H 面的落影 B_0 即本身 B (b)。而 A 点的落影，因为 $Z_A > Y_A$，所以 A 点落影 A_0 在 V 面上。

作图步骤如图 11-5 (c)：

（1）在 H 面上，量取 Y_A，

（2）在 V 面上，往右下方量取距离 a' 长度、高度均为 Y_A 的点即 A_0。

（3）因为 $AB \perp H$，所以 AB 在 H 面的落影是包含 AB 的光平面（铅垂面）与 H 面的交线，所以落影 $B_0 a_0$ 即光线 l 方向；同时 $AB \parallel V$，所以 $A_0 a_0 \parallel a'b'$。

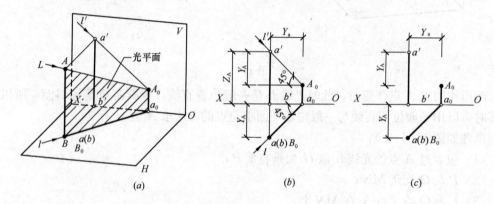

图 11-5

11.1.4 平面的落影

平面由直线组成，求平面的落影即转换为求直线的落影，而求直线的落影是求直线的两端点的落影。

如图 11-6 所示，求正平面 $ABCD$ 的落影。

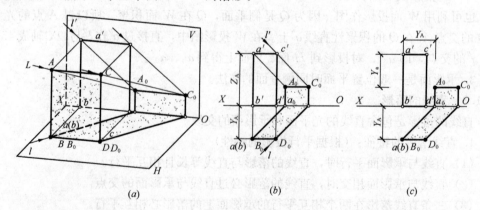

图 11-6

$ABCD \parallel V$，$AB \perp H$，$CD \perp H$，且 B、D 在 H 面上。所以 B、D 的落影 B_0、D_0 即本身，因为 $Z_A > Y_A$，所以 AC 落影在 V 面上，$AC \parallel V$，所以 AC 的落影 $A_0 C_0 \parallel a'c'$，且 $A_0 C_0 = a'c'$。同时因为 $AB \perp H$，$AB \parallel V$，AB 一部分落影在 H 面上，落影 $B_0 a_0$ 同光线在 H

面的落影 l，一部分落影在 V 面上，$a_0A_0 \parallel a'b'$。

如图 11-7 所示，求水平面 $ABCD$ 的落影。

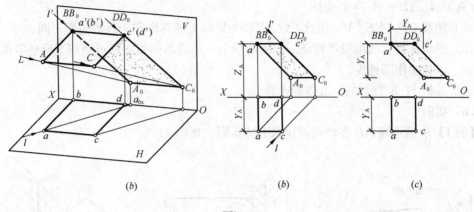

图 11-7

$ABCD \parallel H$，$AB \perp V$，$CD \perp H$，且 B、D 在 V 面上。所以 B、D 的落影 B_0D_0 即本身，因为 $Z_A > Y_A$，所以 AC 落影在 V 面上，$AC \parallel V$，所以 AC 的落影 $A_0C_0 \parallel a'c'$，且 $A_0C_0 = a'c'$。因为 $AB \perp V$，AB 的落影在 V 面上，落影 B_0A_0 同光线在 V 面的落影 l'。

11.1.5　立体的落影

求立体的落影时，必须先弄清楚两个方面的问题：一是立体的阴线；二是承影面。

如图 11-8，求四棱柱的落影。常用光线由左前上方射向右后下方，阴线是阳面与阴面的交界线，所以阴线是 A-E-F-G-C-D-A。阴线的落影即影线。

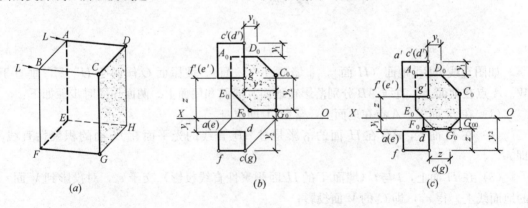

图 11-8

如图 11-8（b）所示：

（1）$Z > Y_2$，所以 FG 落影在 V 面上。FG 是立体最低的阴线，所以也就是立体的阴线 A-E-F-G-C-D-A 全部落影在 V 面上。

（2）求立体阴线 A-E-F-G-C-D-A 各点的落影即求出了立体的落影。点的落影离原投影的高度和长度，由该点距离 V 面的距离 Y 决定。看懂立体各点的两面投影，从图中可看出 A、D、E 在立体后面的面上，其三点的落影 A_0、D_0、E_0 离原投影 a'、d'、e' 的高度和长度为 y_1，C、G、F 在立体前面的面上，其三点的落影 C_0、G_0、F_0 离原投影 c'、g'、f' 的高度和长度为 y_2。

161

思考：

（1）阴线 AD、AE、CG、$FG \parallel V$，所以它们在 V 面的落影和原投影平行且等长。即 $AD \parallel A_0 D_0$ 且 $AD = A_0 D_0$。余同。

（2）阴线 CD、$EF \perp V$，因此 CD、EF 在 V 面上的落影和光线的落影 l' 同。

（3）熟练掌握直线的投影特征，求出阴线上一点的落影后，即可利用平行性等求出其他的点。以加快作图速度。

（4）分析 11-8（c）的立方体的落影。

11.1.6 实例

【例1】 求铅垂线 AB 在坡屋顶建筑上的落影。如图 11-9。

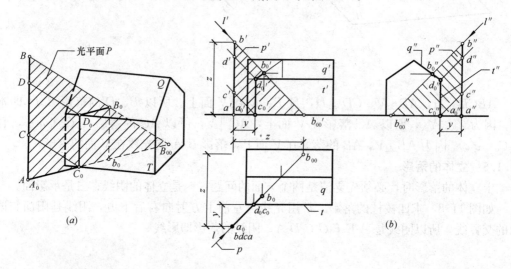

图 11-9

如图直线 $AB \perp$ 地面（H 面），$\parallel$ 墙面 T（V 面）。坡屋面 Q 倾斜于 H、V，垂直于 W。A 点在地面上。直线 AB 分别落影在地面、墙面和屋面上。两面作图时步骤如下：

（1）在 H 面上，A 点在地面上，落影 A_0 即本身 a；

（2）在 H 面上，AB 在 H 面的落影是过 AB 直线的光平面在 H 面的积聚性直线，即 l；

（3）在 H 面上，l 与 t（墙面 T 的 H 面积聚性直线投影）交于 c_0，对投影到 V 面 t' 的地面线上，得 c'_0，即 C_0 的 V 面投影；

（4）在 V 面上，因为 $AB \parallel T \parallel V$，所以 AB 上的线段 CD 在 V 面的落影 $C_0 D_0 \parallel AB$，因此，过 c'_0 作直线 $c'_0 d'_0 \parallel AB$，与屋面檐口线交于 d'_0，即 D_0 的 V 面投影。

（5）利用过点的光线（一般位置直线）和坡屋面（侧垂面）求交的方法，作过 B 点的光线 L 与 Q（侧垂面）求交，定出 B 点的落影 B_0 的两面投影 b_0、b'_0。

（6）各点同名投影相连即得到了直线 AB 落影的两面投影。

思考：

（1）若过 B 点的光线落到地面上，在地面上的落影 B_{00} 是 B 点在地面上的假影。

（2）过直线 AB 的光平面 P 在 H 面上积聚成直线 l，因为 l 与投影轴成 $45°$ 角，所以 P 在 V 面、W 面上的投影对称。因此直线 AB 在 V 面的落影与在 W 面的落影（积聚直线）对称。因此如果作出 W 面投影图，在 W 面上作过各点的光线 l''，可以利用对称性在 V 面上定出各点落影位置。

【**例 2**】求窗台的落影。如图 11-10。

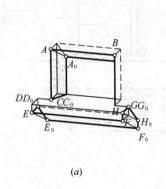

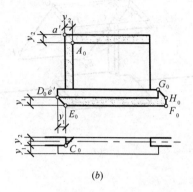

(a) 　　　　　　　　　　　(b)

图 11-10

窗框落影在窗玻璃（V 面）上、窗台（H 面）上；窗台落影在墙面（V 面）上。

（1）确定阴线。窗框的阴线是 AC、AB。窗台的阴线是 D-E-F-H-G。

（2）C 的落影 C_0 即本身。

（3）A 的落影 A_0 距离 a' 的高度和长度为 y_2。AB、AC∥窗玻璃（V 面），在其上的落影与原直线的投影平行。AC⊥窗台，在窗台（H 面）上的落影是 l。

（4）D、G 在墙上，落影 D_0、G_0 即本身。

（5）DE、GH⊥墙面（V 面），$D_0 E_0$、$G_0 H_0$ 在墙面（V 面）的落影是 l'，E 点的落影位置距离 e' 的高度和长度为 y_1。

（6）因为 HF∥墙面（V 面），所以 $H_0 F_0$∥HF，且 $H_0 F_0 = HF$。同理 $E_0 F_0$∥EF，且 $E_0 F_0 = EF$。

【**例 3**】求雨篷的落影。如图 11-11。

门框落影在门板（V 面）上；雨篷落影在门板（V 面）上、墙面（V 面）上；台阶落影在地面（H 面）上、墙面（V 面）上。

雨篷的阴线是 D-E-F-H-G。作法同窗台的落影。

注意雨篷的阴线 DE 上的点 A，A 点落影在窗框上 A_0，继续落影到门板上得到 A 点的假影 A_{00}。

【**例 4**】求台阶的落影。如图 11-12。

台阶挡板 DE、DF 是阴线，其在地面（H 面）、墙面（V 面）上的落影即影线。DE 是墙面（V 面）垂直线，FD 是地面（H 面）垂直线。E 在墙面上，F 在地面上。

作图步骤如下：

（1）确定 D 点的落影 D_0，因为 $Y_D > Z_D$，所以 D 点落影在 H 面上。

（2）E、F 点的落影 E_0、F_0 即其本身。

（3）因为 FD 是地面垂直线，所以 FD 的落影 $F_0 D_0$ 在地面上，是光线 l 方向。

因为 DE 是墙面垂直线，一部分落影在地面上∥DE，另一部分落影在墙面上，是光线 l' 的方向。

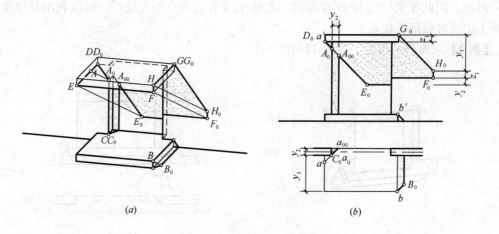

(a)   (b)

图 11-11

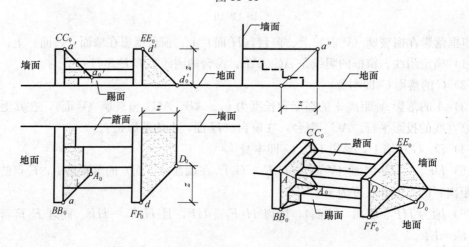

图 11-12

台阶挡板 AC、AB 在台阶、墙面上的落影。

（1）因为台阶的踏面 ∥ 地面 ∥ H，台阶的踢面 ∥ 墙面 ∥ V。AC ∥ DE、AB ∥ DF。因此 AC 在踏面和踢面上的落影与 DE 在地面和墙面上的落影相互平行。同理 AB 与 DF 在相互平行的承影面上的落影相互平行。

（2）确定 A 点的落影。可以作光线两面投影与承影面求交，也可以利用 W 面投影的积聚性，直接定 A 点落影的位置。如图 11-12，在 W 面投影图，A 点落影在第一级踏面上。

【例 5】 求坡屋顶建筑的落影。如图 11-13。

（1）确定建筑的阴线。注意坡屋面的角度与常用光线的关系。以确定后部阴线是屋脊还是檐口。如图 11-13，$A\text{-}B\text{-}C\text{-}D\text{-}E\text{-}F\text{-}G\text{-}H\text{-}I\text{-}J$ 和后边、左边檐口是坡屋面阴线。

（2）根据点的落影特征求出关键点的落影。如 C、D、G、H、I、K 各点的落影。

（3）思考 1、2 点的落影情况。

FG 一段落影在墙，$F_0 1'_0$ ∥ $f'g'$；一段落影在地面，$1_{00} G_0$ ∥ fg，且 $F_0 1'_0 + 1_{00} G_0 = FG$。

164

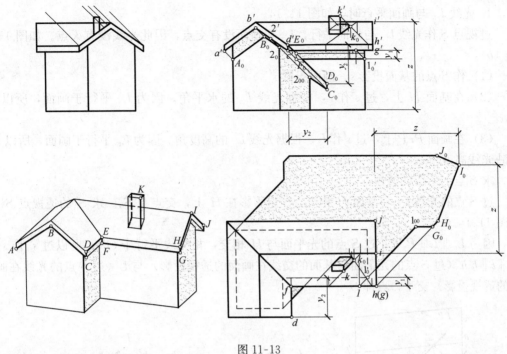

图 11-13

BC 落影在两个相互平行的墙面上，$B_0 2_0 \parallel 2_{00} C_0 \parallel b'c'$，且 $B_0 2_0 + 2_{00} C_0 = b'c'$。

（4）思考烟囱 K 点落影情况。求 K 点落影，即过 K 点的光线（一般位置直线）和坡屋顶（侧垂面）求交点。

11.2　透视图的阴影

11.2.1　光线的透视

假设阳光是平行光线。

光线的透视和平行直线的透视相同。

空间中相互平行的直线与画面平行时，其在画面的透视与原直线相互平行。

空间中相互平行的直线与画面相交时，其在画面的透视向同一个灭点消失。

当阳光自上而下照射时，光线 L_0 与地面的夹角 α 称是光线的高度角。光线在视平面的投影 l 与画面的夹角称为光线的水平角。

光线的基本术语：

L_0　　过视点 S 的空间的光线

L　　反映光线高度角 α（光线 L_0 旋转到画面上的投影）

l　　反映光线水平角（光线 L_0 在视平面上的投影）

F_L　　L_0 的灭点

F_l　　L_0 的水平投影的灭点

A　　空间中的点

A_0　　过 A 点的光线与承影面的交点，A 点的落影

A_0^0　　A_0 的透视

1. 光线 L_0 与画面平行时，如图 11-14。

过视点 S 作光线 L_0 与画面平行，L_0 和画面没有交点，因此光线没有灭点。如图 11-14 (b)，

（1）作 S 点的基面投影 s、画面投影 s'。

（2）在基面 H 上，过 s 作 l，根据光线 L_0 的水平角。因为 L_0 平行于画面，所以 $l \parallel ox$。

（3）在画面 $P.P$ 上，过 s' 作 L，根据光线 L_0 的高度角。因为 L_0 平行于画面，所以 L 反映光线高度角 α。

求 S 点的落影的透视。

过 S 点的光线 L_0 与基面 H 相交，S 点落影在 H 上，交点是 S_0。求 S_0 的透视点 S_0^0。如图 11-14 (c)

因为 $L_0 \parallel L \parallel P.P$，过 S 点的光平面与 H 相交，相交线平行于 OX，所以过 s'_x 作 $s'_x S_0^0 \parallel l \parallel h\text{-}h$（过 S 点的光平面与基面的交线在画面的透视投影）与 L（过 S 点的光线在画面的透视投影）交于一点即 S_0^0。

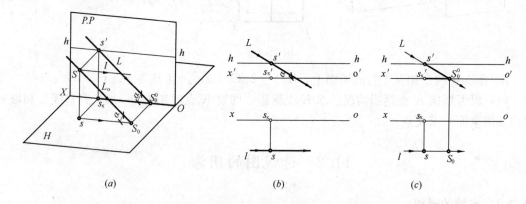

图 11-14

(a) 立体图；(b) 光线投影图；(c) 点的落影的透视求法

2. 光线 L_0 与画面相交时，光线照向画面前面。如图 11-15 所示。

过视点 S 作光线 L_0 与画面的交点即光线的灭点。

如图 11-15 (a) 所示，过 S 点的光线 L_0 与画面交于 F_L，即光线的灭点 F_L。光线 L_0 在视平面上的投影与画面的交点是光线的水平投影的灭点 F_l。求光线的灭点的方法与一般位置直线求灭点的方法一致。以 $F_l F_L$ 为旋转轴，将 S 点旋转到 $h\text{-}h$ 上，得到 $S_P F_L$。此时 $S_P F_L$（L）直接反映了光线的高度角 α。

求光线 L_0 的灭点作图步骤如下：

（1）作 S 点的基面投影 s、画面投影 s'。

（2）过 s 作 l，根据光线 L_0 的水平角，与 ox 交于 f_l。对投影到 $h\text{-}h$ 上，得到光线的水平投影的灭点 F_l。

（3）在画面上，过 f'_l 作垂直于地面的旋转轴 $f'_l F_l$。

（4）在基面上，以 f_l 为圆心，$f_l s$ 为半径作圆与 ox 交于 s_p。

（5）在画面上，将 s_p 对投影到 $h\text{-}h$ 上，得到 s'_p。

（6）在画面上，过 s'_p 作光线 L，根据光线的高度角 α，与旋转轴 $f'_l F_l$ 交于一点。即光线 L_o 的灭点 F_L。

求 S 点的落影 S_0 的透视 S_0^0。即作过 S 点的光线与承影面的交点的透视投影。

（1）判断 S 点的承影面。S 点落影在基面上。（S 点距离 H 面的距离小于距离 V 面的距离）

（2）因为光线相互平行，所以过空间的点的光线的画面透视都往光线的灭点 F_L 消失。同时因为承影面（基面）是水平面，所以过 S 点的光平面和水平面交线是 sS_0（光线的水平投影），其在画面上的透视往光线的水平投影的灭点 f_l 消失。因此 S 点的落影 S_0 的透视 S_0^0 在此两条透视线的交点上。

作图步骤如下：在画面上，

（1）连接 $s'_x F_l$，得到过 S 点的光线的水平投影 sS_0 在画面的透视线。

（2）连接 $s'F_L$，得到过 S 点的光线 $s'F_L$ 在画面的透视线。

（3）$s_x{}'F_l$ 与 $s'F_L$ 的交点即 S_0^0。

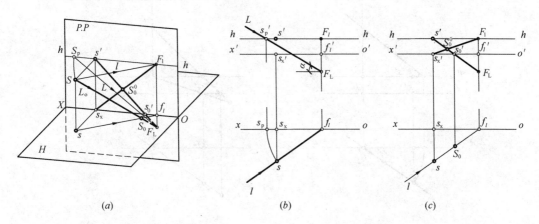

图 11-15

（a）立体图；（b）光线投影图；（c）点的落影的透视求法

3. 光线 L 与画面相交时，光线照向画面 $P.P$ 后面。如图 11-16 所示。

过视点 S 作光线 L，与画面的交点即光线的灭点 F_L。如图 11-16（a）所示。

求光线 L_o 的灭点和求 S 点的落影的透视 S_0^0 同上。

11.2.2　直线的落影

直线的落影是包含直线的光平面和承影面的交线。

1. 直线落影的透视特征：（根据中心投影的特性）

（1）与画面相交的直线在与之相平行的承影面上的落影是和原直线平行的线，其透视灭点与原直线消失于同一点。

（2）直线与承影面相交时，直线的落影的透视必过直线与承影面的交点。

（3）一条直线落影在两个相交的承影面上时，两段落影的交点必在承影面的交线上。

（4）直线垂直于地面（基面），落影在基面（水平面）时，直线落影的透视是光线的水平面投影在画面的透视方向。落影在画面（正平面）时，直线落影的透视与原直线相互平行。

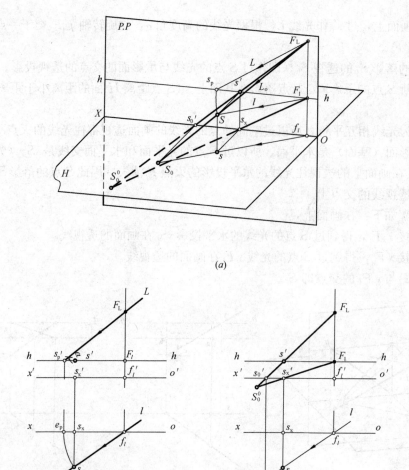

图 11-16

(a) 立体图；(b) 光线投影图；(c) 点的落影的透视求法

2. 直线落影的透视作法：

求直线落影的透视，只需作出直线两个端点在承影面上的落影透视，然后两点相连即直线的落影。熟练掌握直线落影的透视特征，能快速作出直线落影的透视。

铅垂线 AB 在与画面相交光线的照射下，求直线落影的透视。如图 11-17 所示。

作图步骤：

(1) 判断铅垂线落影的承影面。

铅垂线 AB，$Z_B > Y_B$，所以 B 点落影在画面上，A 点在基面上，落影即其本身。所以铅垂线落影在基面和画面上。

(2) 作铅垂线基面落影的透视。

如图 11-17 (a) 所示，$SF_L s f_l$ 组成了过视点的铅垂的光平面，其与画面的交线（V 面迹线）为 $F_L F_l$，即为所有包含铅垂线的光平面的灭线。其与基面的交线（H 面迹线）为 sf_l，sf_l 的灭点是 F_l。

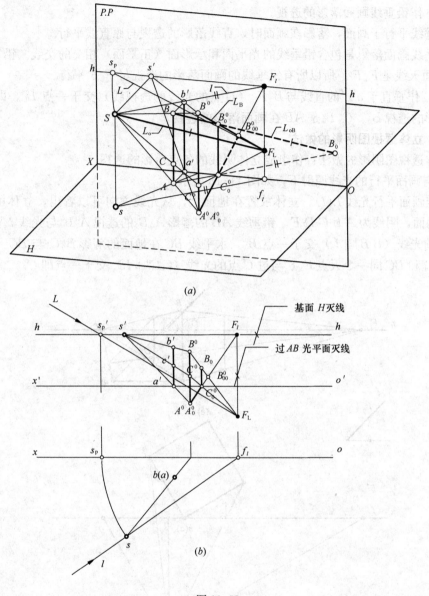

图 11-17

(a) 立体图；(b) 投影图

铅垂线垂直于基面，落影在基面时，直线落影的透视灭点是光线的水平面投影的灭点 F_l。

所有铅垂线的水平落影与 sf_l 平行，有同一个灭点 F_l。

换一个思路，铅垂线的基面落影是包含铅垂线的光平面和承影面（水平面）的交线。铅垂线光平面的灭线是 $F_L F_l$，水平面的灭线是 h-h（视平线），两平面灭线的交点 F_l 即两平面交线的灭点，也就是所有铅垂线水平落影的透视灭点是 F_l。

$A_0^0 F_l$（直线水平落影的透视线）和 $B^0 F_L$（过点的光线的透视线）交于一点 B_{00}^0，即 B 点在基面落影的透视假影。$A_0^0 B_{00}^0$ 与两承影面的交线 $o'x'$ 交于 C_0^0，$A_0^0 C_0^0$ 是 AB 基面落影的透视。

（3）作铅垂线画面落影的透视。

铅垂线平行于画面，落影在画面时，直线落影的透视与原直线平行。

铅垂线画面落影是包含铅垂线的光平面和承影面（正平面）相交的交线。铅垂线光平面的 V 面灭线是 F_LF_l。所以所有铅垂线的画面落影的透视与 F_LF_l 平行。

过 C_0^0 作垂直于 $o'x'$ 的直线与 B^0F_L（过点的光线的透视线）交于一点 B_0^0。即 B 点在画面落影的透视 B_0^0。$C_0^0 B_0^0$ 是 AB 在画面落影的透视。

11.2.3 立体透视图阴影的做法

立体透视图阴影的做法：作组成立体阴线的各点落影的透视。

1. 与画面平行的光线照射下，如图 11-18 所示。

给定画面平行光线 $L(l)$。立体放置在地面上，从光线方向可以看出，立体的右面和后面为阴面，阴线为 A-B-C-D-E。铅垂线 AB 的落影 A_0B_0 的透视 $A_0^0B_0^0$ 与光线 l 平行，与过 B 点的光线（$BB_0^0 \parallel L$）交于一点 B_0^0。水平线 BC 在地面的落影 B_0C_0 与 BC 平行，其透视 $B_0^0C_0^0$ 和 BC 同一个灭点 F_x，与过 C 点的光线（$CC_0^0 \parallel L$）交于一点即 C_0^0。

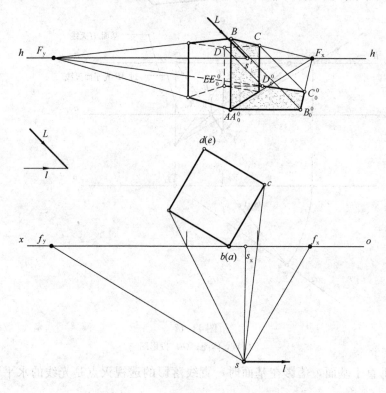

图 11-18

2. 与画面相交的光线照射下，光线 L 的透视消失点 F_L 在 h-h 以下，光线照向画面前面。

（1）当 F_l 在 F_x、F_y 之间时，如图 11-19（a）。立体可见面都面光。此例为光线从右前射向左后。

（2）当 F_l 在 F_x、F_y 之外时，如图 11-20（a）立体一个可见面面光。此例为光线从左前射向右后。

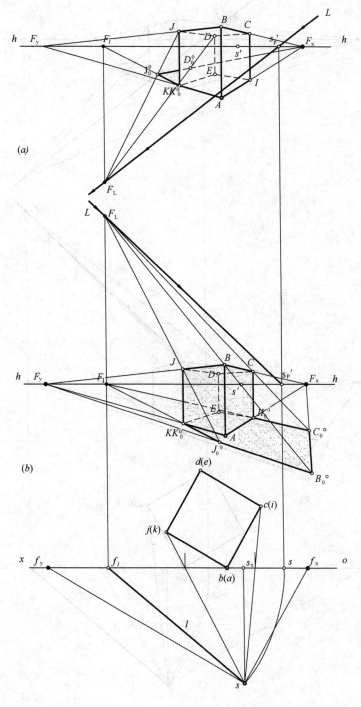

图 11-19

(a) 正光；(b) 逆光

先判断立体的阴线，然后求阴线的落影，被立体挡住的部分就不用求了。如图 11-20 (a) 所示，铅垂线 AB，A 点在地面上，落影 A_0^0 即本身。AB 在地面的落影的透视 $A_0^0 B_0^0$ 同光线在地面落影的透视方向，即同一个灭点 F_l，与过 B 点的光线（BF_L）交于一点即

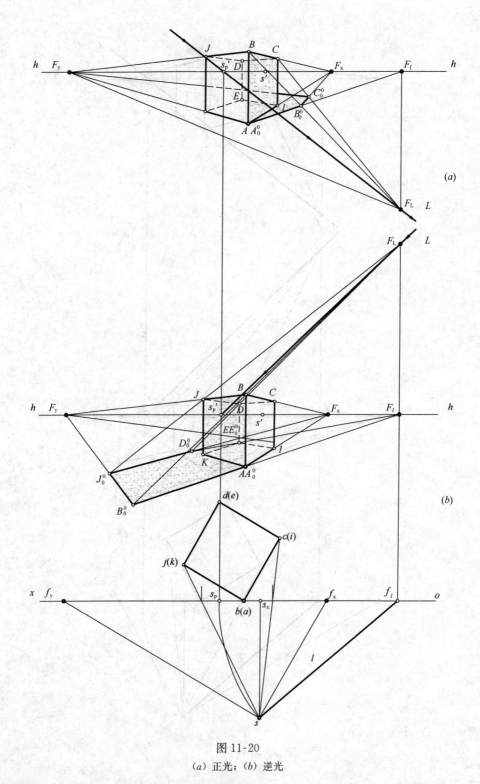

图 11-20

(a) 正光；(b) 逆光

B_0^0。水平线 BC 在地面的落影同水平线的灭点方向。BC 的落影的透视 $B_0^0C_0^0$ 往灭点 F_x 消失，与过 C 点的光线（CF_L）交于一点即 C_0^0。

3. 与画面相交的光线作用下，光线 L 的透视消失点 F_L 在 $h\text{-}h$ 以上，光线照向画面后面。

（1）当F_l在F_x、F_y之间时，如图11-19（b）立体可见面都背光。此例为光线从左后射向右前。

（2）当F_l在F_x、F_y之外时，如图11-20（b）立体一个可见面背光。此例为光线从右后射向左前。

求立体落影的透视同上。

11.2.4 实例

【例6】求台阶在画面相交光线下的落影。如图11-21。

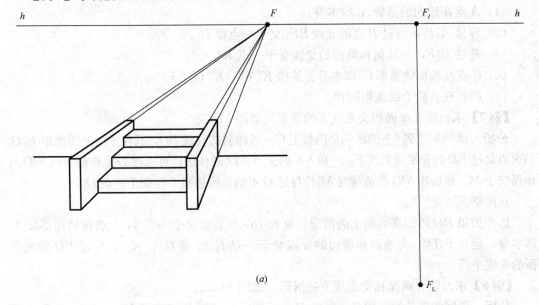

(a)

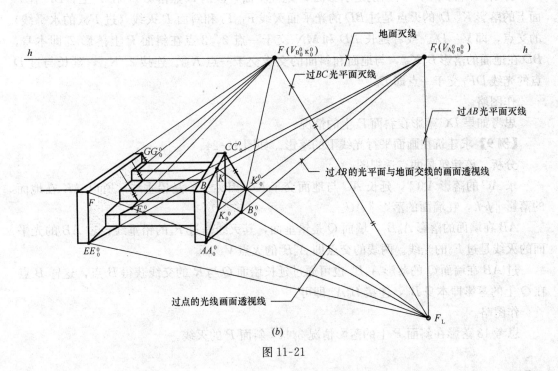

(b)

图 11-21

173

分析　该台阶是一点透视图。AB 在地面的落影 $A_0^0B_0^0$ 的灭点是过 AB 的光平面灭线和承影面（地面）灭线的交点。AB 是铅垂线，所以过 AB 的光平面灭线即是 F_LF_l，地面是水平面，其灭线是 h-h，所以 $A_0^0B_0^0$ 的灭点是 F_l。BC 是正垂线，过 BC 的光平面的灭线是 BC 的灭点 F 和光线的灭点 F_L 的连线 FF_L。BC 在地面上的落影 $B_0^0K_0^0$ 的灭点是 FF_L 和 h-h 的交点，即 F。因为墙面平行于画面，所以 BC 在墙面上的落影 $K_0^0C_0^0$ 平行于过 BC 的光平面与画面的交线 FF_L（过 BC 光平面的灭线）。

作图

（1）A 点在地面的落影 A_0^0 即本身。

（2）连接 $A_0^0F_l$，与过 B 点的光线 BF_L 交于一点即 B_0^0。

（3）连接 B_0^0F，与地面和墙面的交线交于一点 K_0^0。

（4）C 点在墙面的落影 C_0^0 即本身。连接 $K_0^0C_0^0$，$K_0^0C_0^0 \parallel FF_L$。

（5）挡板在台阶上的落影同理。

【例 7】 求台阶在画面相交光线下的落影。如图 11-22。

分析　该例和［例 6］的区别是挡板上有一条倾斜的直线 BD，其在地面上的落影 $B_0^0D_0^0$ 的灭点是过 BD 的光平面灭线 $F_{BD}F_L$ 和 h-h 的交点。D_0^0 的作法也可以过 D 点作铅垂线 MD 与地面交于 M，然后作 MD 的透视线 $M_0^0F_l$ 与过 D 点的光线透视 DF_L 交于一点 D_0^0。

作图略。

思考如果 BD 落影在墙面上的情况。延长 BD 和墙面交于一点 1，1 点在墙面落影 1_0^0 即本身，延长 $B_0^0D_0^0$，与地面和墙面的交线交于一点 K_{10}^0。连接 $1_0^0K_{10}^0$，与过 BD 的光平面的灭线平行。

【例 8】 求台阶在画面相交光线下的落影。如图 11-23。

分析　该例和例 7 的区别是承影面 P 是倾斜面，该例 D 点落影 D_0^0 在 P 上，BD 在 P 面上的落影 $K_{30}^0D_0^0$ 的灭点是过 BD 的光平面灭线 $F_{BD}F_L$ 和斜面 P 灭线（过 F_{MN} 的水平线）的交点，即 $V_{K_{30}^0D_0^0}$。或者延长 BD 和 MN 交于一点 2，2 点在斜面 P 上落影 2_0^0 即本身，BD 在地面的落影 $B_0^0K_{30}^0$，与地面和斜面的交线交于一点 K_{30}^0。连接 $2_0^0K_{30}^0$，延长与过 D 点的光线 DF_L 交于一点即 D_0^0。

作图略。

思考如果 DC 落影在斜面 P 上的情况。

【例 9】 求建筑在画面平行光线下的落影。如图 11-24。

分析　该建筑是两点透视图。

求 AC 的落影 $A_0^0C_0^0$，延长 AC 与地面交于 K，因为 AK 是铅垂线，所以 AK 在地面的落影 $\parallel h$-h，在墙面的落影 $\parallel AC$。

AB 在墙面的落影 $A_0^0B_0^0$，墙面 Q 是铅垂面，其灭线是过 F_x 的铅垂线；过 AB 的光平面的灭线是过 F_y 的光线。两线的交点即 $A_0^0B_0^0$ 的灭点 $V_{A_0^0B_0^0}$。

过 AB 在墙面 Q 的落影 $A_0^0B_0^0$ 也可通过延长墙面 Q 与 R 的交线获得 B 点，这样 B 点在 Q 上的落影即本身 B_0^0，连接 $B_0^0A_0^0$ 即可。

作图略。

思考 13 落影在斜面 P 上的落影情况 $3_0^04_0^0 \parallel$ 斜面 P 的灭线。

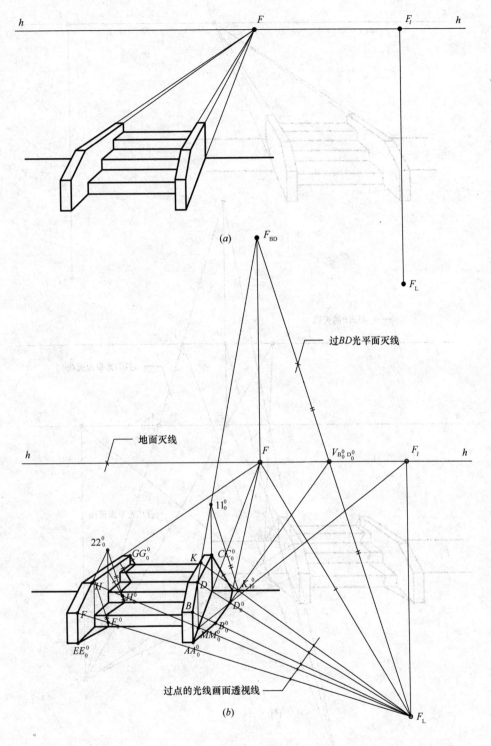

h F F_l h

(a)

F_{BD}

F_L

过BD光平面灭线

地面灭线

h F $V_{B_0^0 D_0^0}$ F_l h

11_0^0

22_0^0 GG_0^0 K CC_0^0

K_0^0

D

B

D_0^0

F^0 E^0 B_0^0

H^0

MM_0^0

EE_0^0 AA_0^0

F_L

过点的光线画面透视线

(b)

图 11-22

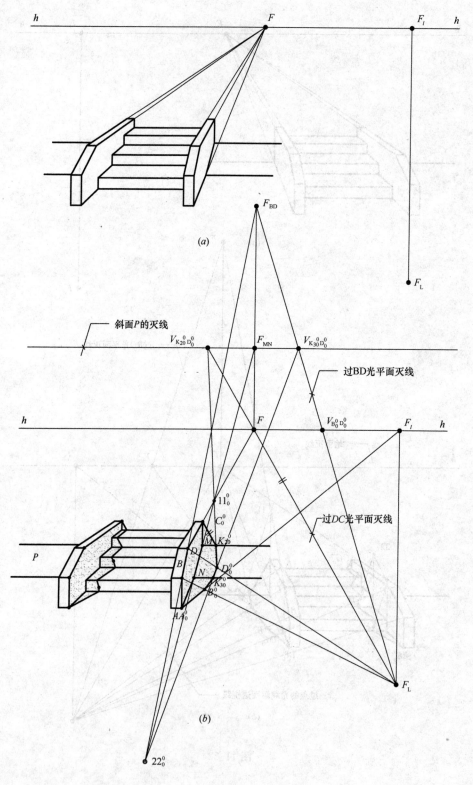

图 11-23

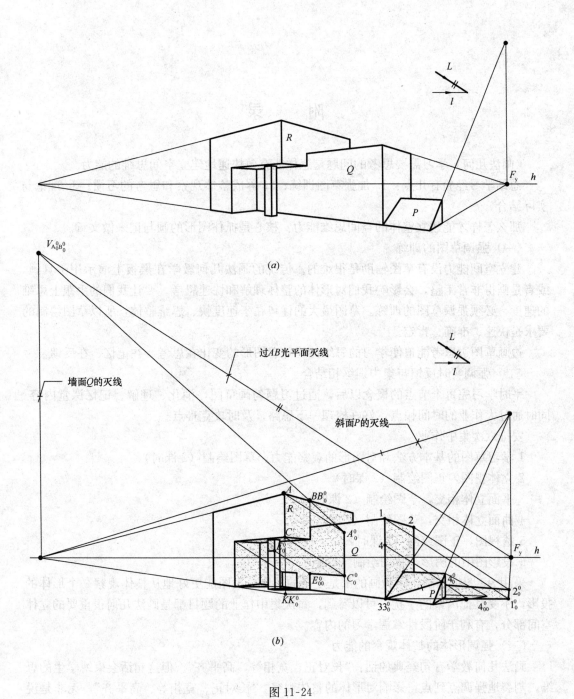

图 11-24

附　　录

《画法几何》学习需要思考的问题是怎样能有效快速地建立空间思维的能力。

总结学习经验有几点：1. 加强草图训练；2. 养成整体观察和思考的习惯；3. 理论与实际结合。

那么怎样才能建立整体的空间思维能力？核心是抓住图形的画与记来做文章。

（一）强调草图的训练

建立空间能力没有草图辅助是很难的。传统的画法几何教学在黑板上演示用工具画，或者是画得非常工整，会影响我们对形体的整体理解和快速思考。要让我们的手跟上思维的速度，必须强调草图的训练。草图最大的优势在于速度快、思维整体，所以草图绘制的要求是快速、准确、肯定。

边画草图边思考能迫使学习的思维始终随着图形的变化在思考、在记忆、在反馈。

（二）强调实时反馈与集中训练相结合

平时学习完每个节点的概念以后，通过习题勾画草图，消化、理解、记忆课堂内容。同时通过大作业的时间顿点，好好梳理一下思路，及时攻克难点。

安排六次集中作业

1 学习草图的基本方法和对图形的观察能力，草图绘制（2课时）。

2 立体视图，正图绘制（2课时）。

3 平面立体相交，草图绘制（2课时）。

4 曲面立体相交，草图绘制（2课时）。

5 透视图，正图绘制（2课时）。

6 投影图中的阴影，草图绘制（2课时）。

采用A3图纸绘制，因为画的都是复杂的形体，大图能更好地从整体观察一个形体的投影，不受其他因素的干扰。可以看到，每次集中作业的题目都是画法几何很重要的立体空间部分，有利于阶段性掌握学习的内容。

（三）强调形体的整体观察的能力。

画法几何教学有句经典的话："长对正、宽相等、高平齐"。但这句话会束缚学生的思维，割裂地强调点到点，影响对形体的整体观察。"长对正、宽相等、高平齐"，无非是说的同一个形体长、宽、高的尺寸相等。所以在作立体的三面投影图的时候，强调的是三张投影图。而不是一张纸上画三个投影图，位置对正，从而保持尺寸一致。这两个概念的根本区别是前者强调的是读取数据，是从整体观察一个形体。例如读取俯视图点与点的长度差，在前视图中量取差值，确定点。而不是画投射线对投影到前视图上。

（四）强调图本身

图的表达永远比文字直观、易懂。文字语言不如口头语言易懂，口头语言不如图形说明问题。在学习中，抓住图形的表达，基本不用出现文字，甚至字母。同一条线、同一个点的投影用同一种颜色的笔、或同一种线型表示，直观、简单、明确。学画法几何最忌讳的是思维不断在文字和图形之间转换，这样只会增加大脑的翻译功能，而忽略了对图形整体的思考。

实例分析：

下面讲几点理论知识和实例的结合的例子。

（一）立体三视图的读法

学习立体三视图对建立空间概念，提高读图、画图能力十分重要。立体三视图的作法如结合轴测图的端面法来理解，对于从投影到立体的理解就简单直观而有效了。如附图1所示，已知立体的前视图和左视图，利用前视图封闭线框表达的是一个面，采用端面法画出轴测图的前面，然后拉宽度，照左视图画出左边的面来，立体图自然就出来。同理也能从左视图出发来画。抓住形体的关键，所有视图的外轮廓线优先考虑是积聚性的面的思考方法是有效的。此法和建筑制图的思维方法是一致的。

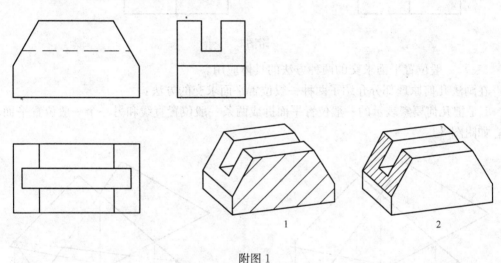

附图1

当然，作轴测图只是学习过程的辅助手段，最终目的是要求能通过读立体的两面投影图直接在脑中呈现立体的形象而作出第三面投影图。

（二）点在线上的两点特性的应用。

点在线上的两点性质：从属性和定比性。我们都知道从属性在立体求交当中的重要性。那定比性的应用在什么地方呢？在工程实际应用当中，简单直观是最重要的。因而在立体的求交中，应多利用从属性的方法来求交。而定比性最重要的应用，是画草图时整体观察的一个方法。一开始就用正图来做画法几何题目的学生，不但因为作图工具不断在图上移动，影响了观察整体，而且因为作图能力比较差，在两个视图当中对点的投影的时候误差很大。这就造成学生解题方法知道，却找不到点投影的错误，建立不起立体的形象，做不出题目的困境。如果用草图来作投影，采用读数的方法对点的投影，同时结合定比性的观察方法来分析点投影的大致位置，误差小，思考整体，不至于因作图误差大而陷入死胡同。如附图2所示，先观察俯视图，作斜面上的最大斜度线 L 利用定比性目测各点在 l 上的大致高度位置，从而先行了解各点在 l' 上的大致位置，再利用点在线上、线在面上的从属性，勾画辅助线来求。作图时采用读数法。

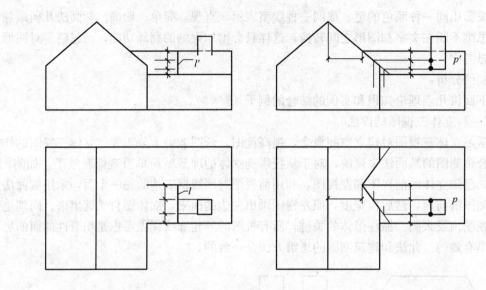

附图 2

（三）一般位置平面求交的两种方法的具体应用。

在画法几何原理部分介绍了两种一般位置平面求交的方法：

1 是把几何要素表示的一般位置平面拆成两条一般位置直线和另一个一般位置平面求交；如附图 3。

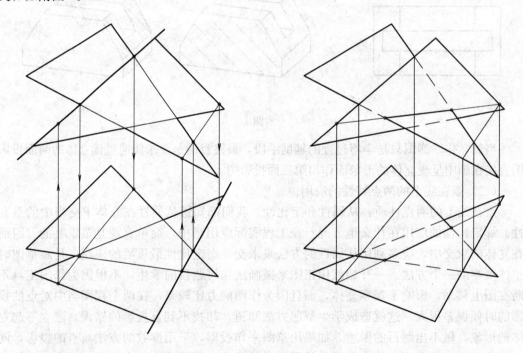

附图 3

2 是用作水平截面的方法，分别求出两个一般位置平面在等高面上的水平线来确定交点，从而定交线。如附图 4 所示。

180

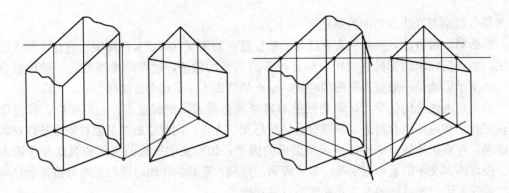

附图 4

这两种方法因为第一种方法几何形比较强，教材篇幅比较多，所以学生往往纠结于这个方法的学习。但在实际工程中求交线应用的唯一方法是作截平面的方法。这个方法可以推广到所有的平面立体与平面立体求交、平面立体与曲面立体求交、曲面立体与曲面立体求交当中。如附图 5 所示屋面求交：

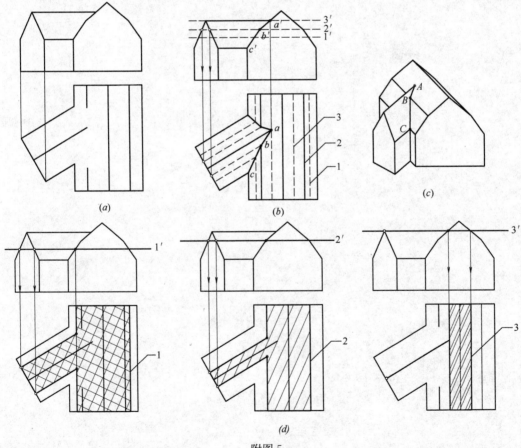

附图 5

所以在立体求交的学习中，应强调作截平面的观点，复杂立体的不同位置的水平截面、正平截面、侧平截面都要会作，从而定出立体的交线。通过作不同位置的截平面练习，能在众多理论、方法堆积中，理清学习的重点，很好地建立空间概念。同时，这些截

181

平面是以后学习立体剖面图的基础。

那么第一种方法，一般位置直线与一般位置平面求交点的意义在哪呢？它在工程上的应用，主要是在求阴影的题目中。如正投影的阴影的做法，过点的光线是条一般位置直线，如果承影面是一般位置平面的时候，求点的落影不正是这个方法吗？

总之，画法几何的学习，需要把整本教材融会贯通，把握重点，前后呼应，反复印证，把理论和应用结合起来，掌握解题的技巧和切入点；同时要始终把握对图形整体观察的要求，有意识地摒弃一些影响观察图形的因素：如前文中所提的局部的观察和作图方法、强调语言文字的思考方法等。养成眼到、脑到、手到的作图习惯和思维习惯是学好画法几何的关键。为后续的专业课程学习打好基础。

高等院校卓越计划系列丛书

画法几何习题集

黄　絮　施林祥　主编

中国建筑工业出版社

画法几何习题集是画法几何教材的配套习题集。画法几何习题集主要包括以下几部分：一、立体视图（三面正投影图）；二、点、线、平面、曲面的基本原理的习题；三、立体求相贯线和工程实例求交；四、立体轴测投影图；五、立体透视投影图；六、投影图中的阴影（正投影图阴影的作法和透视图阴影的作法）。

　　本习题集和画法几何教材紧密结合，习题集题量大，重点突出，强调作图和读图能力，帮助读者建立空间概念，同时将投影原理熟练地运用到工程设计作图和读图中。能很好地体现教材的编写思路，达到教材的教学目标。

前　　言

　　《画法几何习题集》与《画法几何》教材配套使用。

　　本习题集与《画法几何》教材在教学结构和教学内容上紧密结合，能很好地贯彻教学的意图，辅助提高教学效果。在每个教学计划的节点都安排了相应的大作业，其中 P1、P37、P67、P80、P87、P92、P97 宜采用 A3 图纸，从题目到解答绘制。和教学要求相一致。

　　本习题集以立体为核心，围绕工程的抽象形体做文章，强调解决空间问题的能力和作图的能力。以立体视图和立体求交为基础，辅之以轴测图、透视图和投影图中的阴影等表现手法，帮助学生系统地建立空间概念。所有的习题都具有典型性和实践性的特性，由浅入深，由理论到实践，能满足画法几何教学和学习的深度、广度。

　　本习题集由浙江大学建工学院长期从事图学基础教学研究的黄絮教师、施林祥老师编写。凝聚了浙江大学建工学院建筑制图教研室各位前辈的教学经验和教学实践的成果。适合作为各高等院校、函授大学、高职高专土建类等专业的画法几何教材配套习题集。

目　录

一、(配套教材第 2 章习题 2) 草图图线练习 …………………………………………………………………… 1

二、(配套教材第 3 章习题 3) 视图练习 …………………………………………………………………… 2

三、(配套教材第 4 章习题 4) 轴测图练习 …………………………………………………………………… 34

四、(配套教材第 5 章习题 5) 点、线、面练习 …………………………………………………………… 38

五、(配套教材第 6 章习题 6) 平面立体求交练习 ………………………………………………………… 57

六、(配套教材第 7 章习题 7) 曲线、曲面练习 …………………………………………………………… 68

七、(配套教材第 8 章习题 8) 曲面立体求交练习 ………………………………………………………… 71

八、(配套教材第 9 章习题 9) 投影变换练习 ……………………………………………………………… 81

九、(配套教材第 10 章习题 10) 透视图练习 ……………………………………………………………… 88

十、(配套教材第 11 章习题 11) 投影图的阴影练习 ……………………………………………………… 93

草图绘制建筑立面

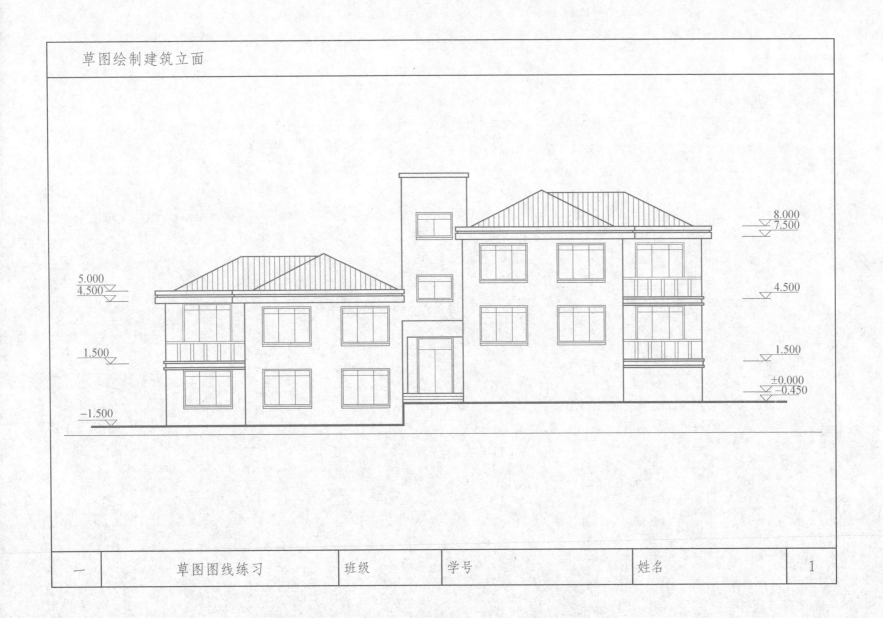

| 一 | 草图图线练习 | 班级 | 学号 | 姓名 | 1 |

将视图与立体图一一对应,并补出第三视图

| 1 | 2 | 3 |

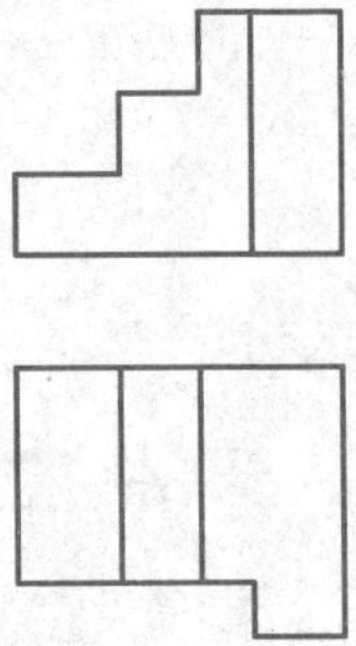

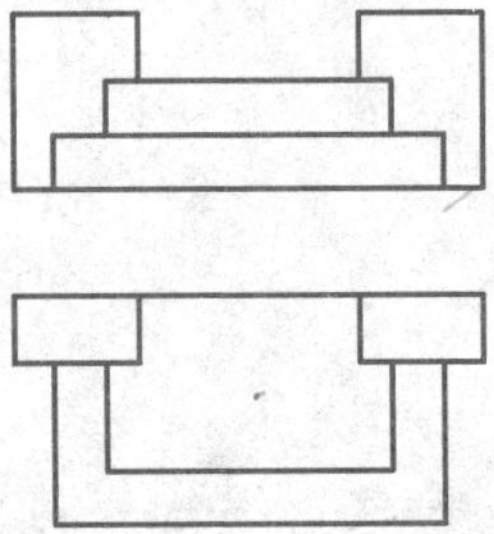

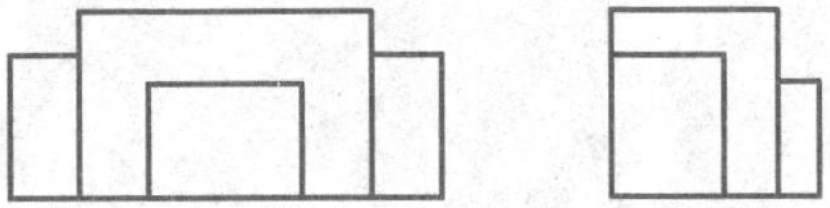

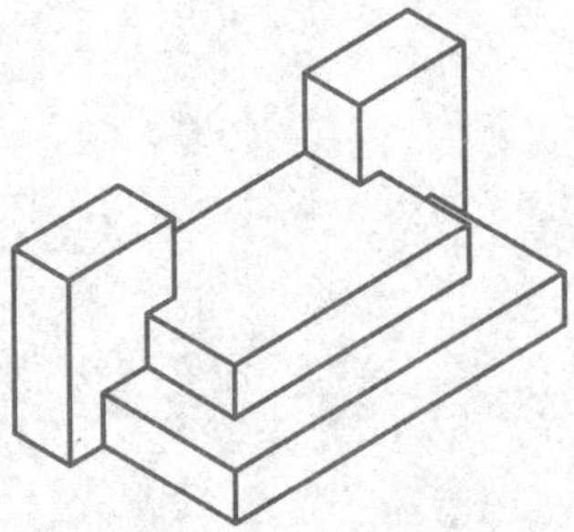

( )

( )

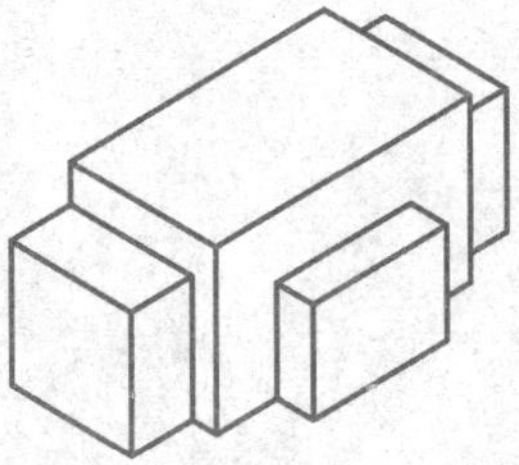

( )

| 二 | 视图练习 | 班级 | 学号 | 姓名 | 2 |

将视图与立体图一一对应,并补出第三视图

1

2

3

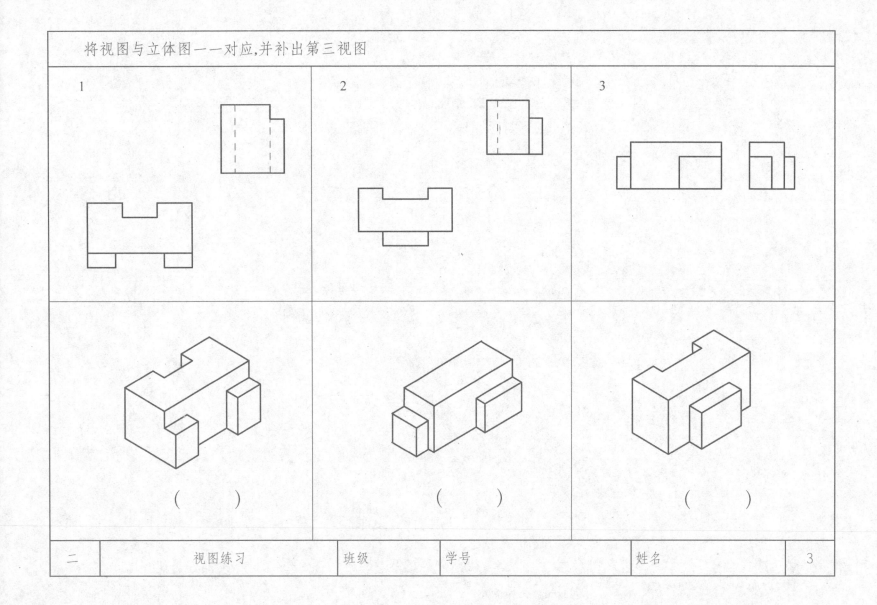

( )

( )

( )

| 二 | 视图练习 | 班级 | 学号 | 姓名 | 3 |

根据立体图画出立体的三视图

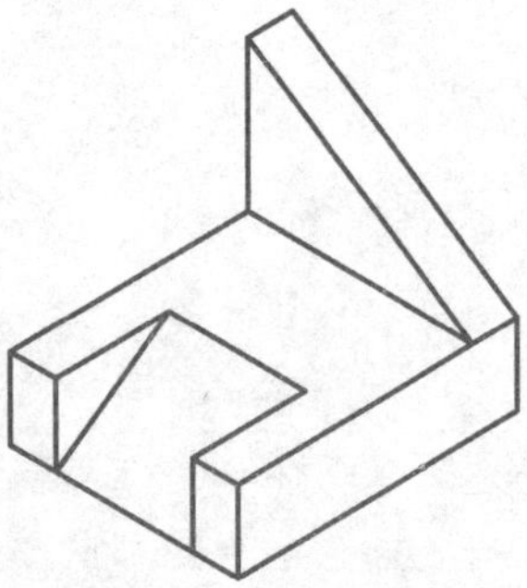

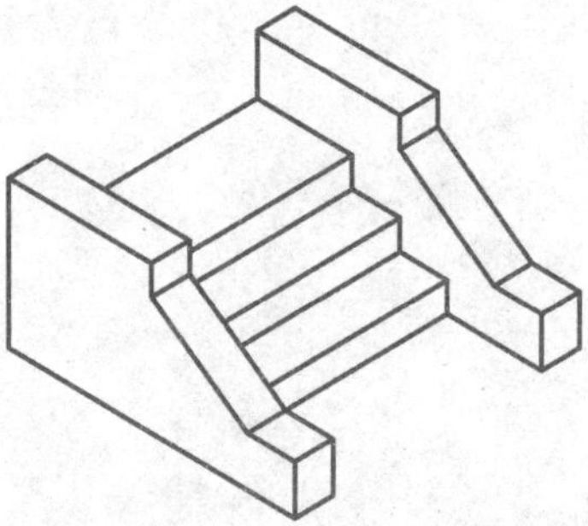

| 二 | 视图练习 | 班级 | 学号 | 姓名 | 4 |

根据立体图画出立体的三视图

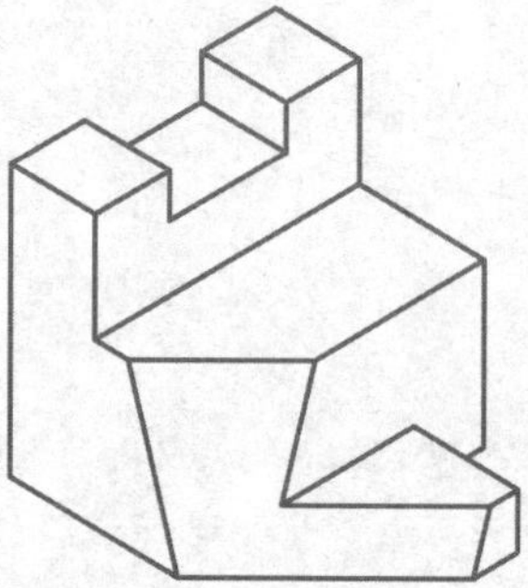

| 二 | 视图练习 | 班级 | 学号 | 姓名 | 5 |

根据立体图画出立体的三视图

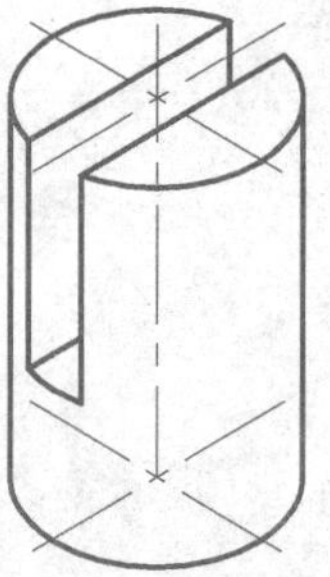

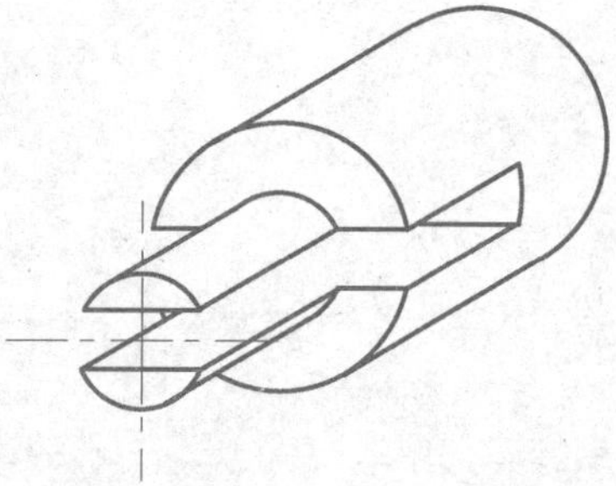

| 二 | 视图练习 | 班级 | 学号 | | 姓名 | 6 |

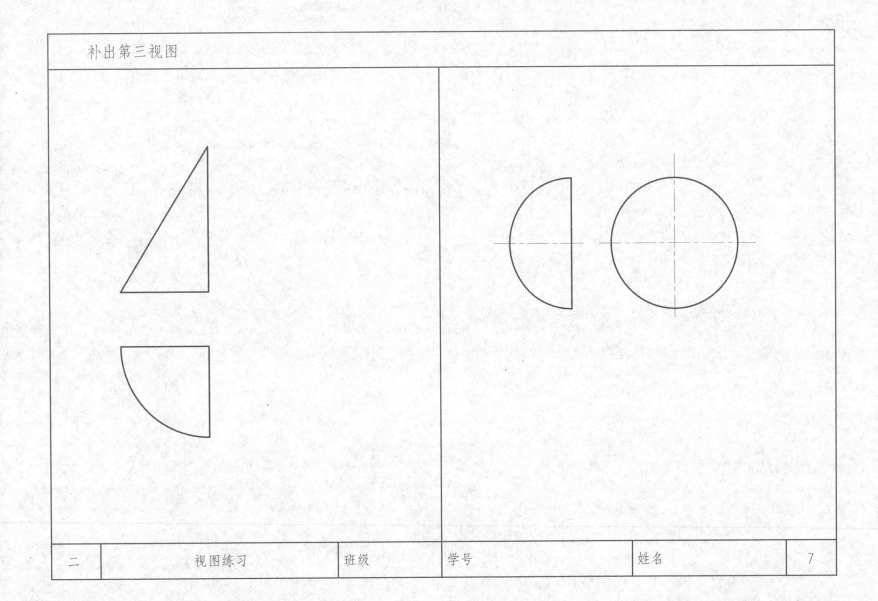

| 二 | 视图练习 | 班级 | 学号 | 姓名 | 7 |

补出第三视图

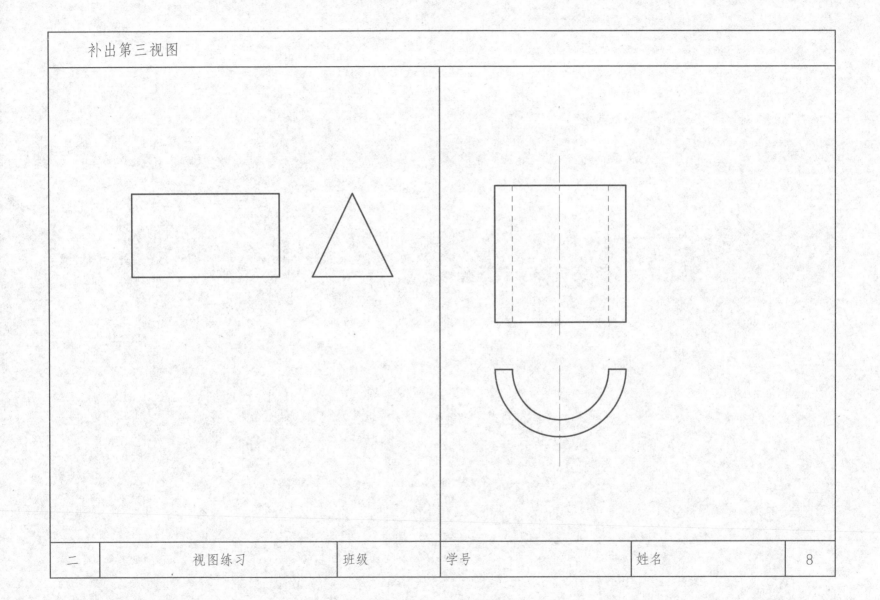

| 二 | 视图练习 | 班级 | 学号 | 姓名 | 8 |

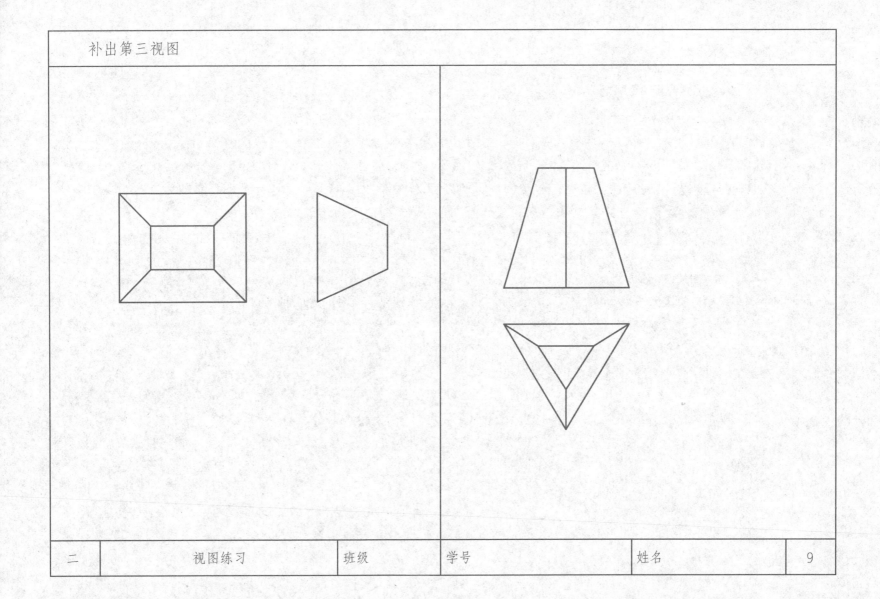

| 二 | 视图练习 | 班级 | 学号 | 姓名 | 9 |

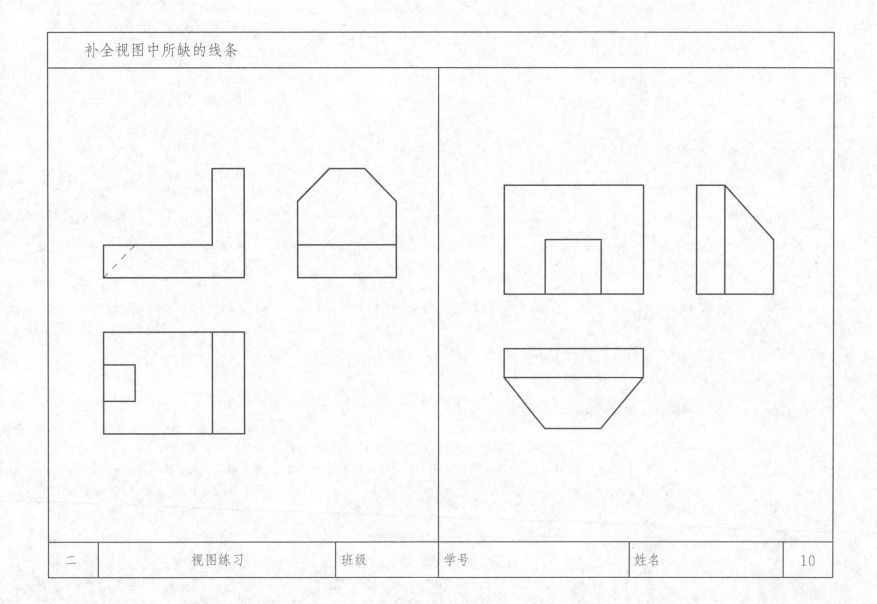

| 二 | 视图练习 | 班级 | 学号 | 姓名 | 10 |

补全视图中所缺的线条

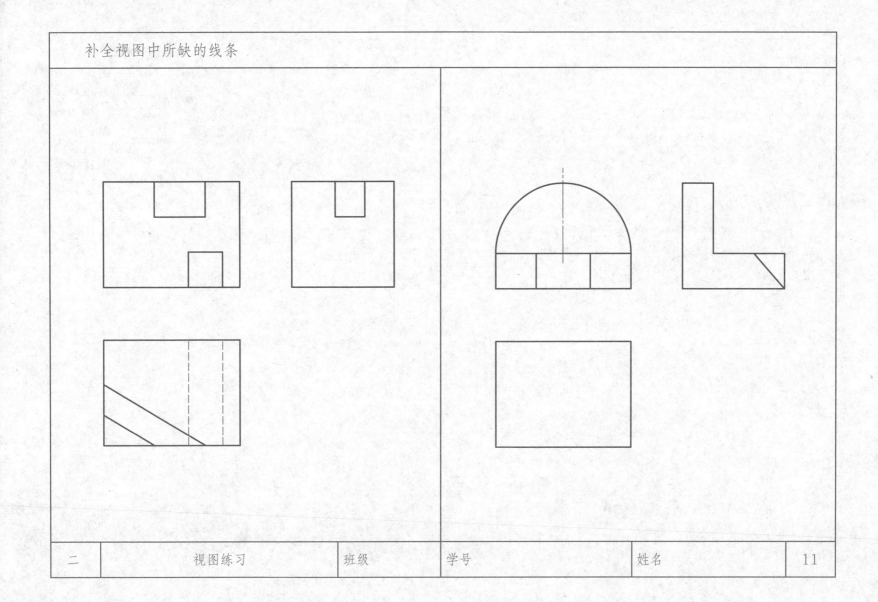

补全视图中所缺的线条

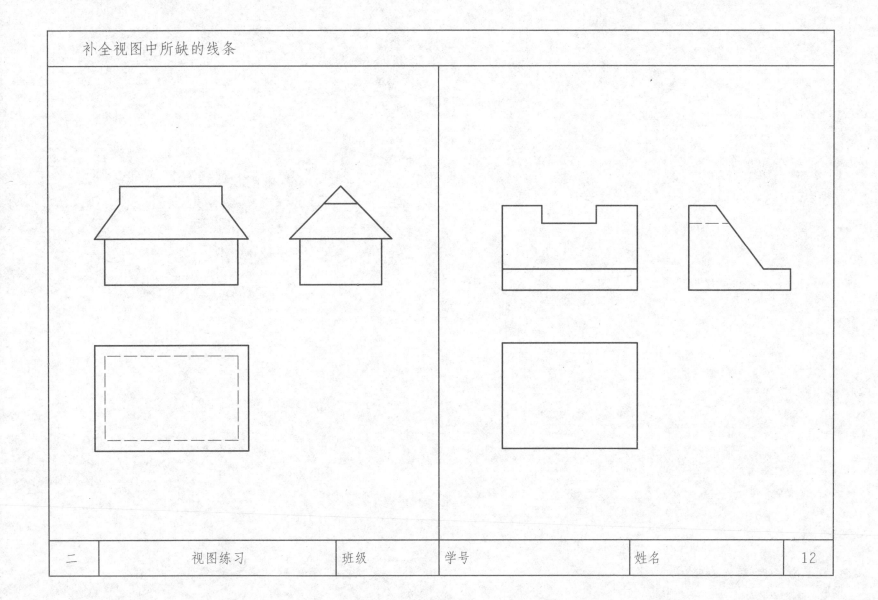

补出第三视图

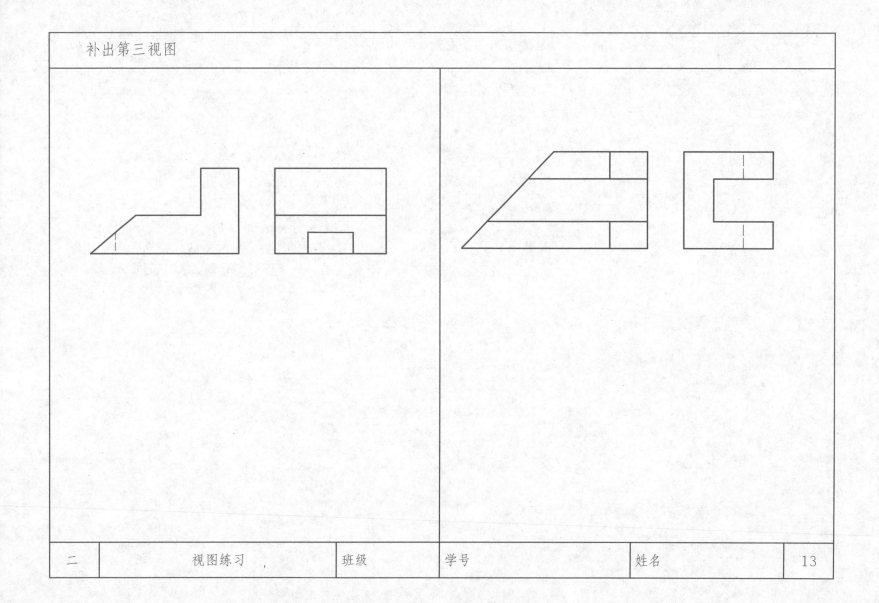

| 二 | 视图练习 | 班级 | 学号 | 姓名 | 13 |

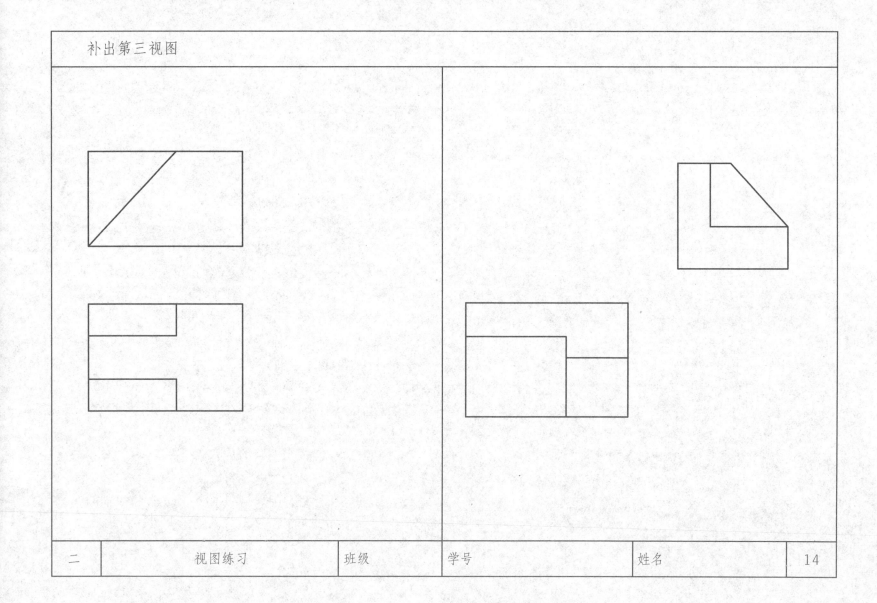

| 二 | | 视图练习 | 班级 | 学号 | | 姓名 | | 14 |

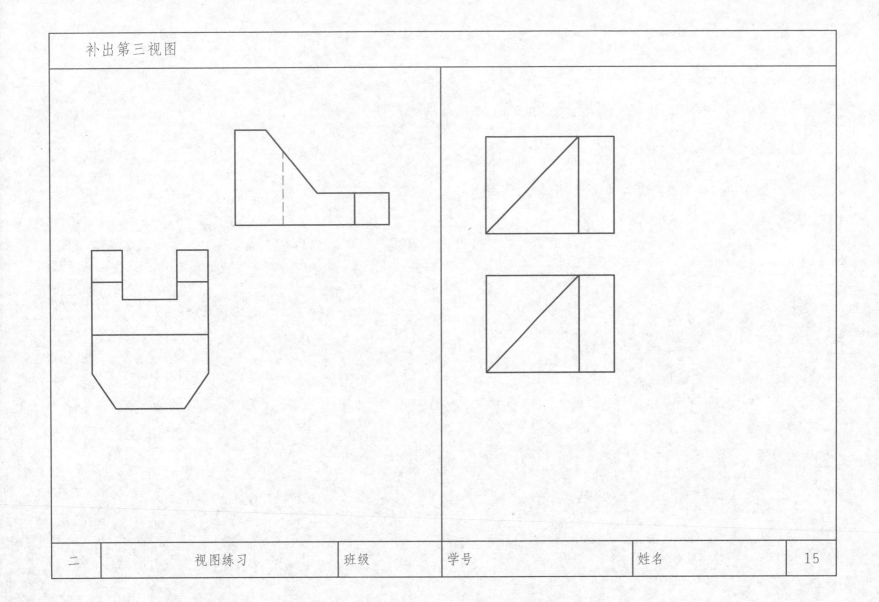

| 二 | 视图练习 | 班级 | 学号 | 姓名 | 15 |

补出第三视图

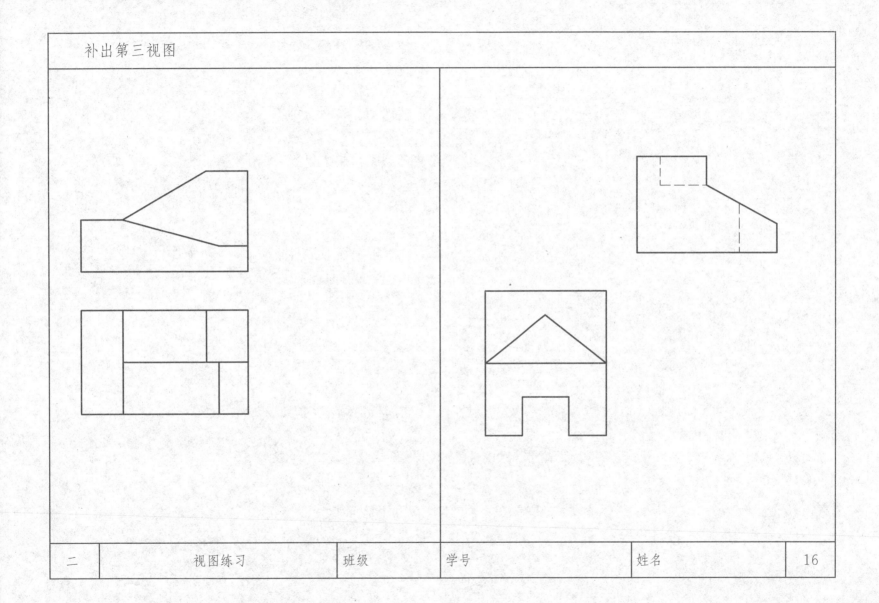

| 二 | 视图练习 | 班级 | 学号 | 姓名 | 16 |

补出第三视图

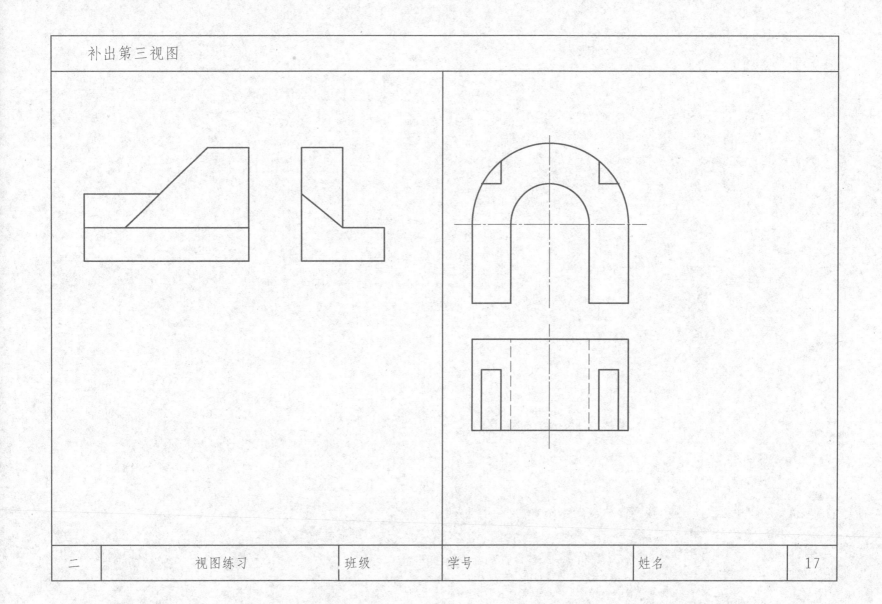

补出第三视图

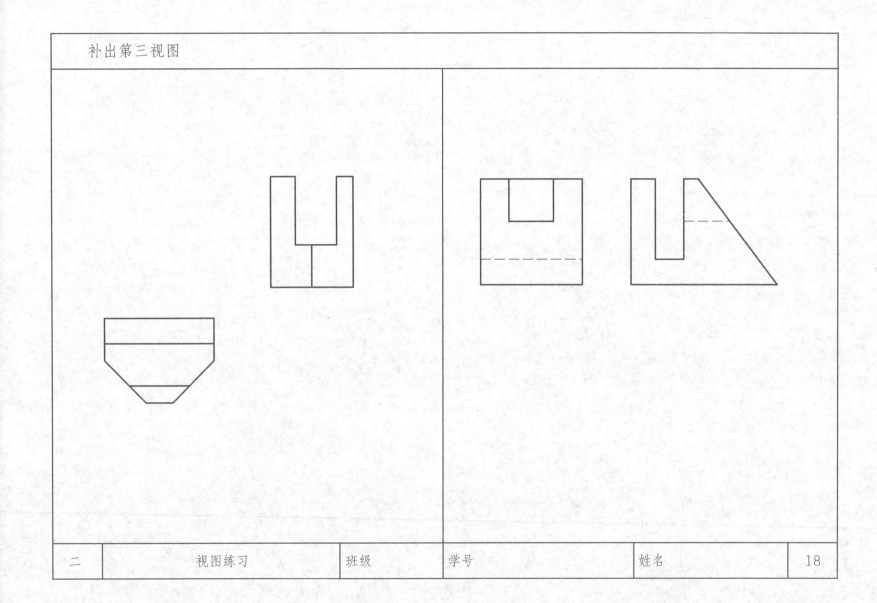

| 二 | 视图练习 | 班级 | 学号 | 姓名 | 18 |

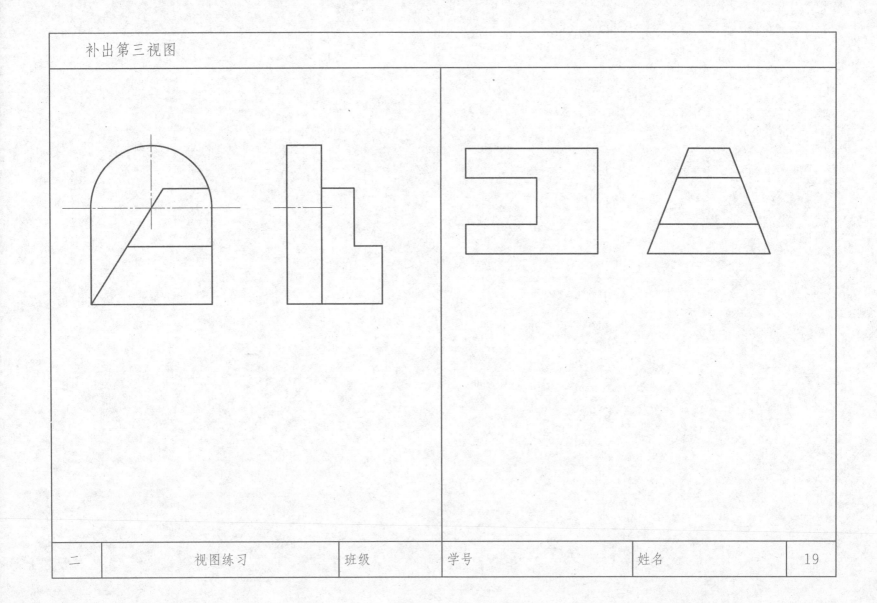

| 二 | | 视图练习 | 班级 | 学号 | | 姓名 | | 19 |

补出第三视图

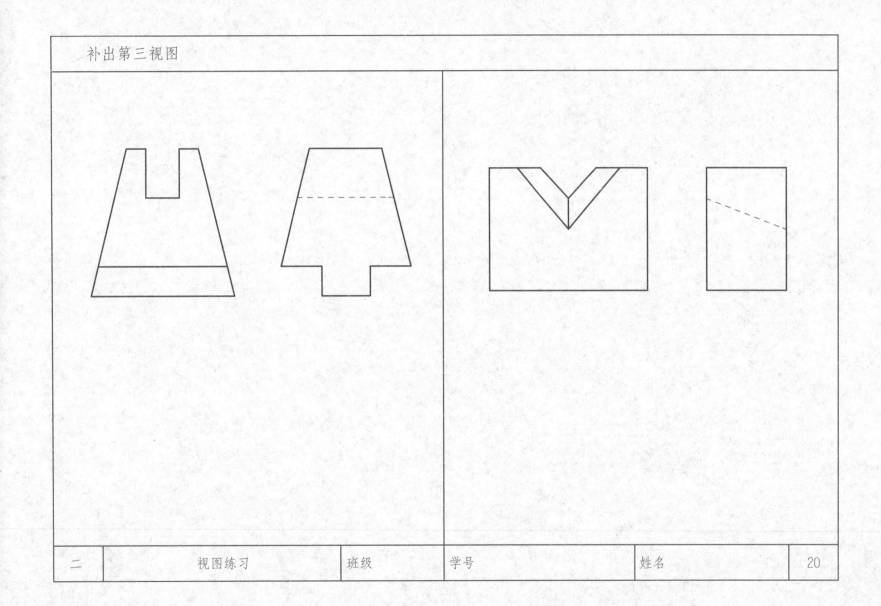

| 二 | 视图练习 | 班级 | 学号 | 姓名 | 20 |

补出第三视图

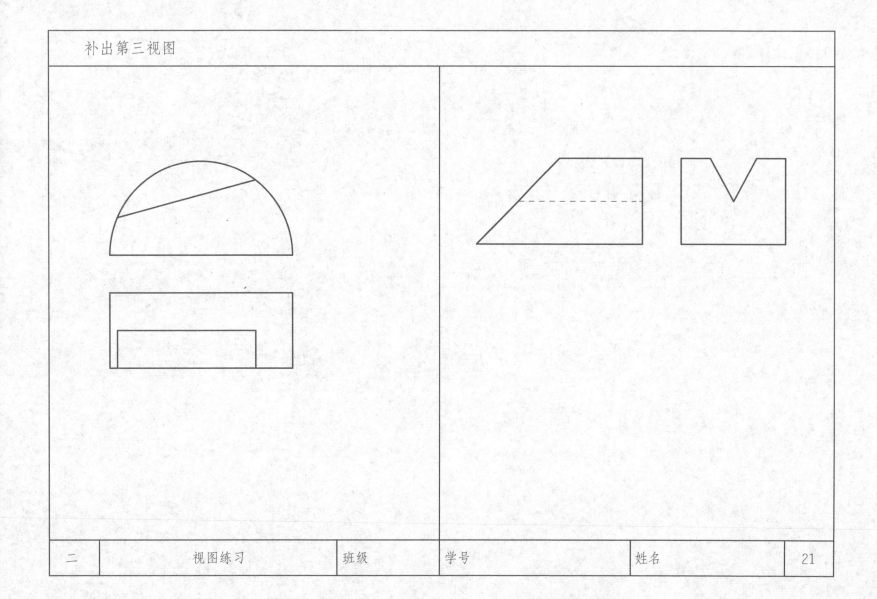

| 二 | | 视图练习 | 班级 | 学号 | | 姓名 | | 21 |

补出第三视图

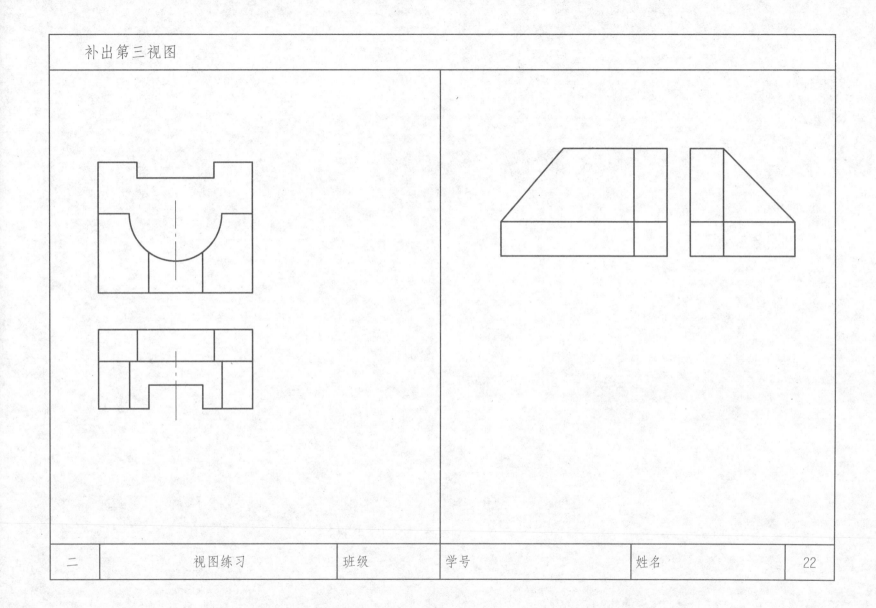

| 二 | 视图练习 | 班级 | 学号 | 姓名 | 22 |

补出第三视图。

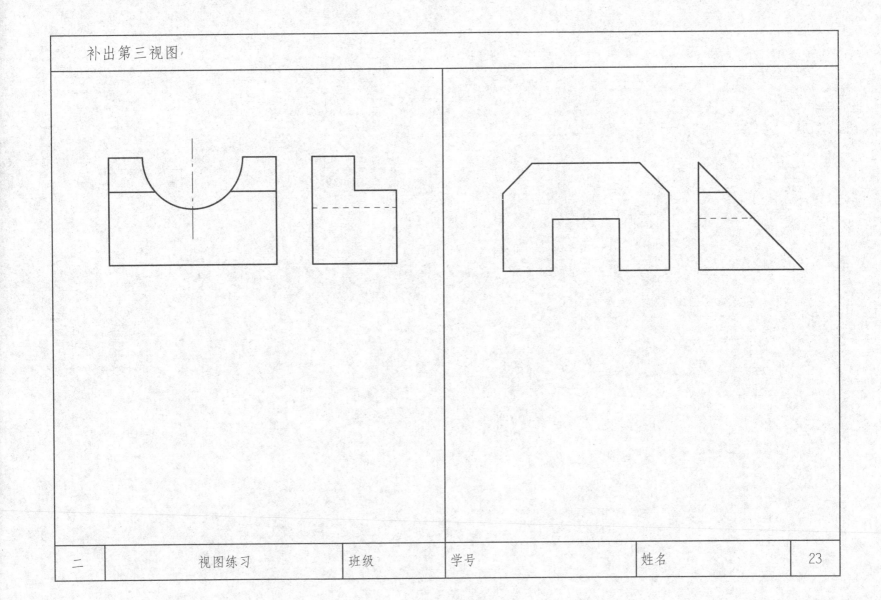

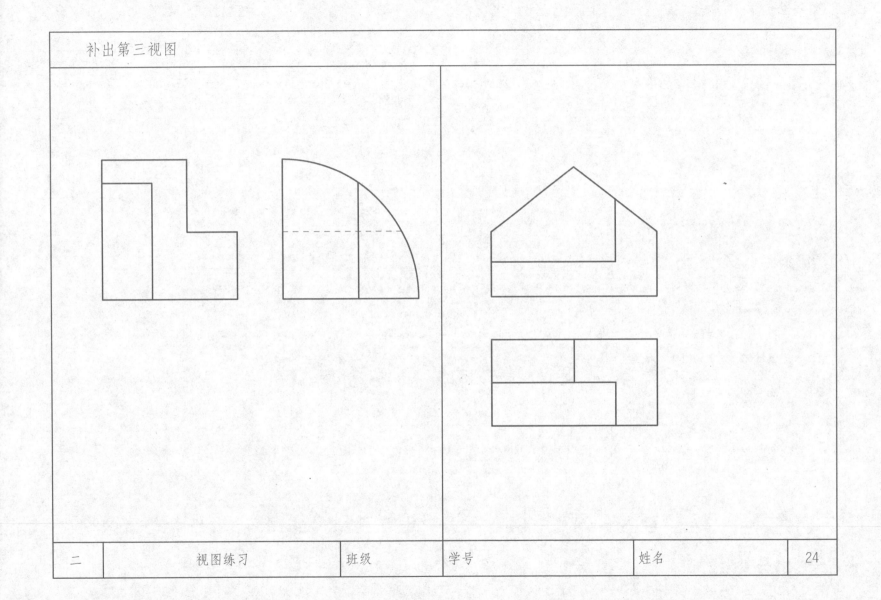

| 二 | 视图练习 | 班级 | 学号 | 姓名 | 24 |

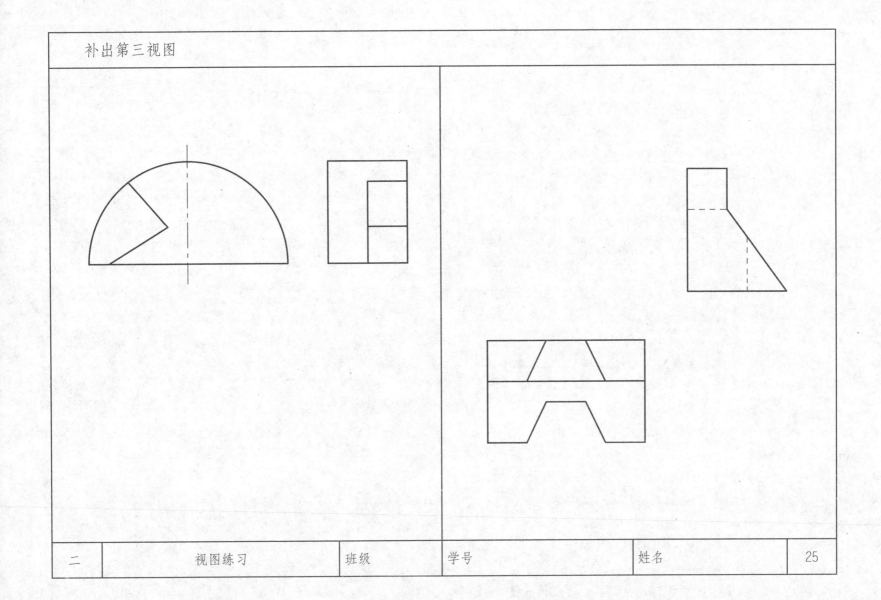

| 二 | 视图练习 | 班级 | 学号 | 姓名 | 25 |

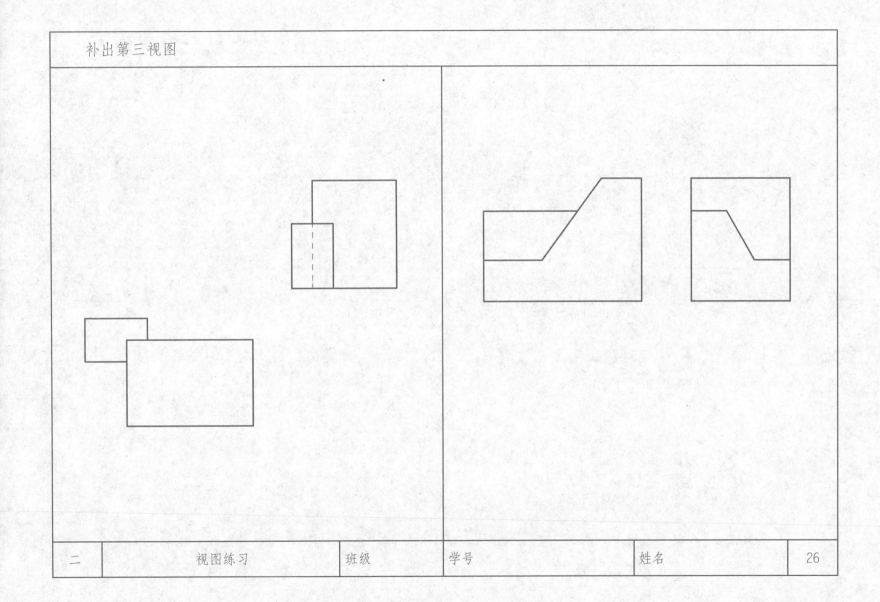

| 二 | 视图练习 | 班级 | 学号 | 姓名 | 26 |

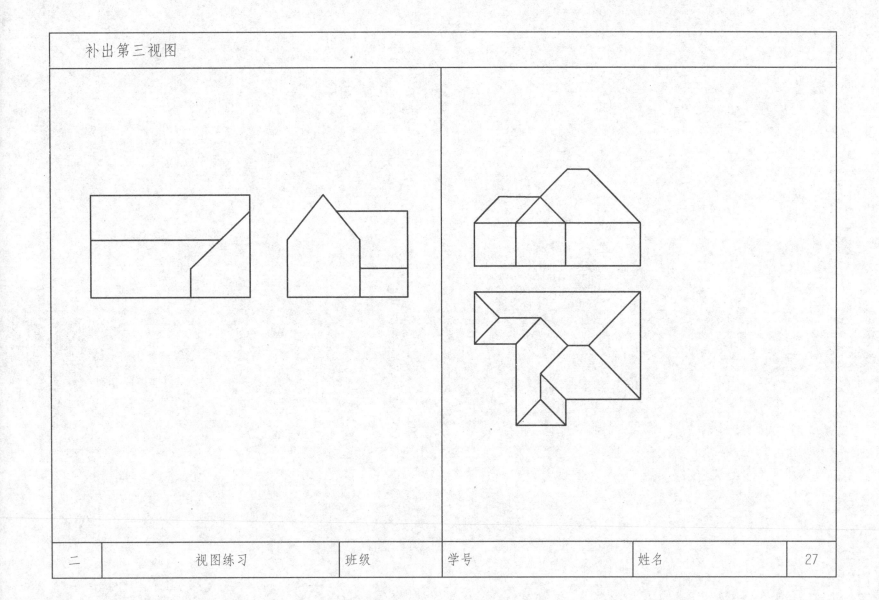

| 二 | 视图练习 | 班级 | 学号 | 姓名 | 27 |

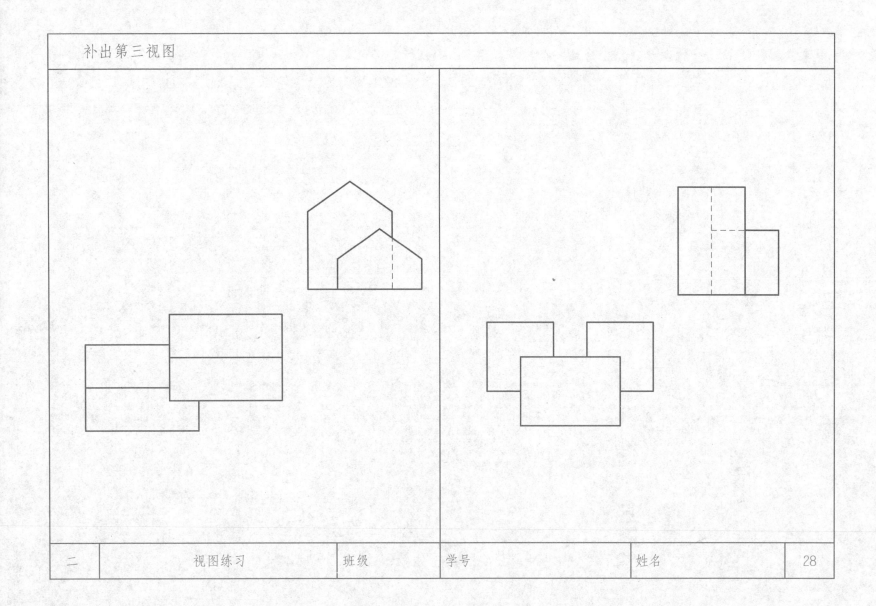

| 二 | 视图练习 | 班级 | 学号 | 姓名 | 28 |

补出第三视图

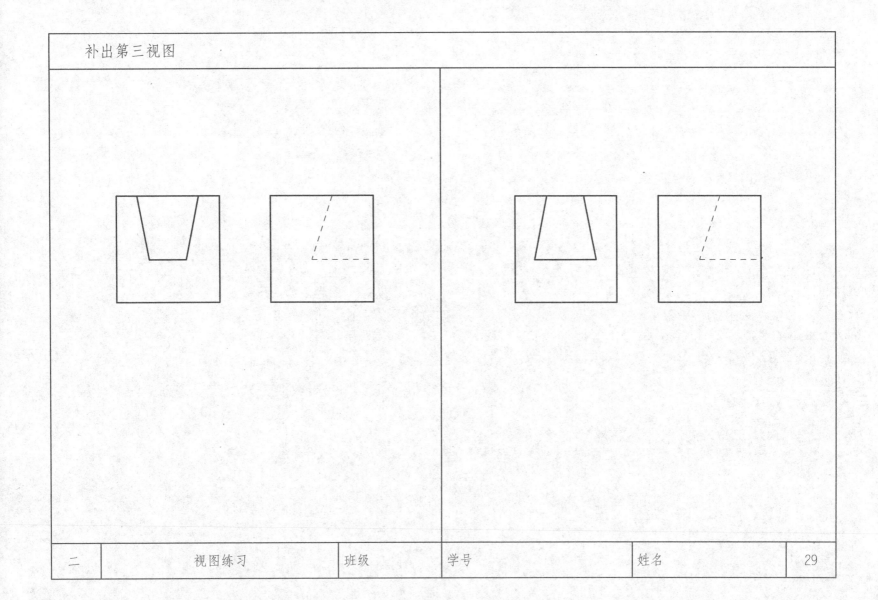

补出第三视图

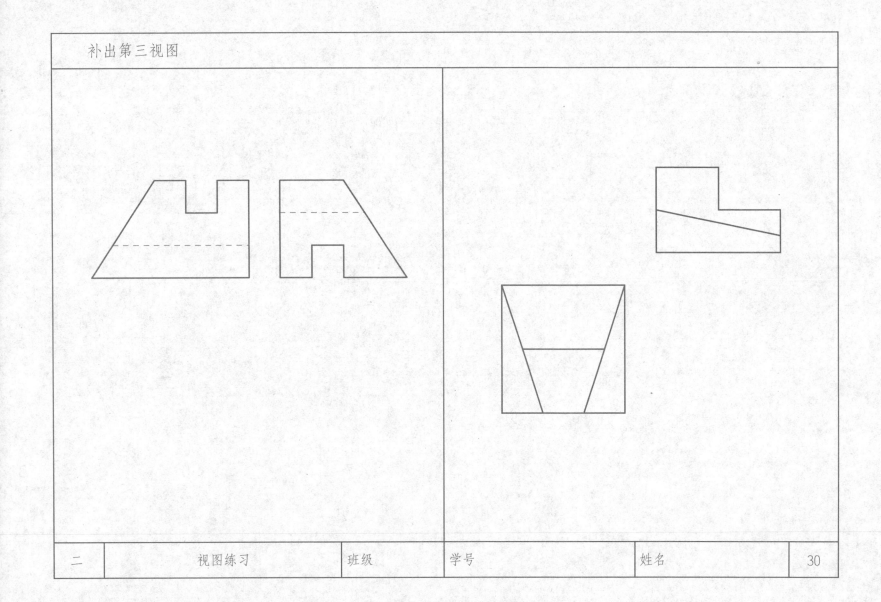

| 二 | 视图练习 | 班级 | 学号 | 姓名 | 30 |

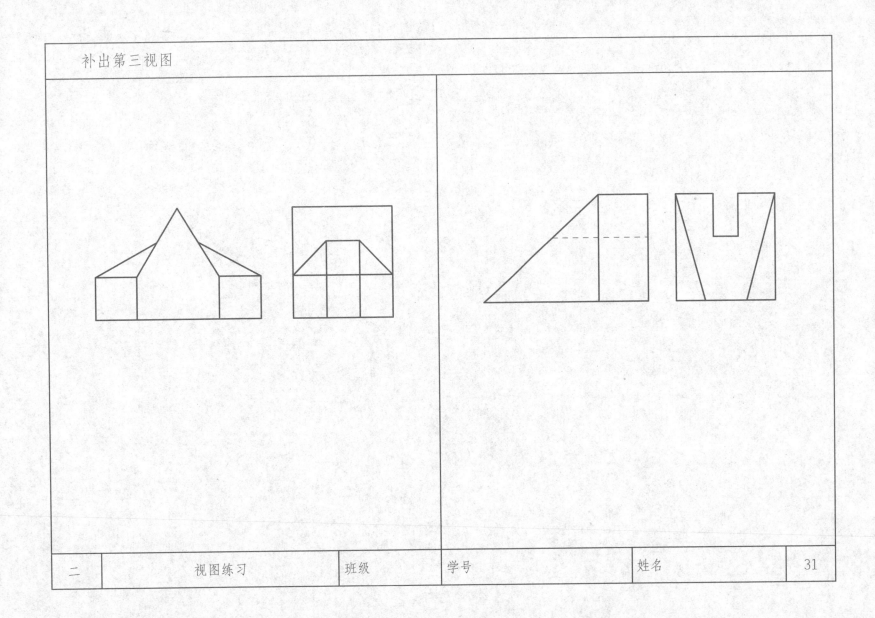

| 二 | 视图练习 | 班级 | 学号 | 姓名 | 31 |

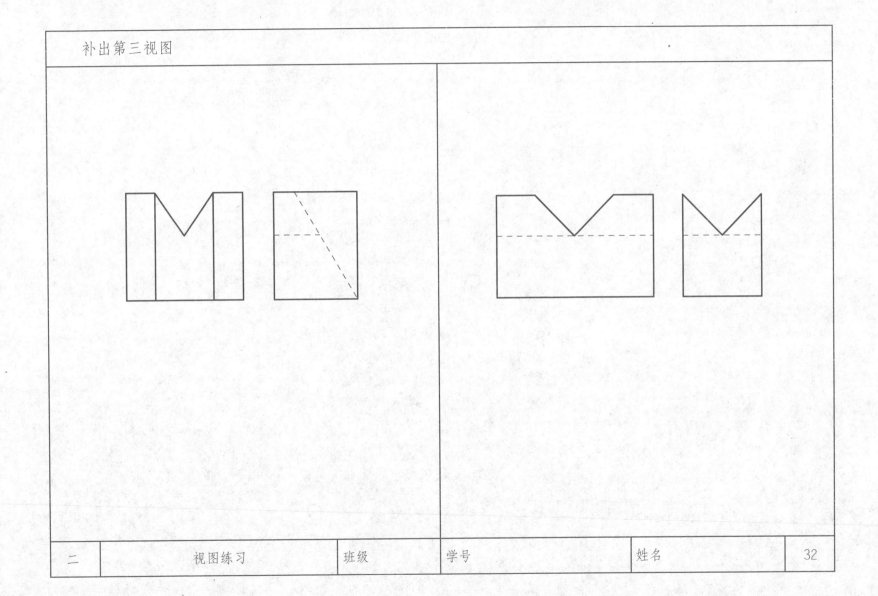

| 二 | 视图练习 | 班级 | 学号 | 姓名 | 32 |

补出第三视图

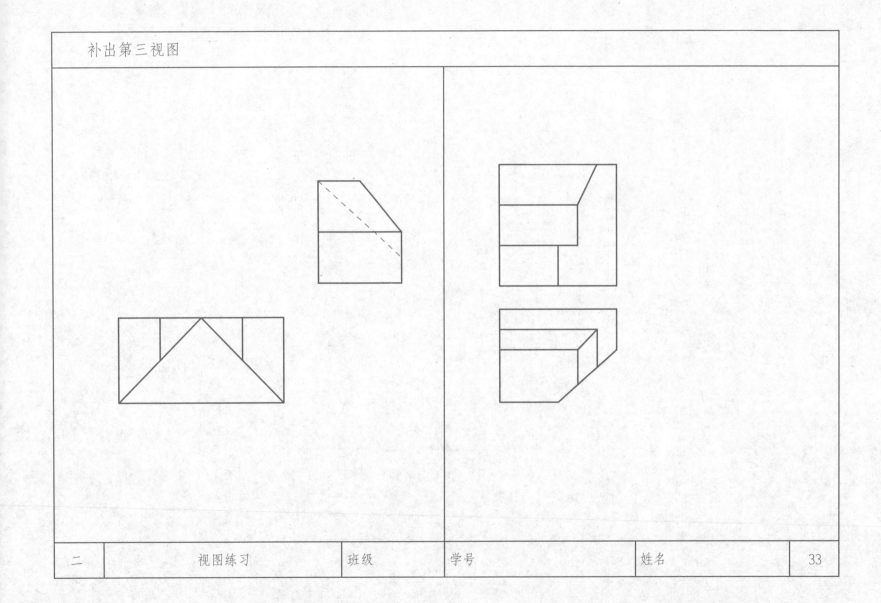

| 二 | 视图练习 | 班级 | 学号 | 姓名 | 33 |

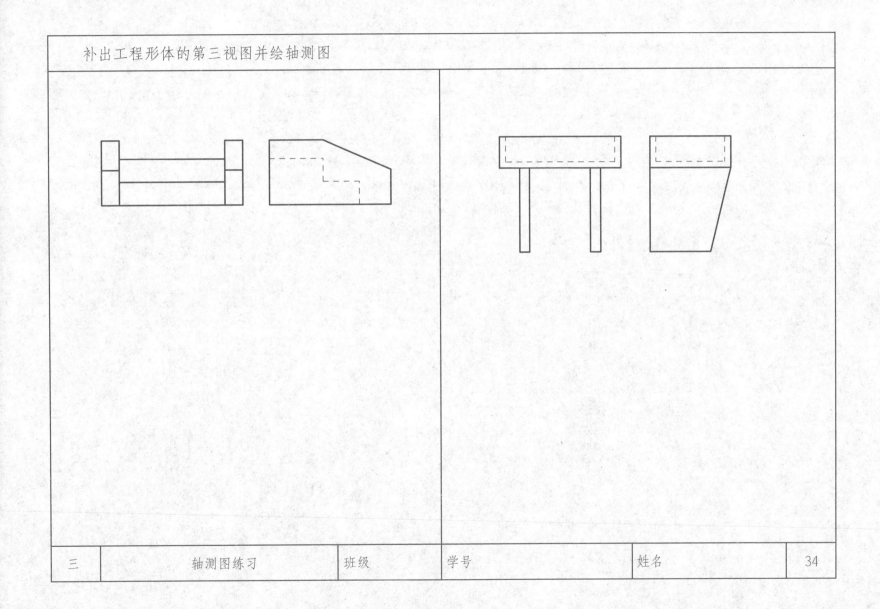

| 三 | 轴测图练习 | 班级 | 学号 | 姓名 | 34 |

补出工程形体的第三视图并绘轴测图

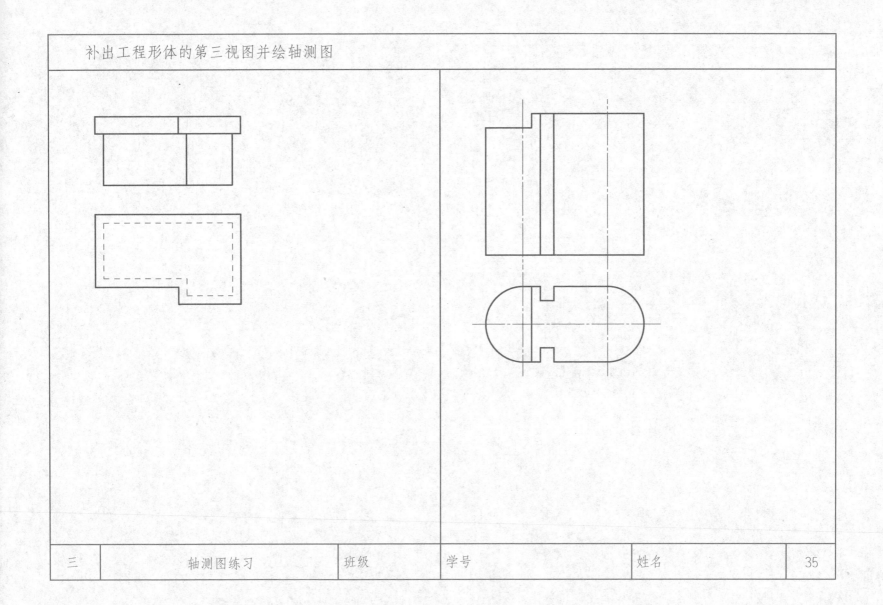

补出工程形体的第三视图并绘轴测图

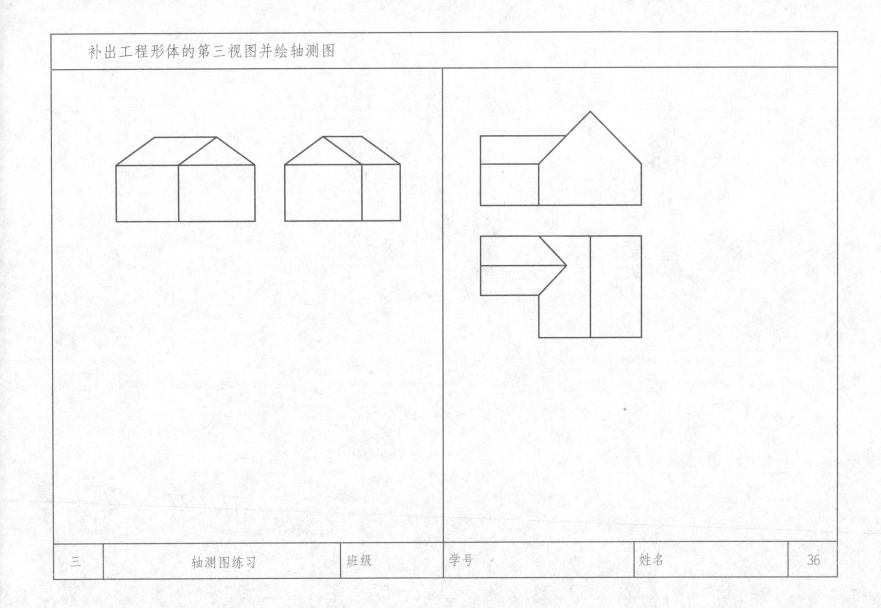

| 三 | 轴测图练习 | 班级 | 学号 | 姓名 | 36 |

完成立体的俯视图和轴测图

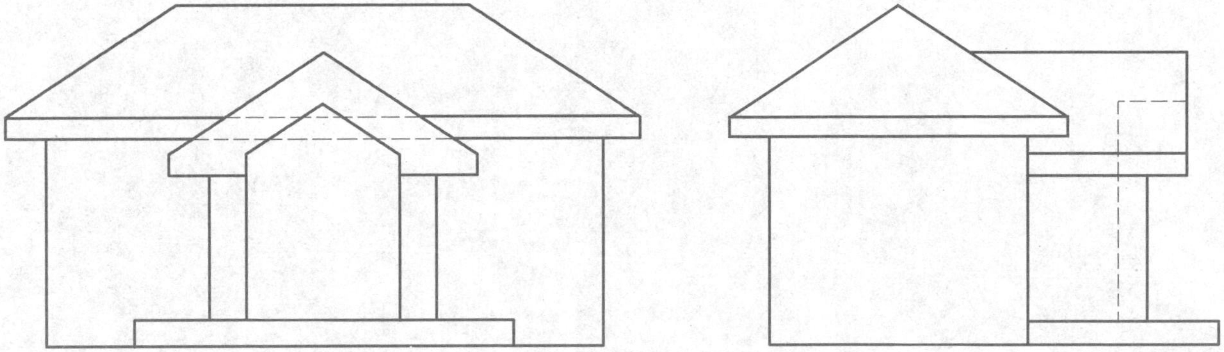

| 三 | 轴测图练习 | 班级 | 学号 | 姓名 | 37 |

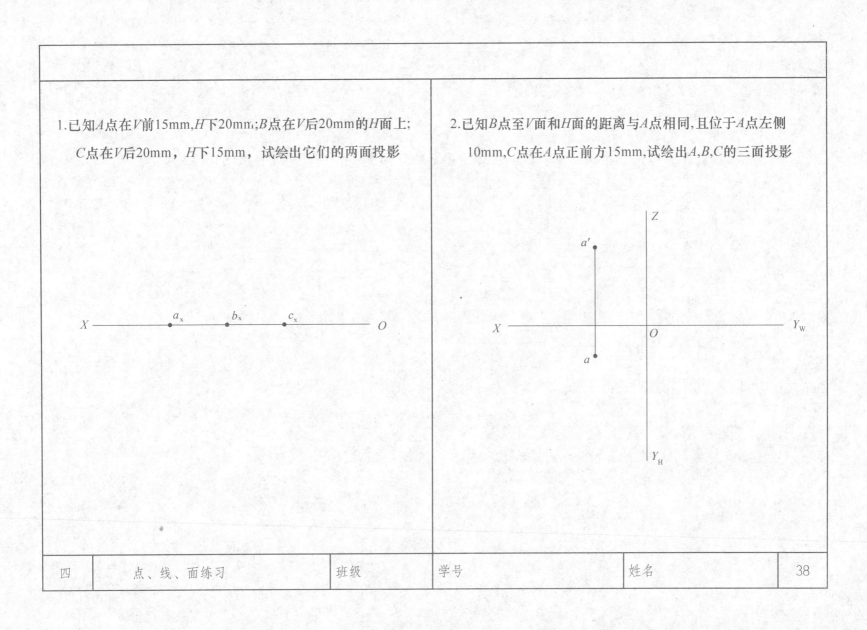

1.已知A点在V前15mm,H下20mm;B点在V后20mm的H面上;
　　C点在V后20mm，H下15mm，试绘出它们的两面投影

X ——————a_x——————b_x——————c_x——————O

2.已知B点至V面和H面的距离与A点相同,且位于A点左侧
　　10mm,C点在A点正前方15mm,试绘出A,B,C的三面投影

Z

a'

X —————————O————————— Y_W

a

Y_H

四	点、线、面练习	班级	学号	姓名	38

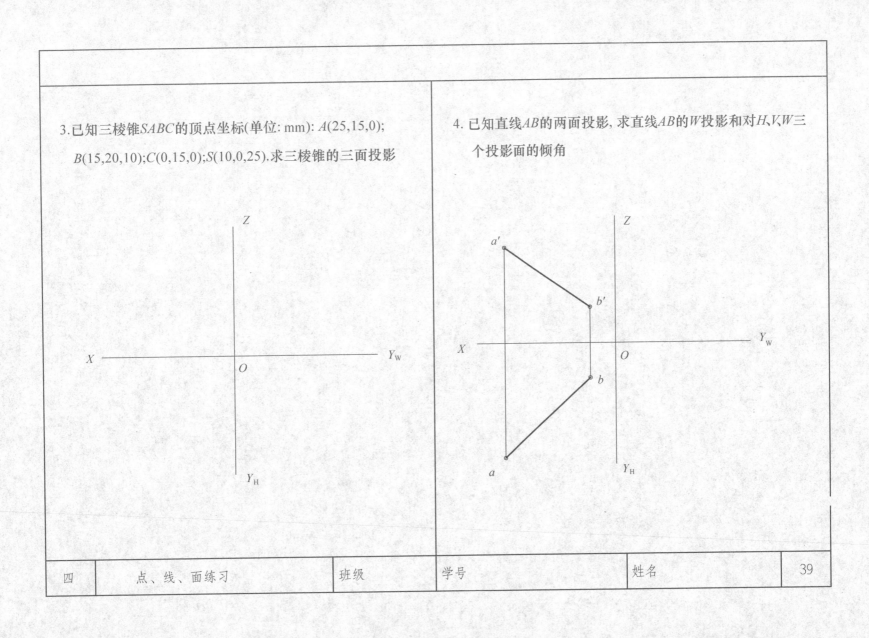

3.已知三棱锥SABC的顶点坐标(单位: mm): A(25,15,0); B(15,20,10);C(0,15,0);S(10,0,25).求三棱锥的三面投影

4.已知直线AB的两面投影,求直线AB的W投影和对H、V、W三个投影面的倾角

| 四 | 点、线、面练习 | 班级 | 学号 | 姓名 | 39 |

5. 已知AB平行于V面，α=30°，长度为30mm；

    CD平行于H面，β=45°，长度为20mm；

    试绘出AB、CD的两面投影

6. 已知直线AB对V面倾角β=30°，求作a'b'，并讨论当θ<β，

    θ=β，θ>β时的解答情况

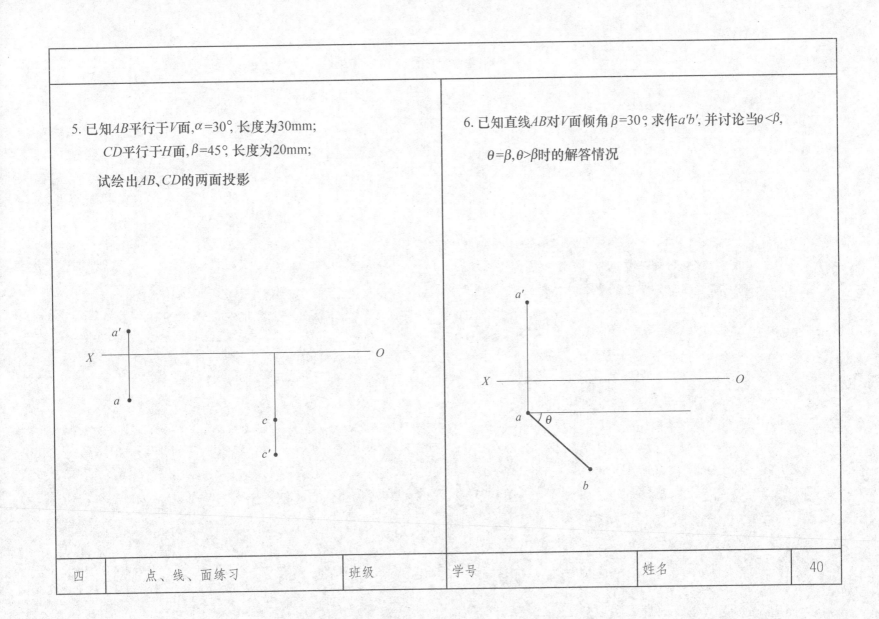

| 四 | 点、线、面练习 | 班级 | 学号 | | 姓名 | 40 |

7. 若线段AB向A端延长, 将进入第__象限;

若线段AB向B端延长, 将进入第__象限;

并求出其在第一象限部分的实长

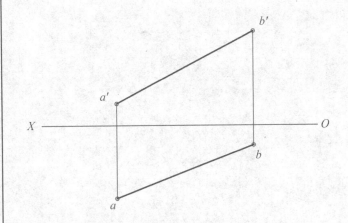

8. 已知ABCD为一矩形, 试完成其投影

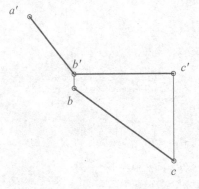

| 四 | 点、线、面练习 | 班级 | 学号 | 姓名 | 41 |

9. 作直线 L 与 W 面垂直，且与 AB, CD 都相交

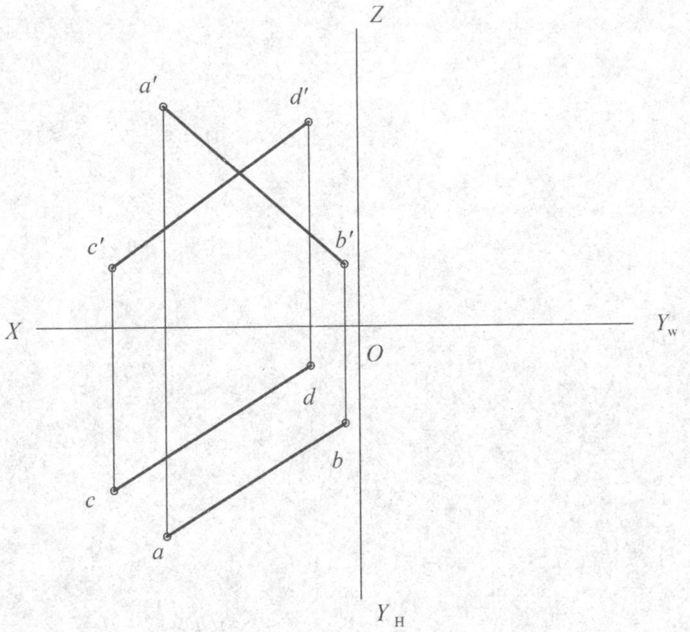

10. 以 C 点为中点，作直线 DE 平行于直线 AB, 且 DE 实长为 40mm

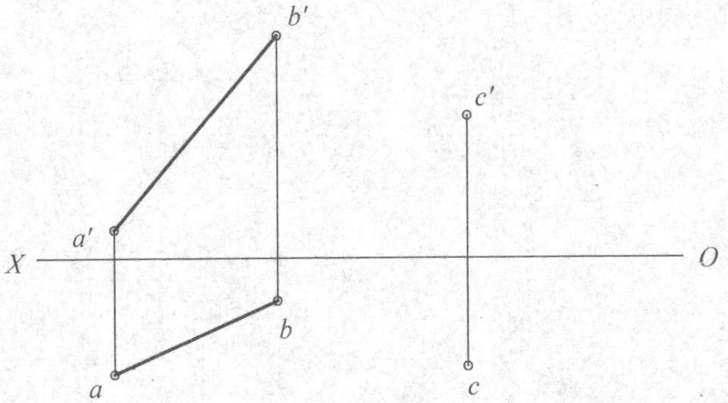

| 四 | 点、线、面练习 | 班级 | 学号 | 姓名 | 42 |

11. 求C点至直线AB的距离

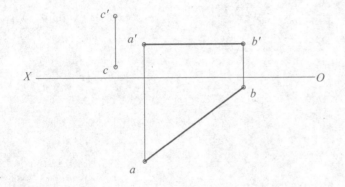

12. 已知等腰三角形ABC, AC=AB, 试完成其H投影

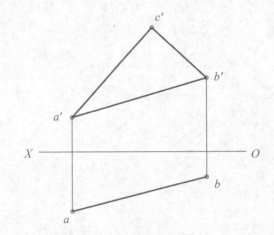

| 四 | 点、线、面练习 | 班级 | 学号 | 姓名 | 43 |

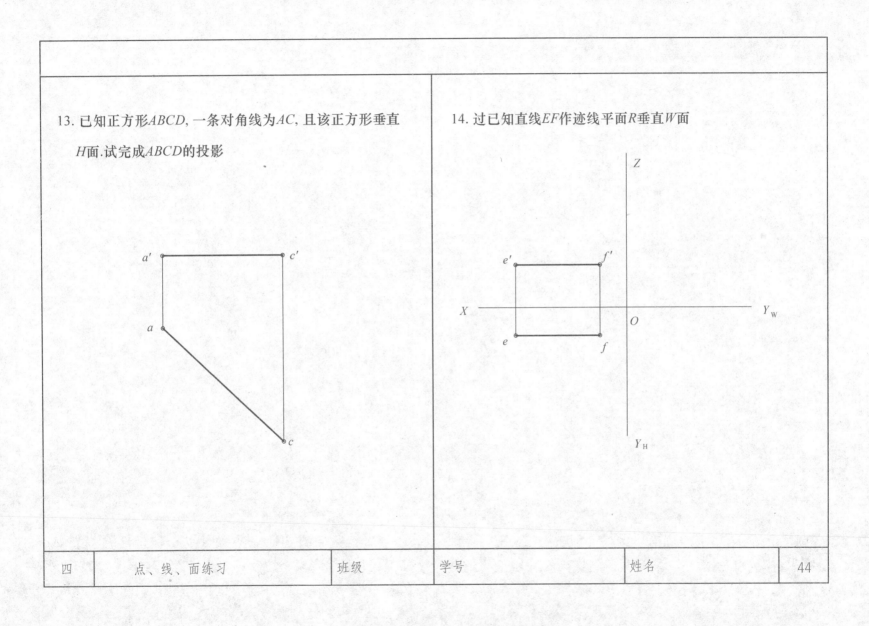

13. 已知正方形 $ABCD$, 一条对角线为 AC, 且该正方形垂直 H 面. 试完成 $ABCD$ 的投影

14. 过已知直线 EF 作迹线平面 R 垂直 W 面

| 四 | 点、线、面练习 | 班级 | 学号 | 姓名 | 44 |

15. 试作出由三角形ABC所决定平面的迹线. 其中AC为水

平线, AB为正平线

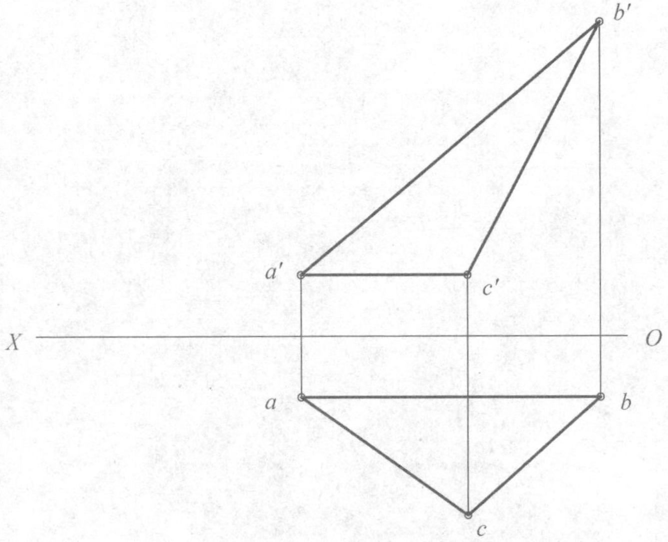

16. 已知正方形ABCD的左下边为AB, 且ABCD与H面夹角

为30°, 试完成其投影

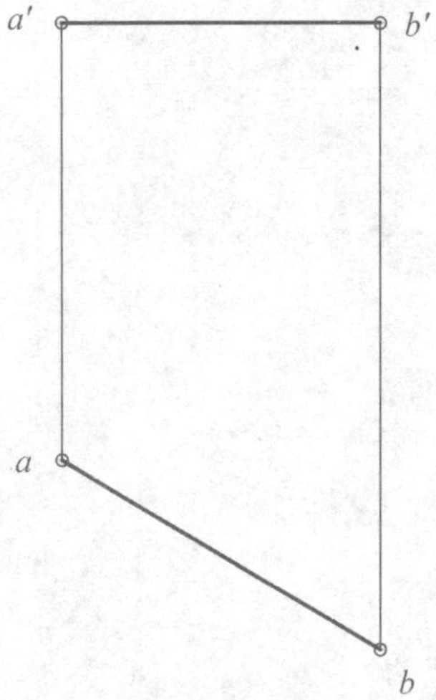

| 四 | 点、线、面练习 | 班级 | 学号 | 姓名 | 45 |

17. 试求平面P对H面的倾角

18. 已知三角形ABC上有一矩形1234, 试求其V投影

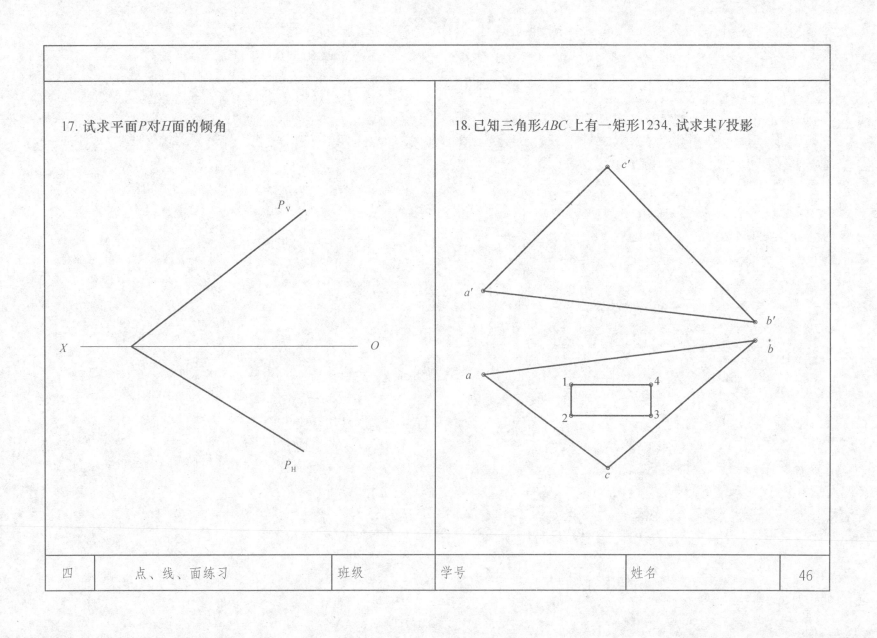

直线与平面求交，并判断可见性

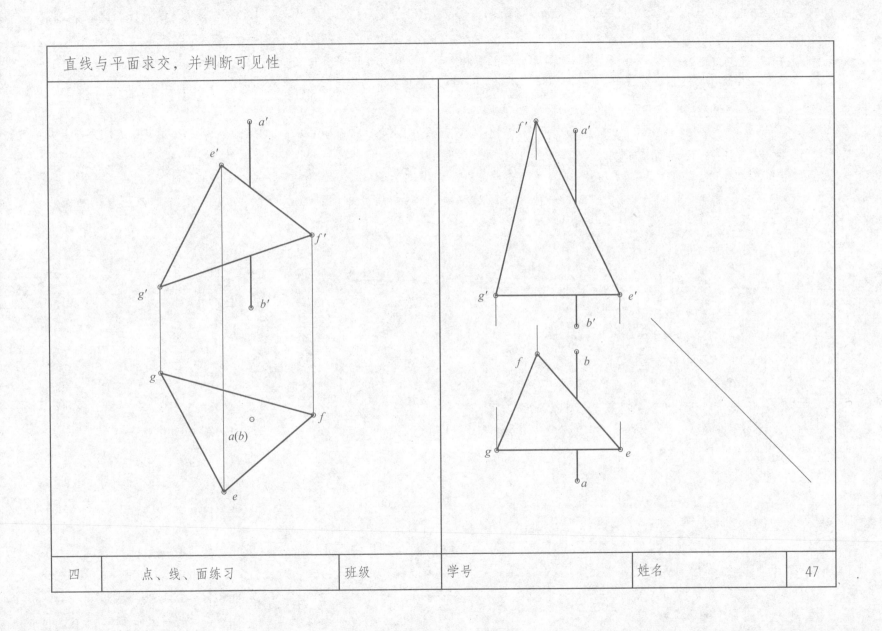

| 四 | 点、线、面练习 | 班级 | 学号 | 姓名 | 47 |

直线与平面求交，并判断可见性

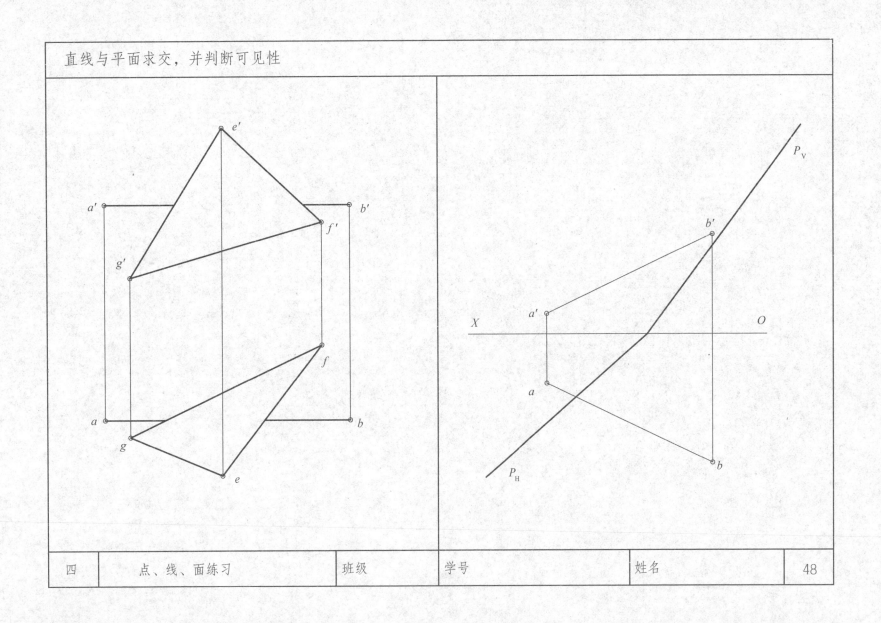

| 四 | 点、线、面练习 | 班级 | 学号 | 姓名 | 48 |

直线与平面求交，并判断可见性．

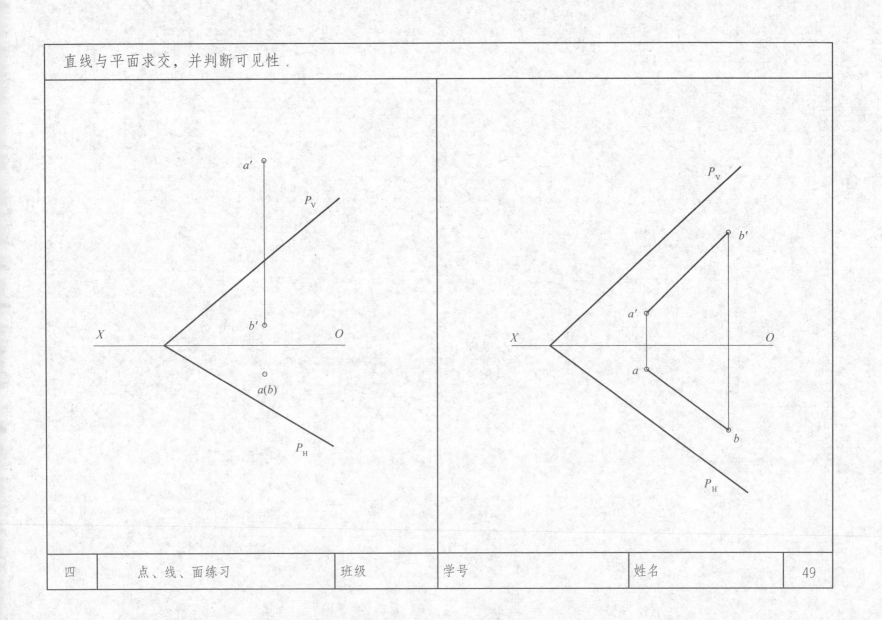

| 四 | 点、线、面练习 | 班级 | 学号 | 姓名 | 49 |

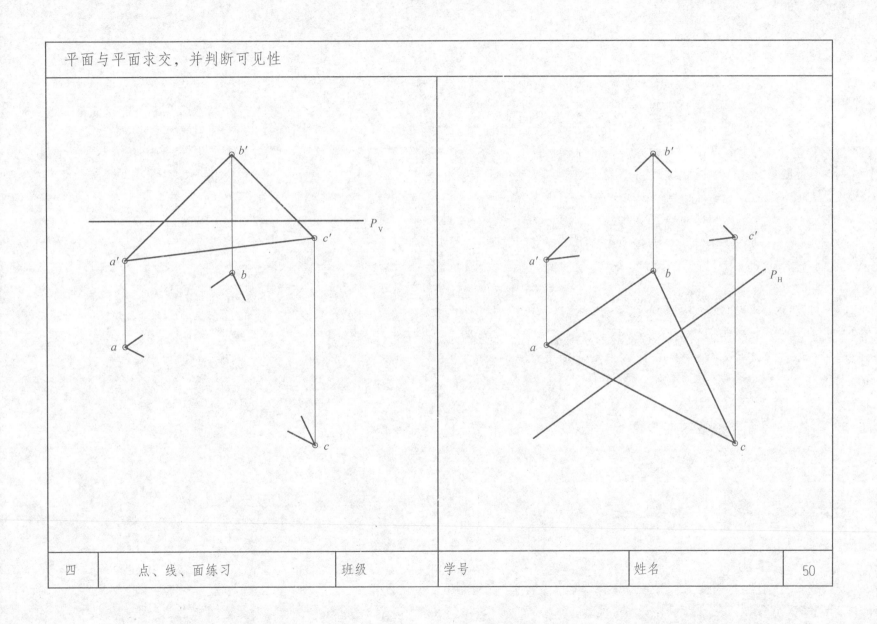

| 四 | 点、线、面练习 | 班级 | 学号 | 姓名 | 50 |

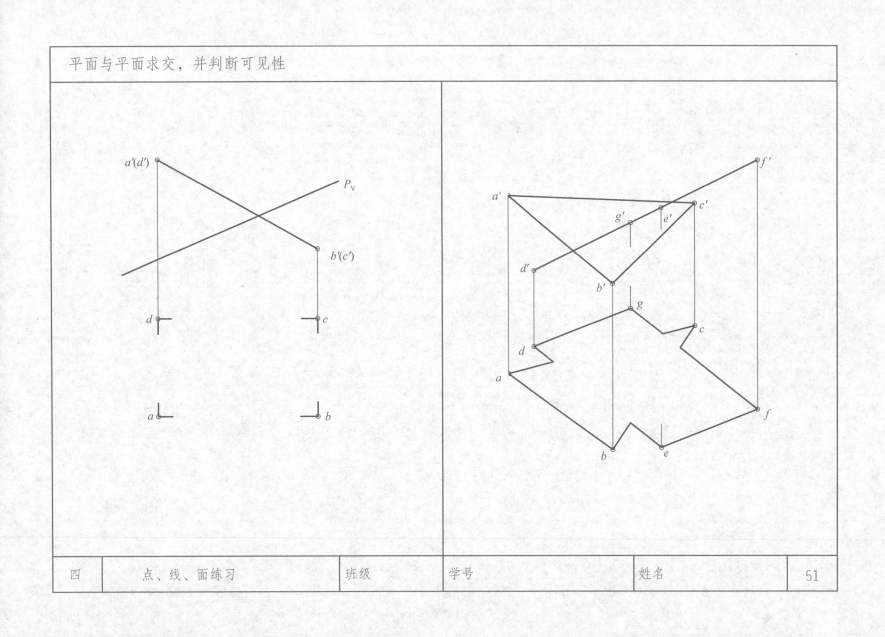

| 四 | 点、线、面练习 | 班级 | 学号 | 姓名 | 51 |

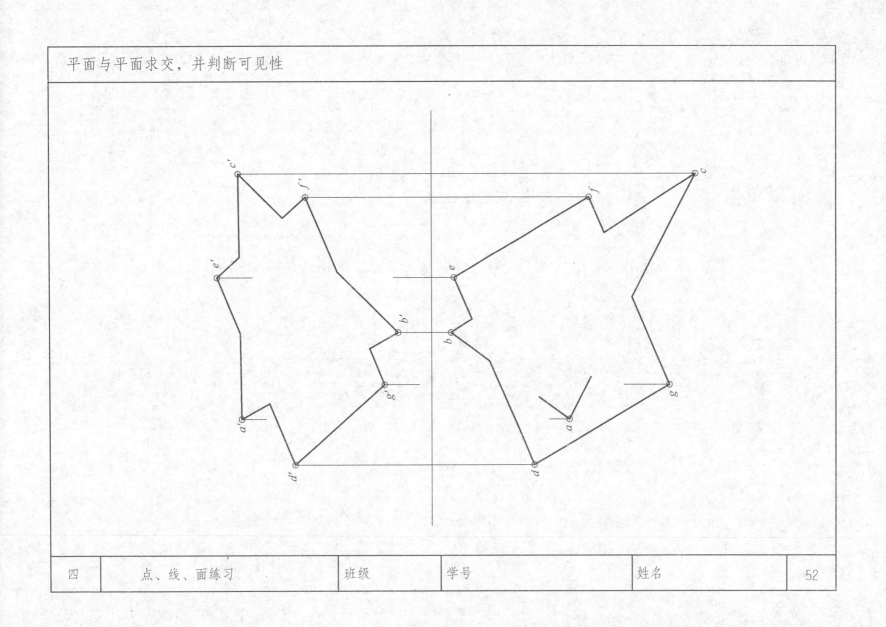

| 四 | 点、线、面练习 | 班级 | 学号 | 姓名 | 52 |

平面与平面求交，并判断可见性

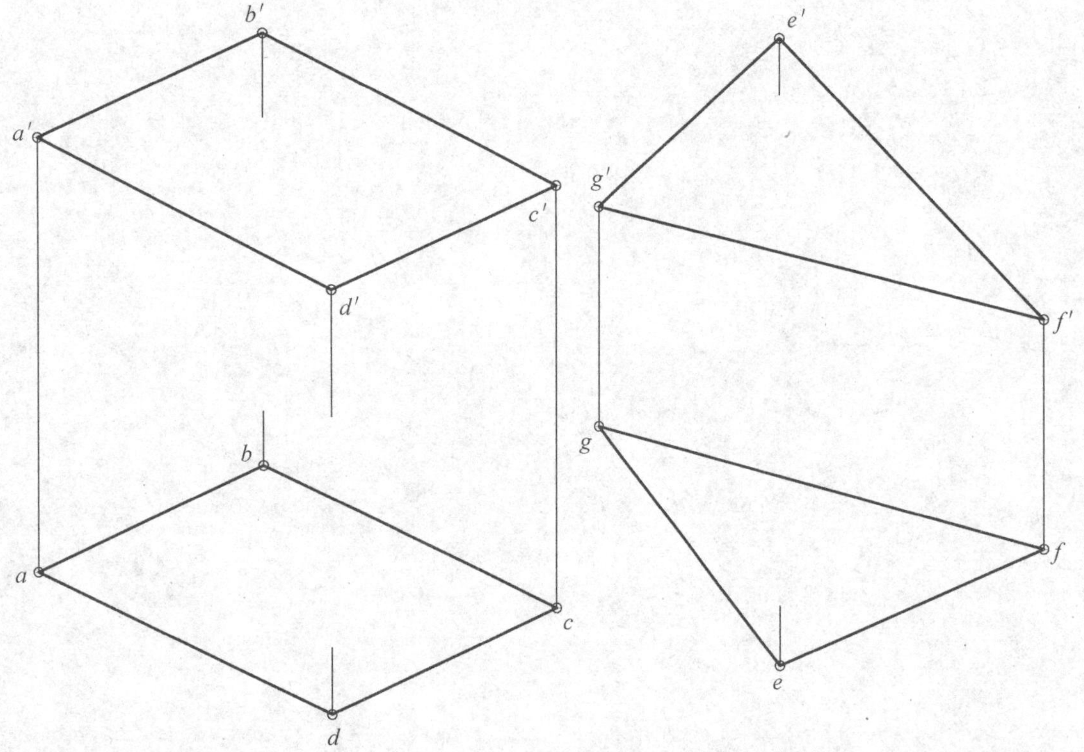

| 四 | 点、线、面练习 | 班级 | 学号 | 姓名 | 53 |

1. 以D为中点，作一水平线，长度为30mm，且平行于
   三角形ABC

2. 求点A到平面P的距离L

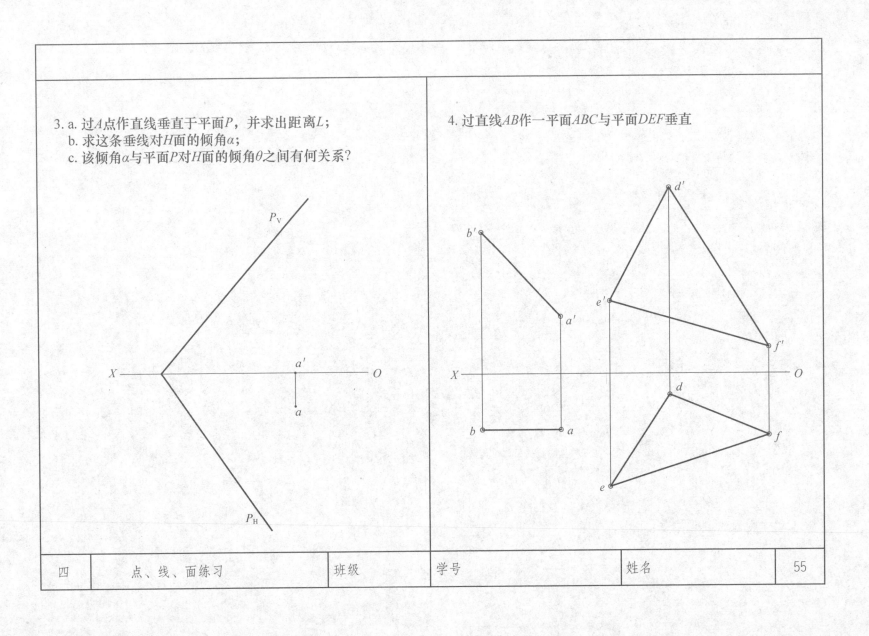

3. a. 过A点作直线垂直于平面P，并求出距离L；
   b. 求这条垂线对H面的倾角α；
   c. 该倾角α与平面P对H面的倾角θ之间有何关系？

P_V

P_H

X — O

a'

a

4. 过直线AB作一平面ABC与平面DEF垂直

d'

b'

e'

a'

f'

X — O

d

b — a

f

e

| 四 | 点、线、面练习 | 班级 | 学号 | 姓名 | 55 |

5.已知正方形ABCD一边BC在BE上（BE为水平线），
  且a′b′方向已知，试作出ABCD的投影

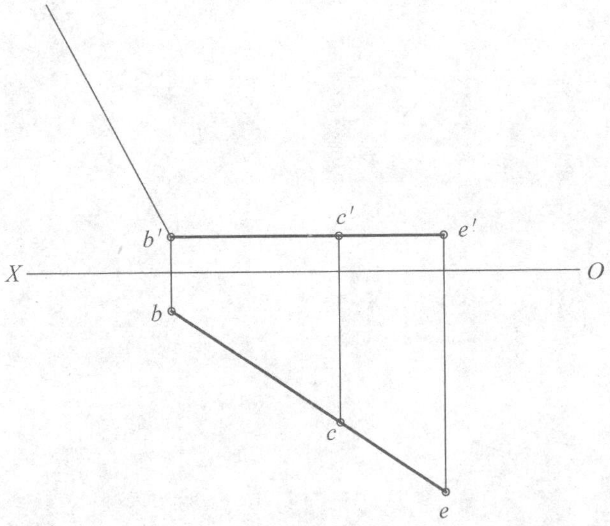

6.在已知三角形ABC上，求作与V，H面等距离的点的轨迹

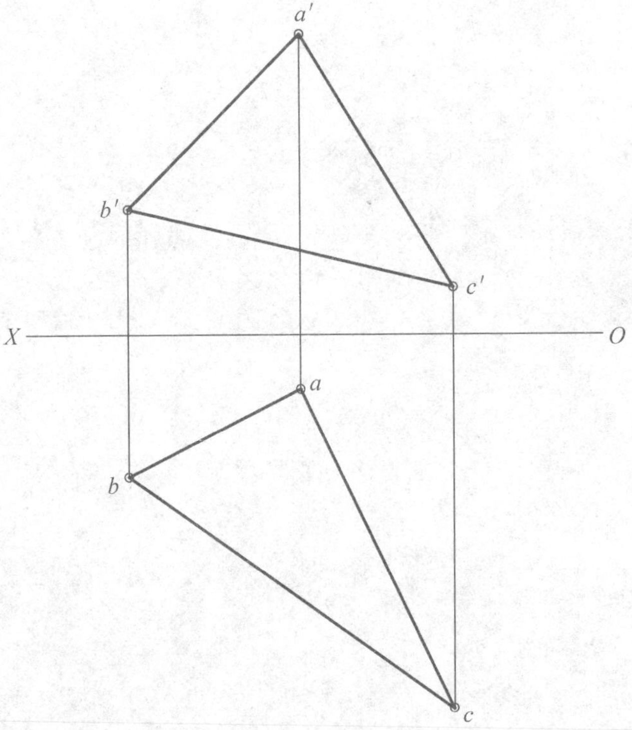

| 四 | 点、线、面练习 | 班级 | 学号 | 姓名 | 56 |

1. 求平面P与三棱锥的截交线

2. 试作出五棱锥被P平面所截后的H及W投影

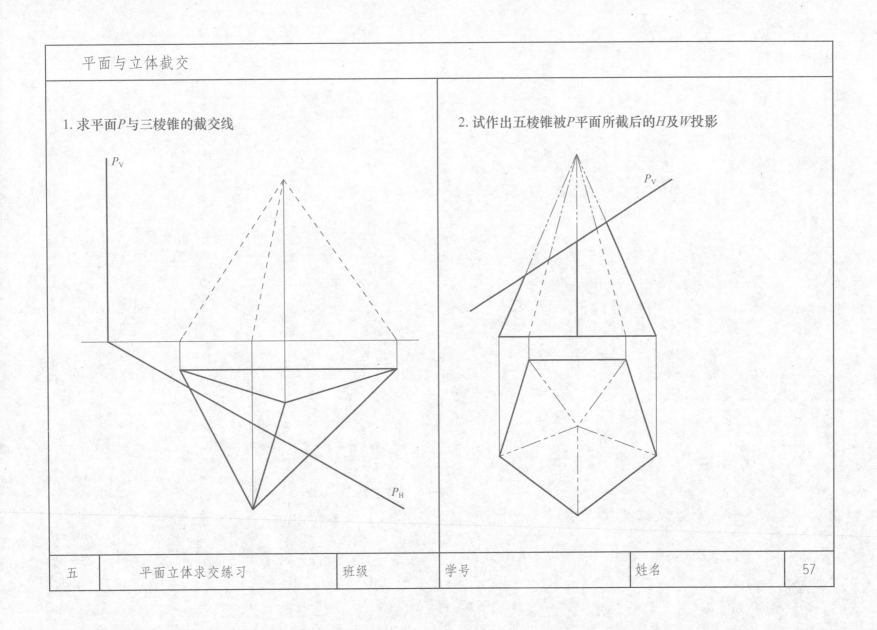

P_V

P_H

P_V

| 五 | 平面立体求交练习 | 班级 | 学号 | 姓名 | 57 |

3. 求三角形ABC与三棱柱的交线，并决定可见性

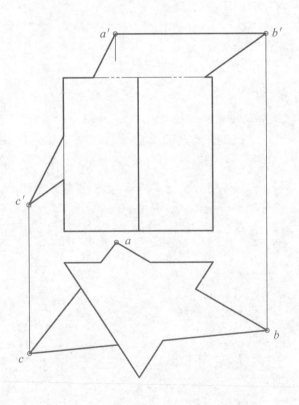

4. 求平面与三棱锥的交线，并决定可见性

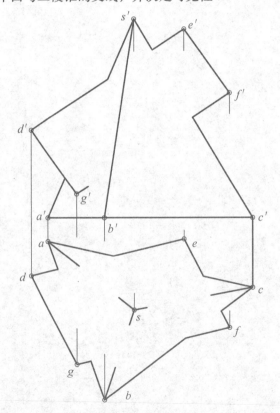

5. 试补全切口四棱锥的三面投影

6. 完成棱柱与棱锥的相贯线

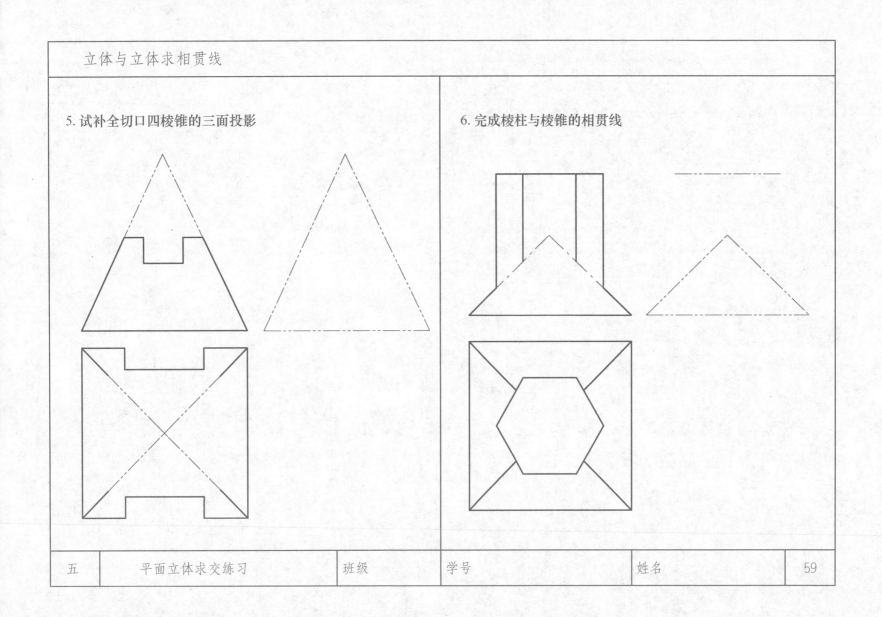

7. 完成穿孔四棱柱的 *H*、*W* 投影

8. 完成双向穿孔六棱柱的 *H*、*W* 投影

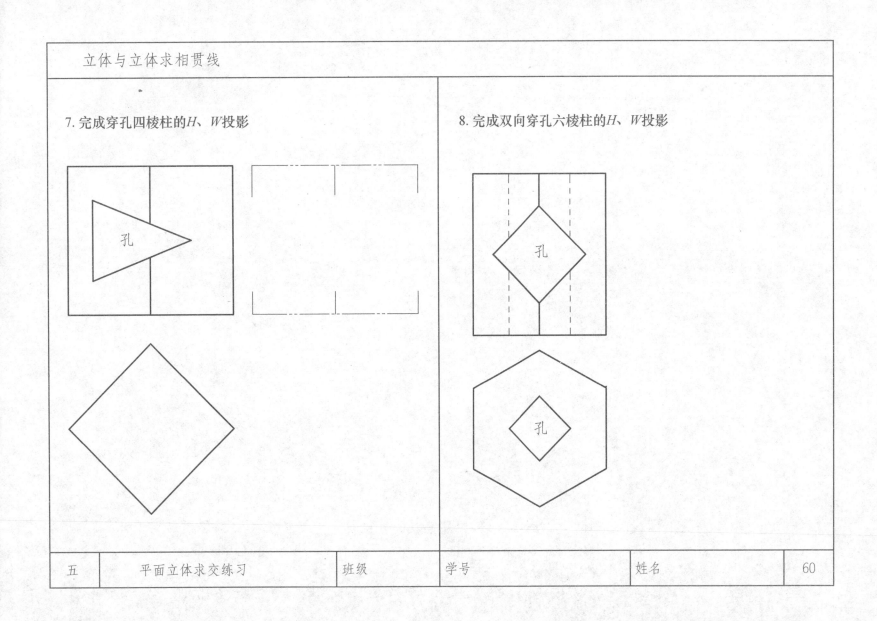

| 五 | 平面立体求交练习 | 班级 | 学号 | 姓名 | 60 |

9. 完成切口四棱台的*H*、*W*投影

10. 完成切口三棱锥的 H、W 投影

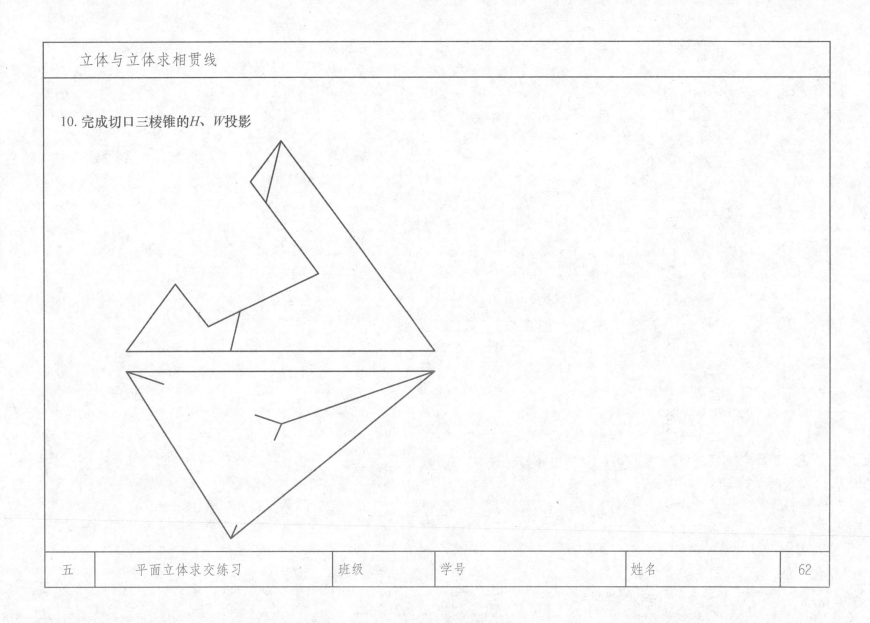

11. 完成两立体交线的 V、W 投影

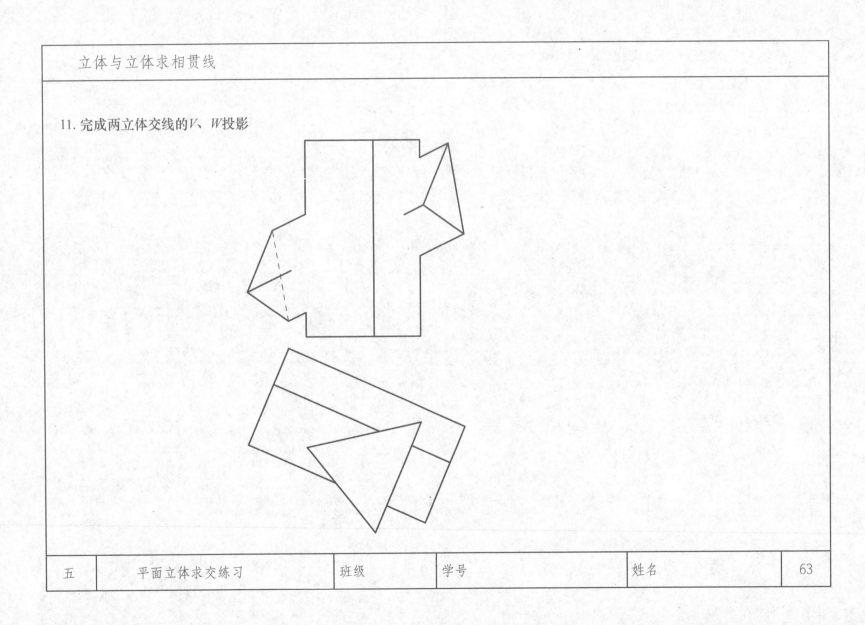

| 五 | 平面立体求交练习 | 班级 | 学号 | 姓名 | 63 |

求屋面交线

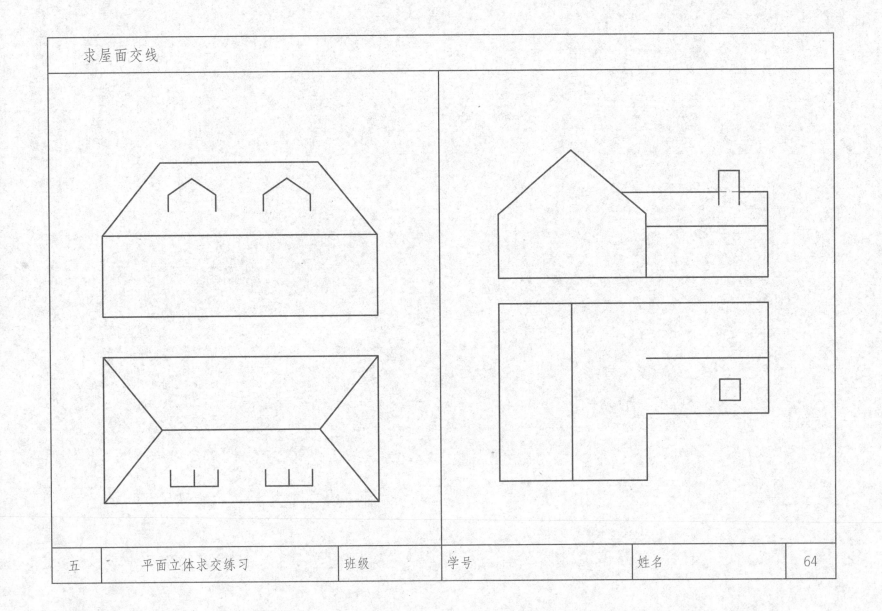

| 五 | 平面立体求交练习 | 班级 | 学号 | 姓名 | 64 |

求屋面交线

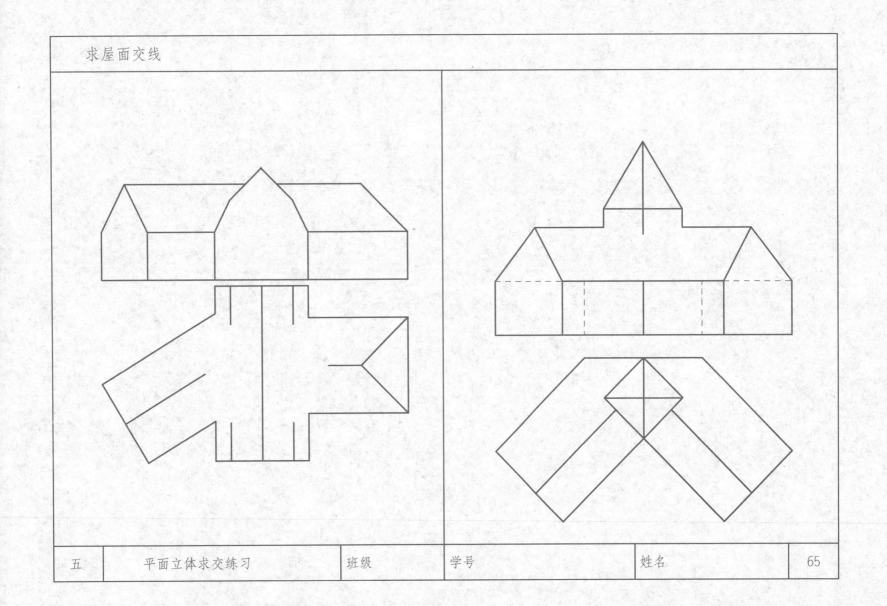

| 五 | 平面立体求交练习 | 班级 | 学号 | 姓名 | 65 |

求屋面交线H、V投影

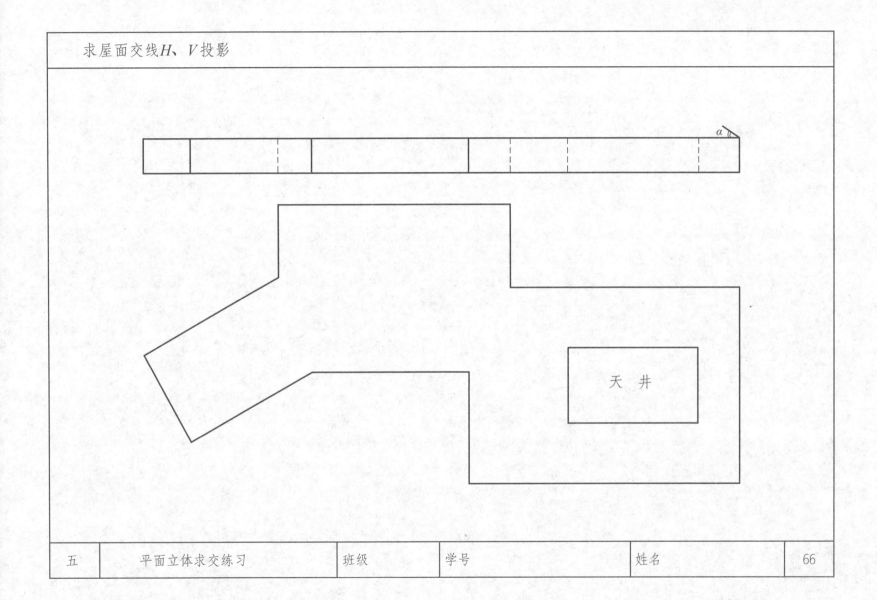

天 井

| 五 | 平面立体求交练习 | | 班级 | 学号 | | 姓名 | | 66 |

完成立体的俯视图、前视图和右视图

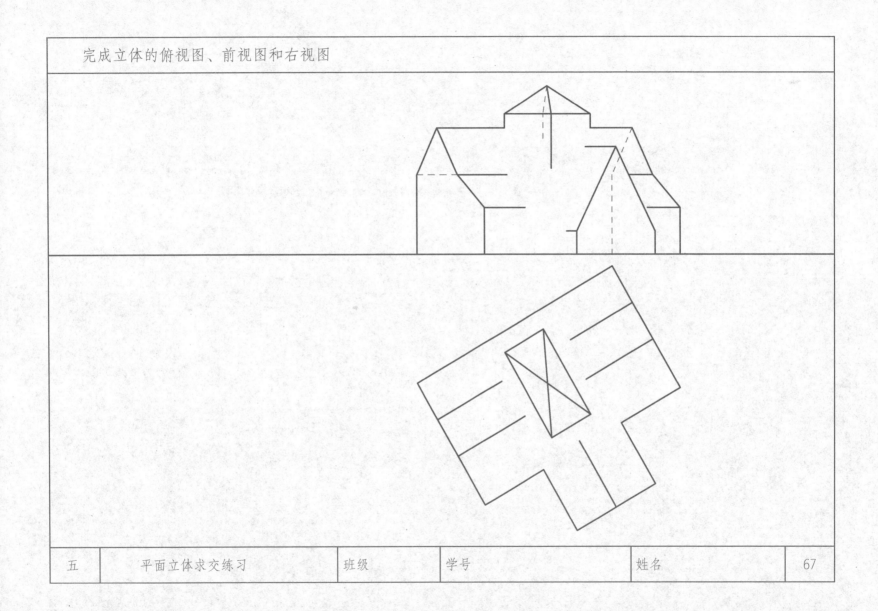

| 五 | 平面立体求交练习 | 班级 | 学号 | 姓名 | 67 |

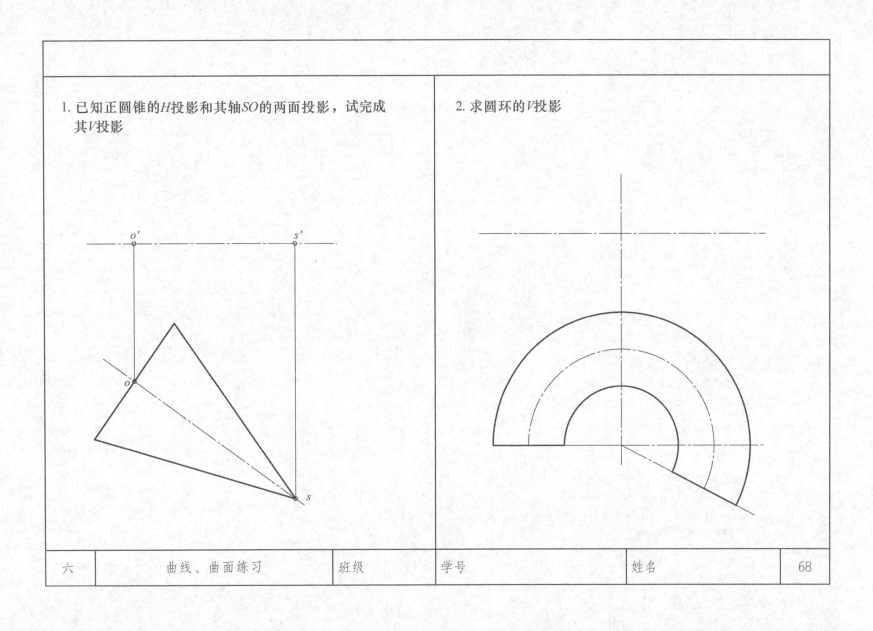

1. 已知正圆锥的*H*投影和其轴*SO*的两面投影，试完成
   其*V*投影

2. 求圆环的*V*投影

| 六 | 曲线、曲面练习 | 班级 | 学号 | 姓名 | 68 |

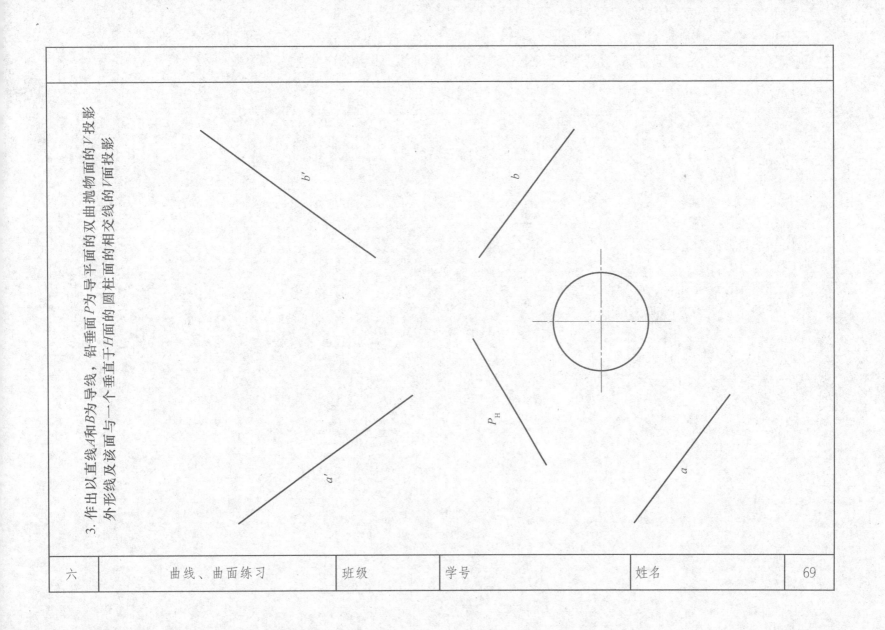

3. 作出以直线A和B为导线，铅垂面P为导平面的双曲抛物面的V投影外形线及该面与一个垂直于H面的圆柱面的相交线的V面投影

b'

b

a'

P_H

a

| 六 | 曲线、曲面练习 | 班级 | 学号 | | 姓名 | 69 |

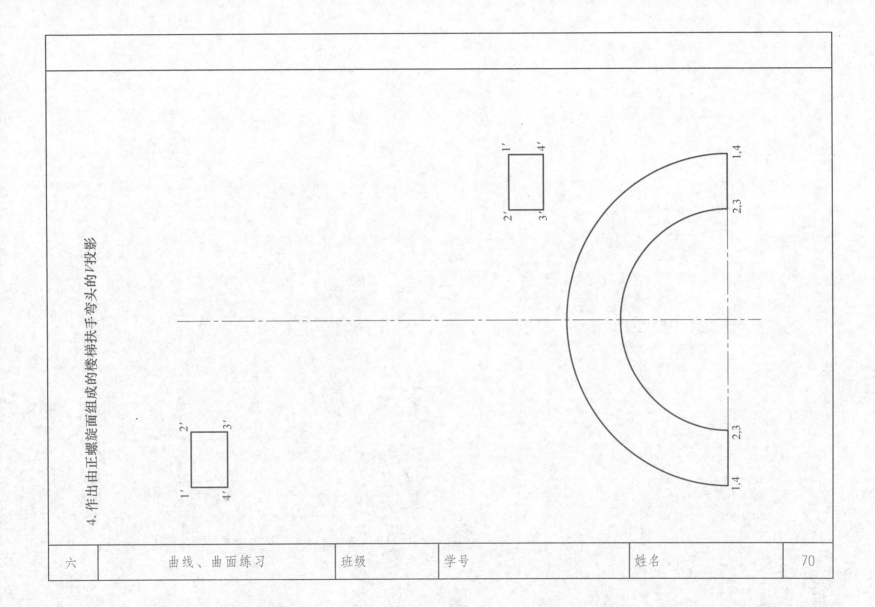

4. 作出由正螺旋面组成的楼梯扶手弯头的 V 投影

| 六 | 曲线、曲面练习 | 班级 | 学号 | 姓名 | 70 |

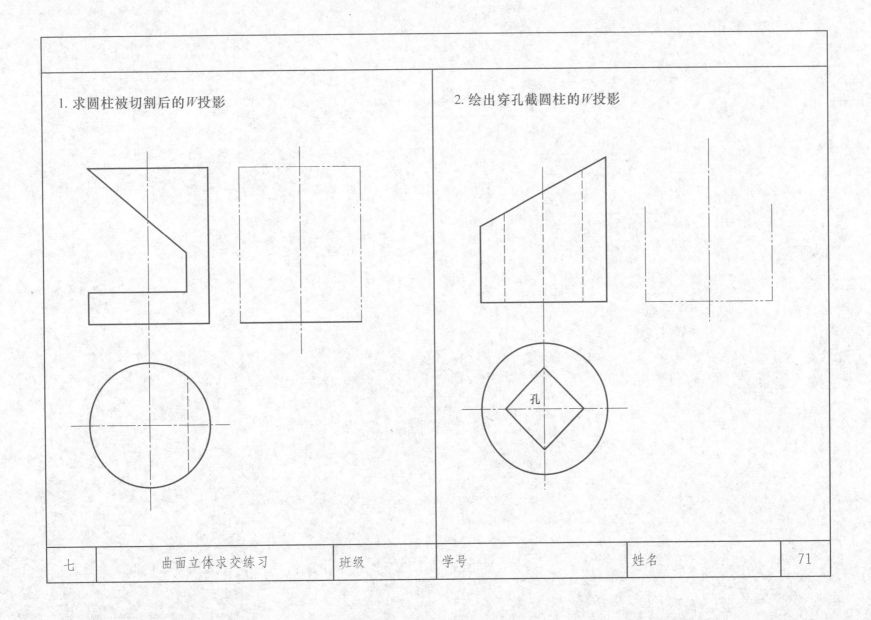

1. 求圆柱被切割后的W投影

2. 绘出穿孔截圆柱的W投影

孔

| 七 | 曲面立体求交练习 | 班级 | 学号 | 姓名 | 71 |

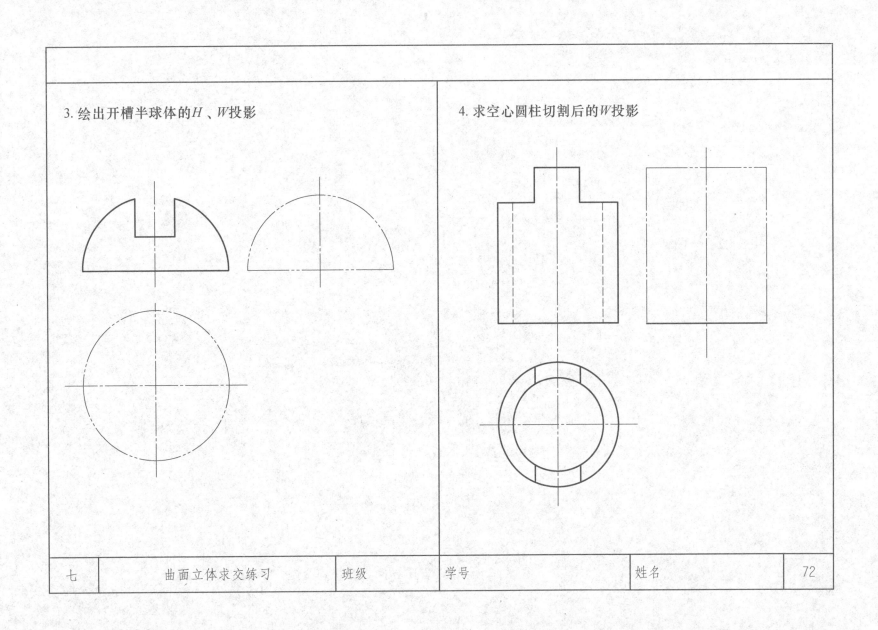

3. 绘出开槽半球体的 *H* 、*W* 投影

4. 求空心圆柱切割后的 *W* 投影

5. 完成圆锥被截后的H、W投影

6. 完成穿孔圆锥的H、W投影

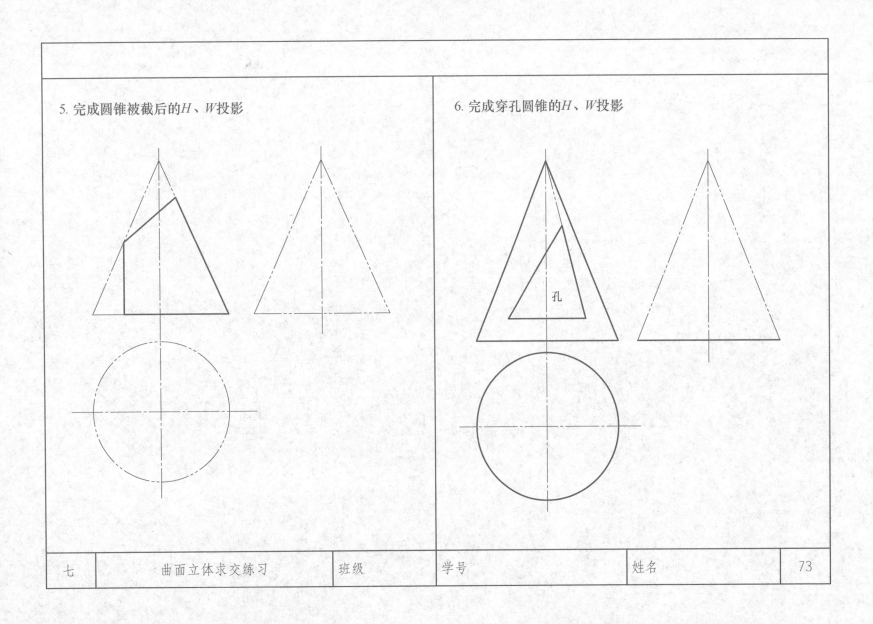

孔

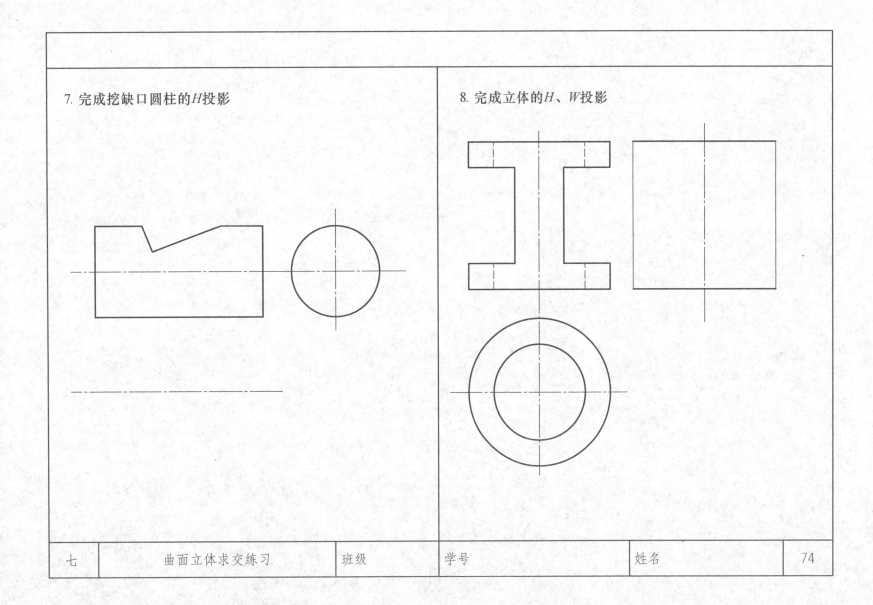

7. 完成挖缺口圆柱的 *H* 投影

8. 完成立体的 *H*、*W* 投影

9. 求半球与棱柱的相贯线

10. 完成棱柱与圆锥的相贯线

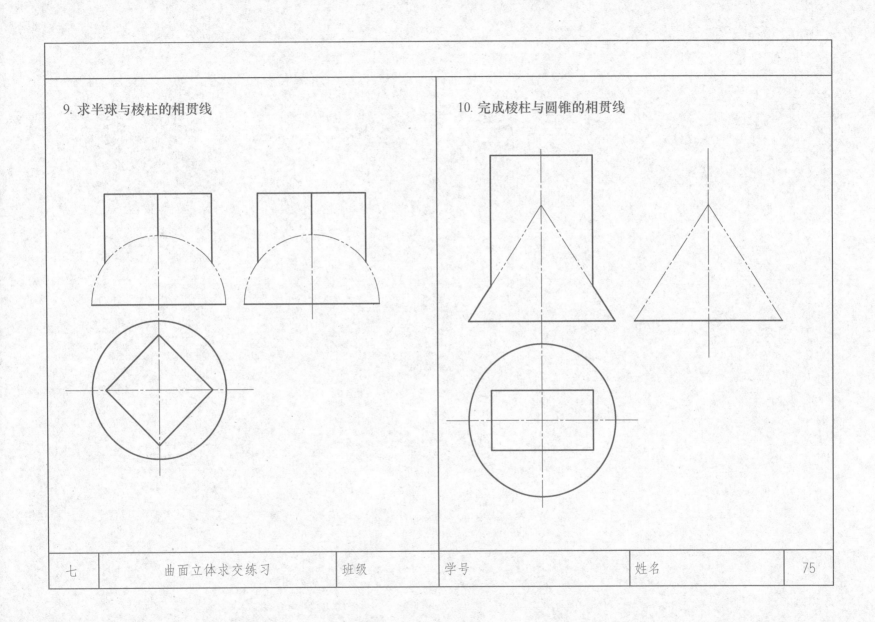

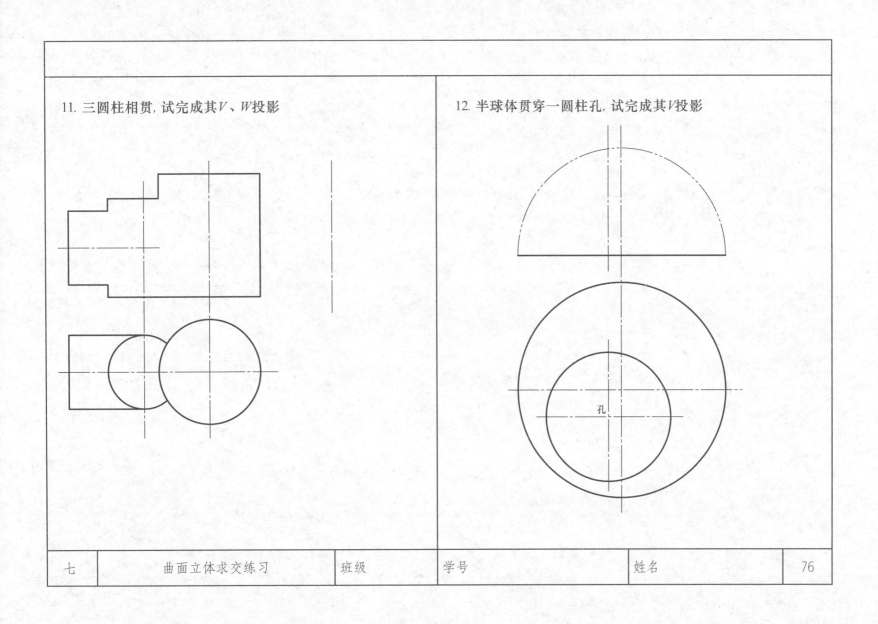

11. 三圆柱相贯, 试完成其 *V*、*W* 投影

12. 半球体贯穿一圆柱孔, 试完成其 *V* 投影

孔

| 七 | 曲面立体求交练习 | 班级 | 学号 | 姓名 | 76 |

13. 完成双向穿孔四棱柱的 W 投影

14. 完成双向穿孔圆台的 H、W 投影

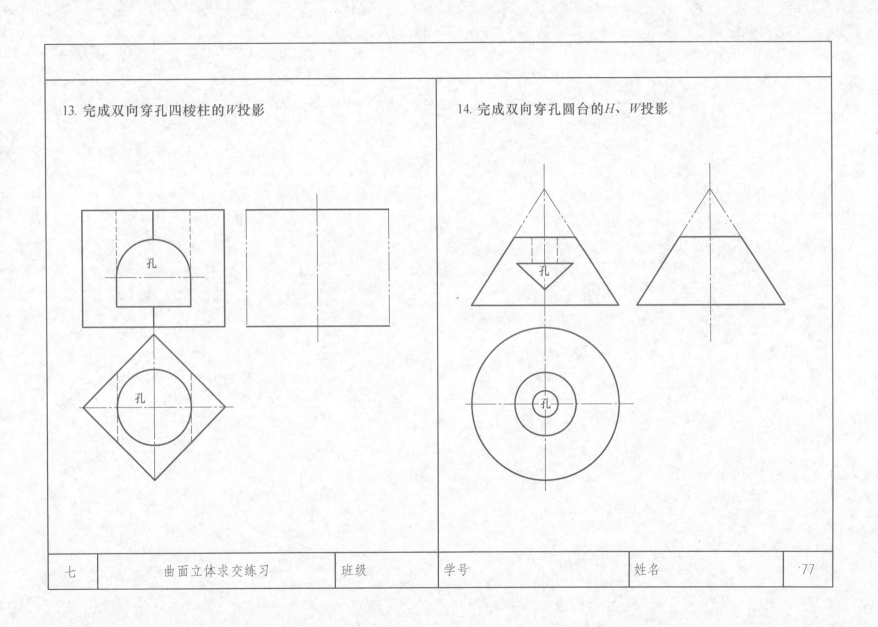

| 七 | 曲面立体求交练习 | 班级 | 学号 | 姓名 | 77 |

15. 两半圆型拱道斜交, 完成相贯线的 H、V 投影

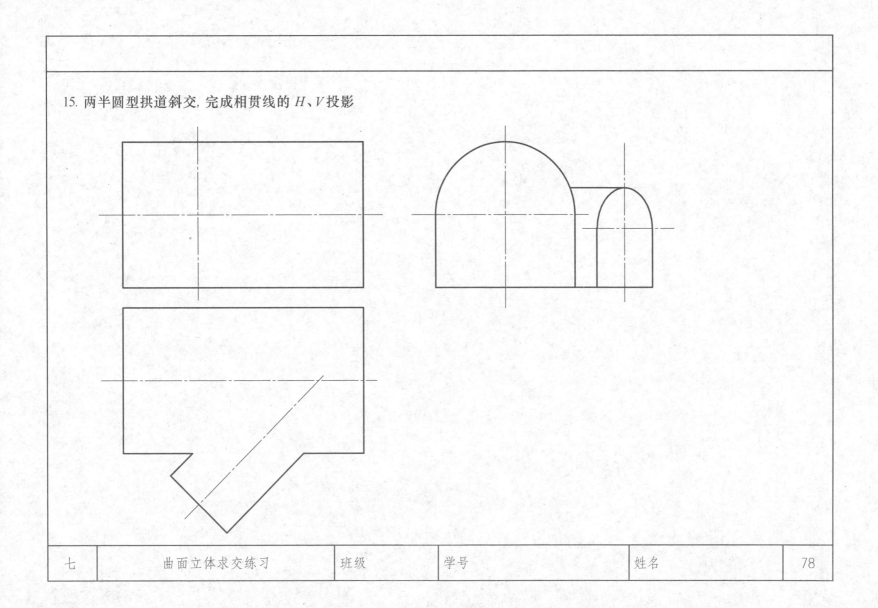

16. 完成圆柱与圆锥的相贯线

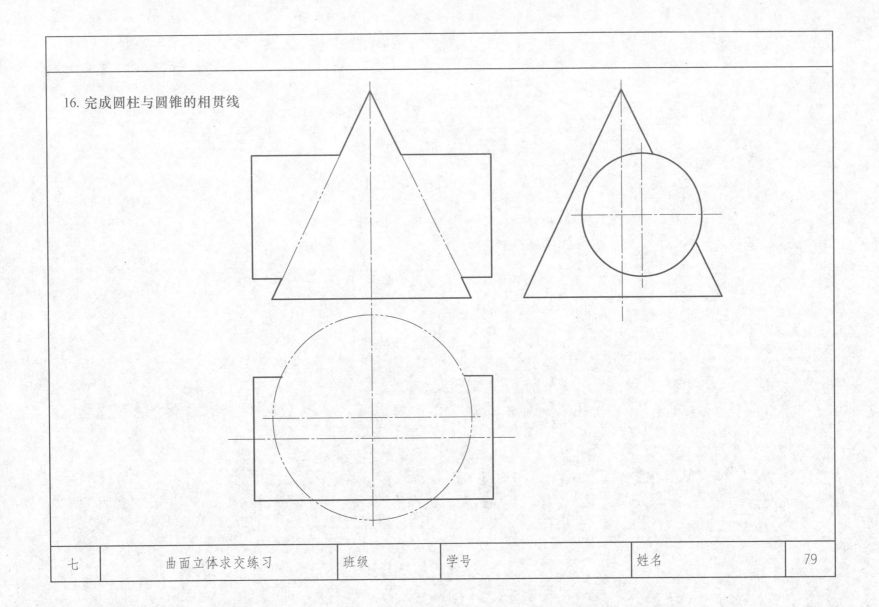

完成立体的俯视图、前视图和左视图

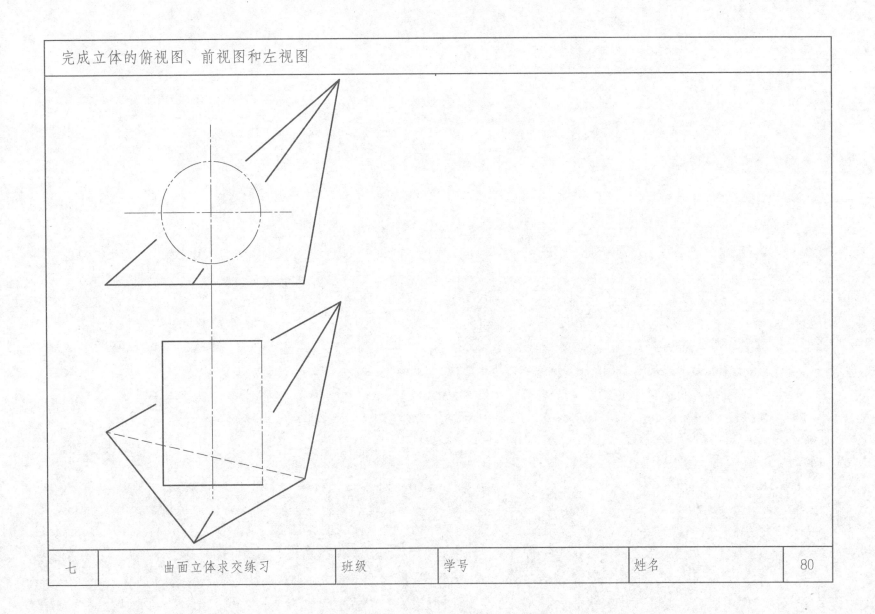

| 七 | 曲面立体求交练习 | 班级 | 学号 | 姓名 | 80 |

1. 求出点K至直线AB的距离

2. 试求出两面角的夹角

八	投影变换练习	班级	学号		姓名		81

3. 求出三角形*ABC*的外接圆圆心

4. 求四边形*ABCD*的实形

5. 完成矩形ABCD的投影

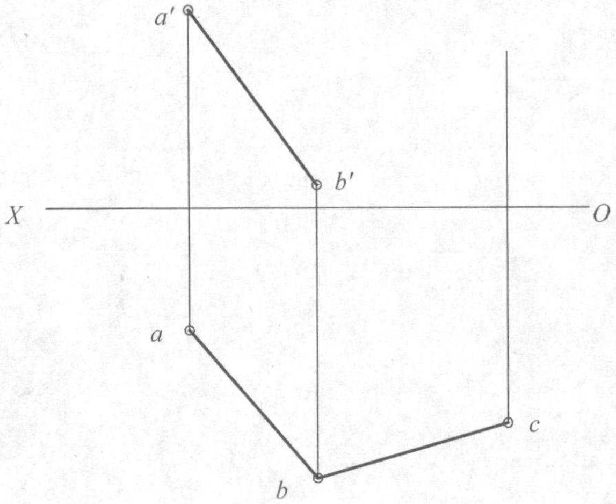

a'

b'

X ——————————————— O

a

b

c

6. 求出K点至三角形ABC的距离(投影及实长)

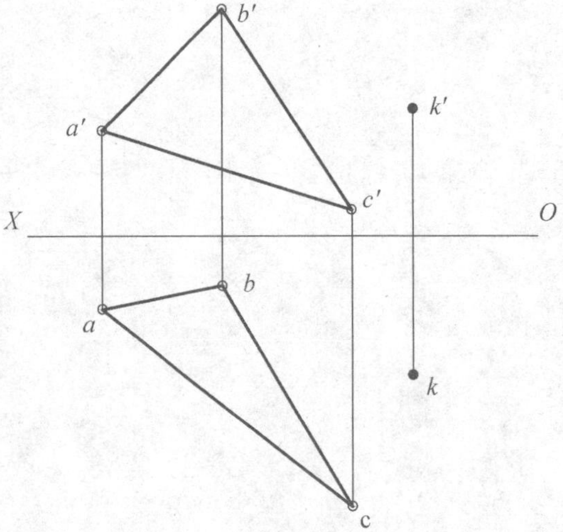

b'

a'

c'

X ——————————————— O

k'

b

a

k

c

| 八 | 投影变换练习 | 班级 | 学号 | | 姓名 | 83 |

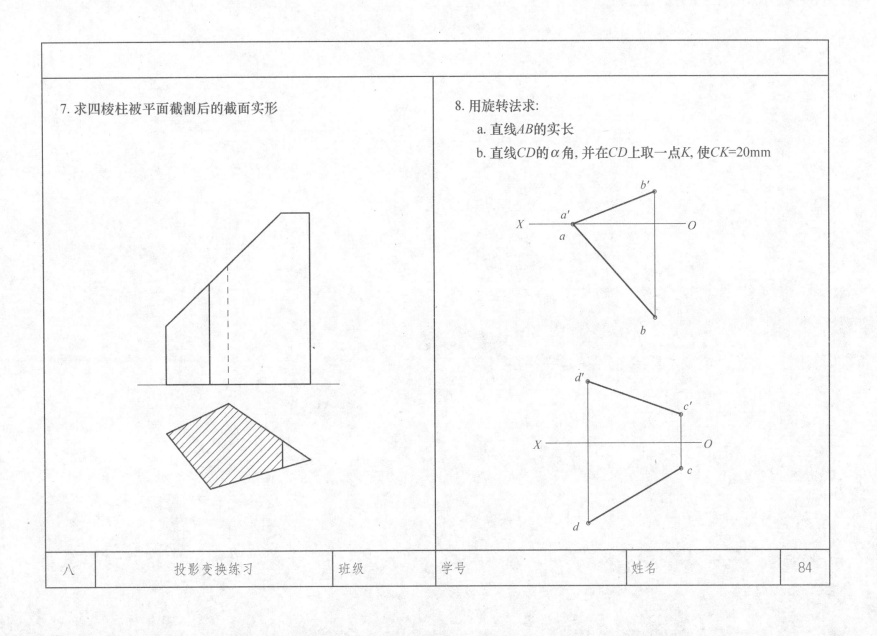

7.求四棱柱被平面截割后的截面实形

8.用旋转法求:

    a. 直线AB的实长

    b. 直线CD的α角, 并在CD上取一点K, 使CK=20mm

9. 求立体H投影旋转一定角度后的V面投影

10. 用投影变换法求立体交线，并绘出右视图

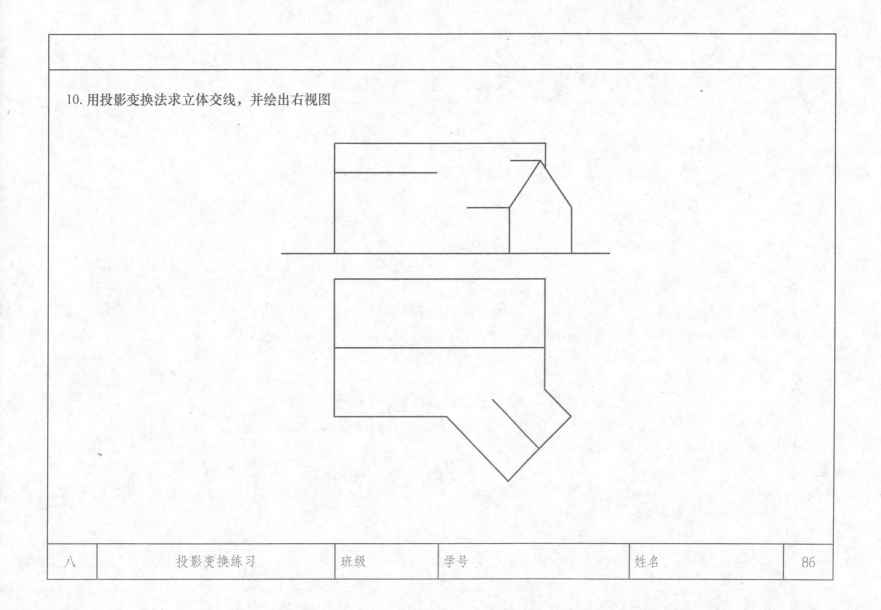

11. 求穿孔四棱锥被平面P截割后下半部分的H、W投影及截面实形

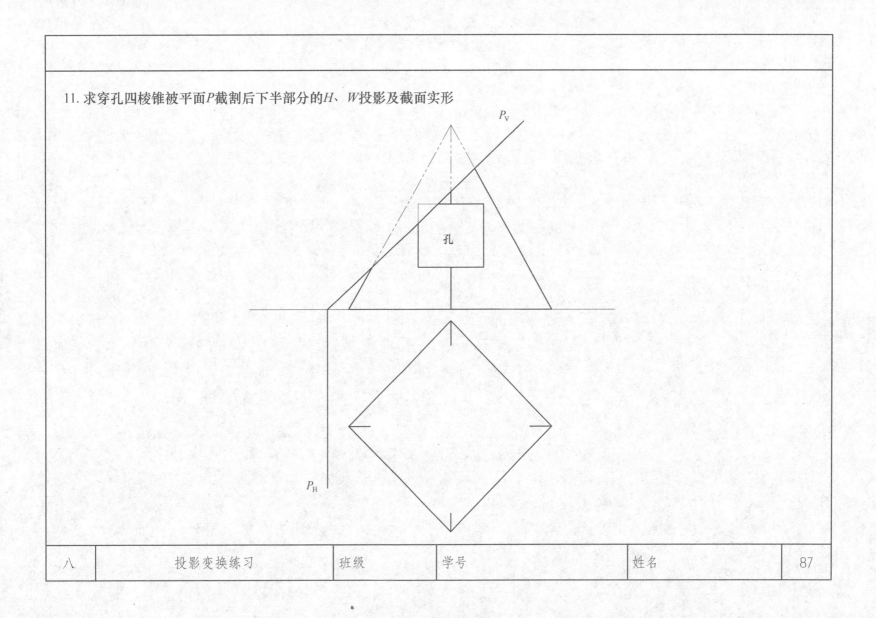

孔

P_V

P_H

1. 求室内楼梯的一点透视

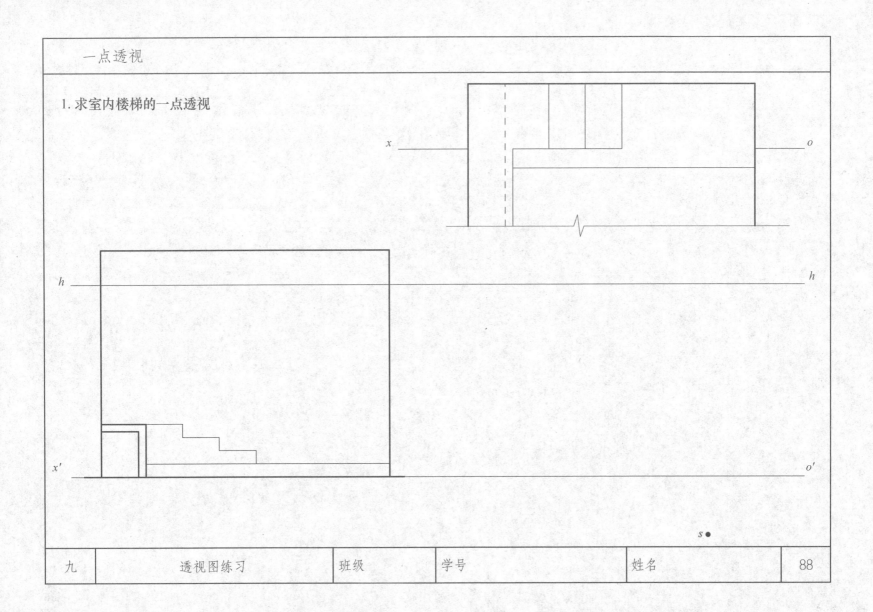

| 九 | 透视图练习 | 班级 | 学号 | | 姓名 | 88 |

2. 求室内房间的一点透视

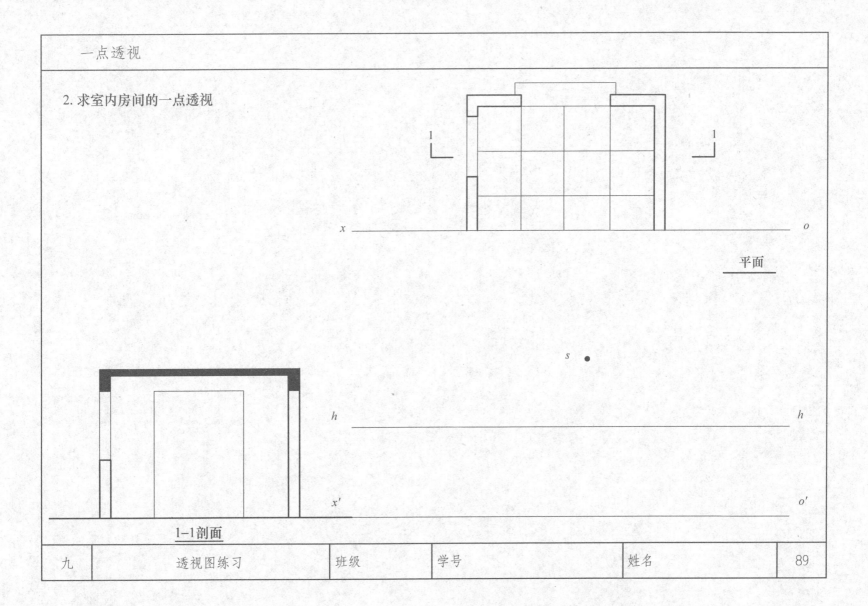

平面

s

h ——————————————————— h

x'

1-1剖面

| 九 | 透视图练习 | 班级 | 学号 | 姓名 | 89 |

両点透視

3. 求立体的两点透视

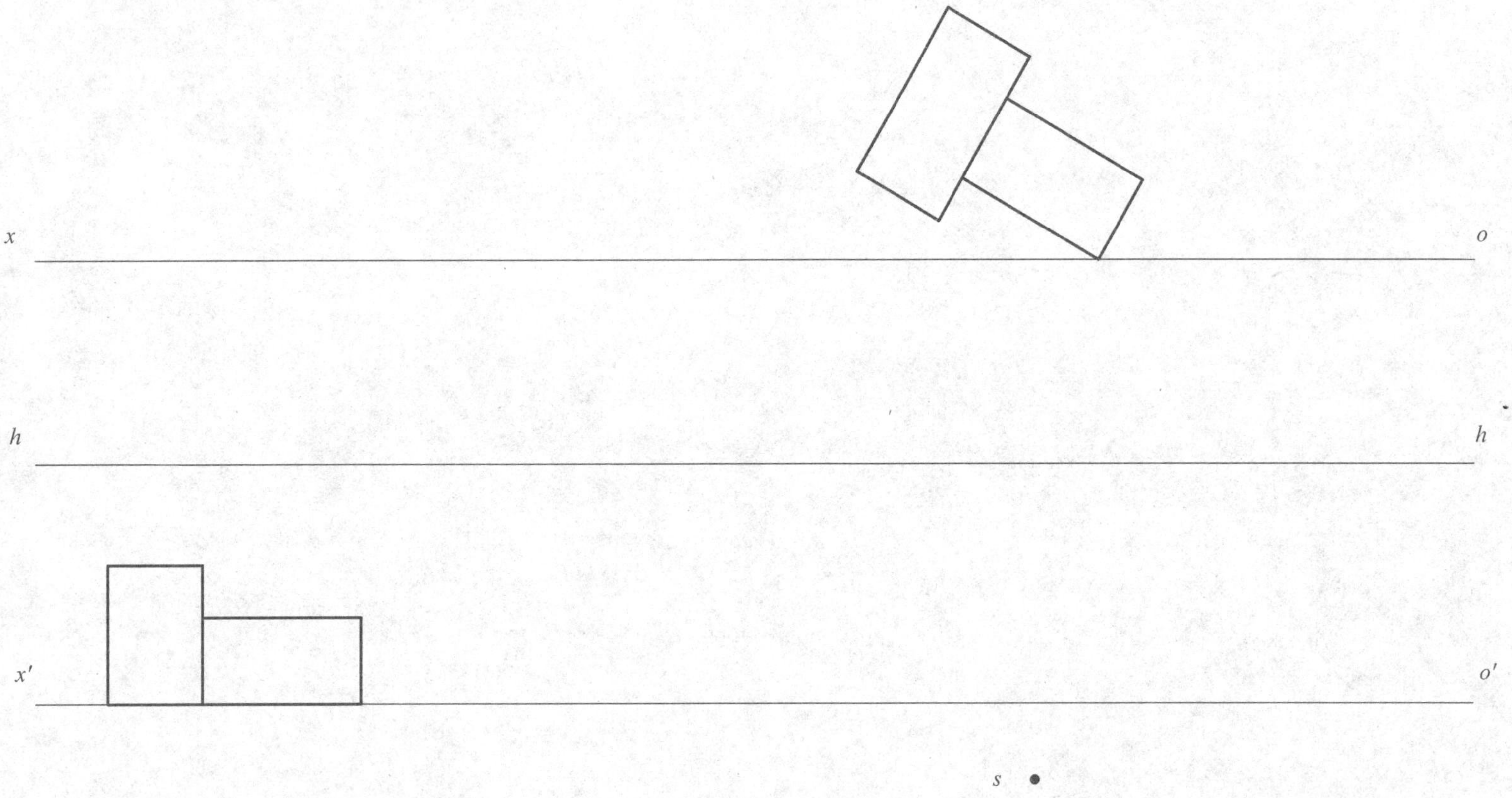

x ———————————————————————————— o

h ———————————————————————————— h

x′ ———————————————————————————— o′

s •

| 九 | 透视图练习 | 班级 | 学号 | 姓名 | 90 |

4.求建筑的两点透视

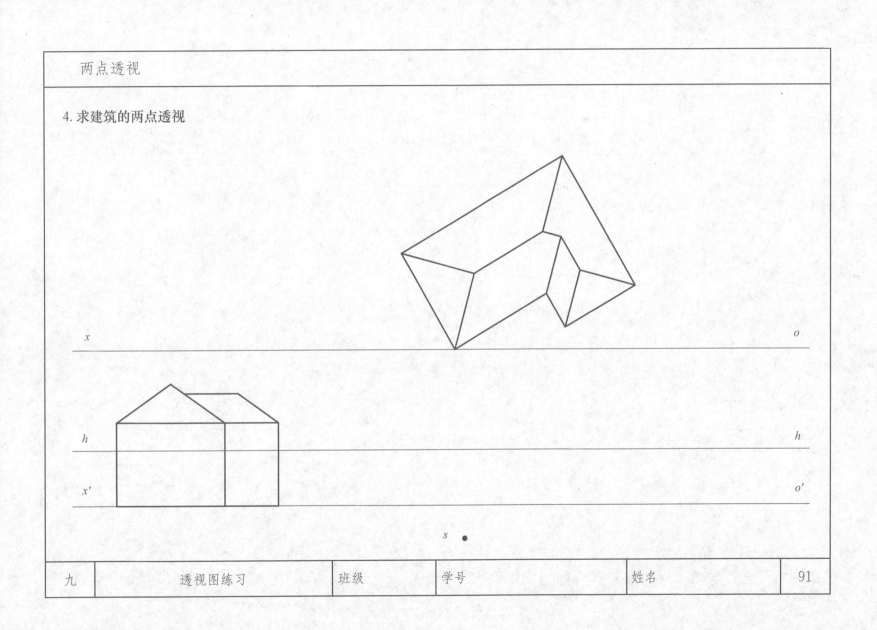

两点透视

5.求立体的两点透视

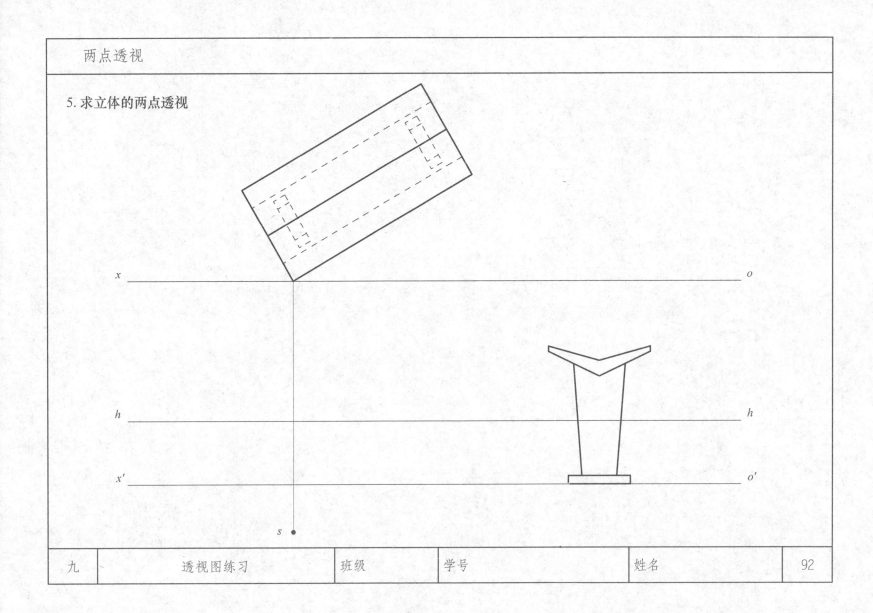

1.求直线AB在地面、墙面和屋面的落影

2.求阳台、门和雨篷的落影

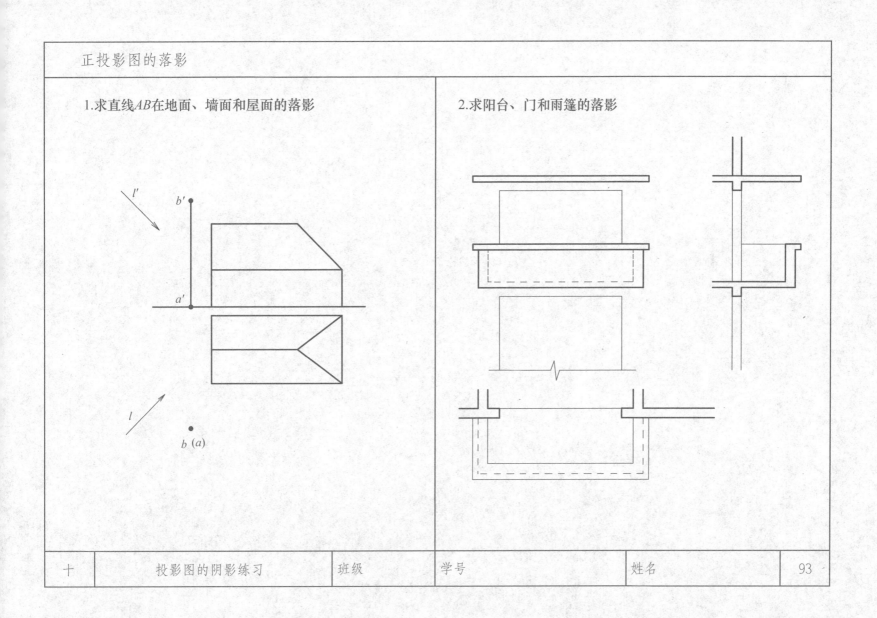

| 十 | 投影图的阴影练习 | 班级 | 学号 | 姓名 | 93 |

3.求台阶在地面和墙面的落影

4.求台阶在地面和墙面的落影

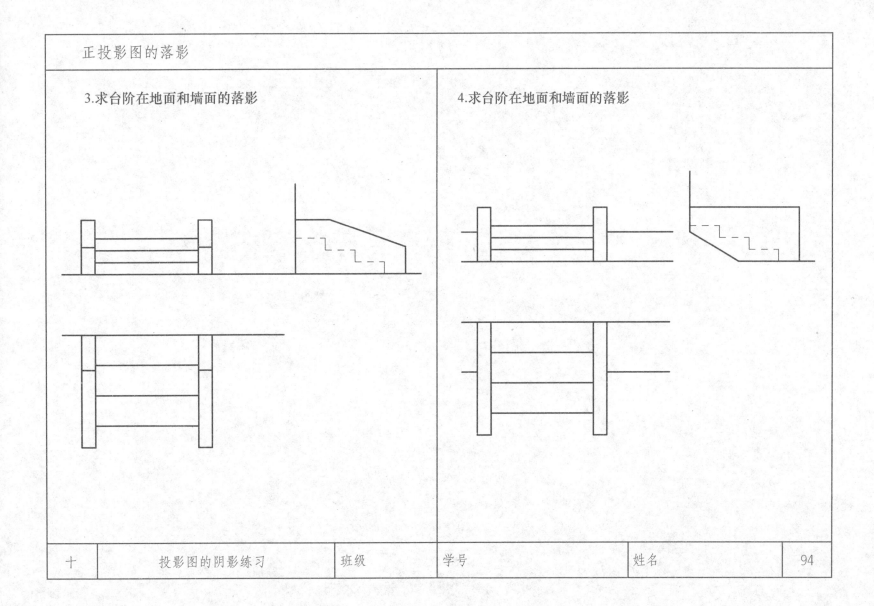

1.求立体在画面平行光线下的落影

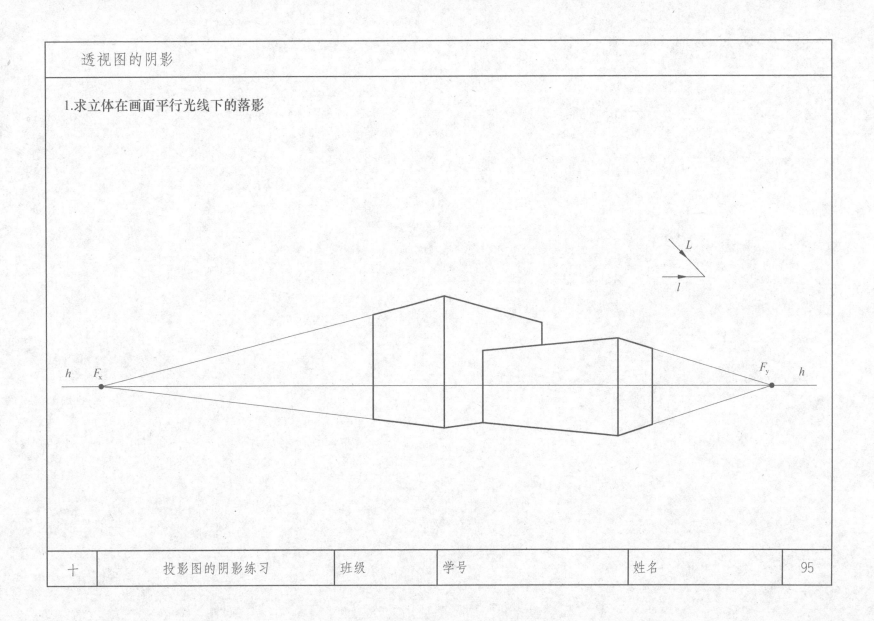

2.求台阶在画面相交光线下的落影

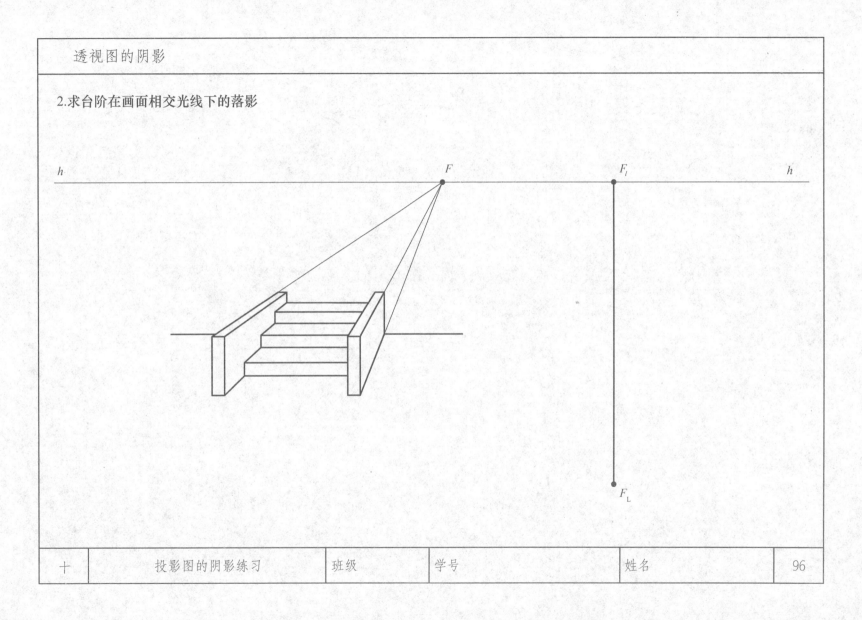

h F F_l h

F_L

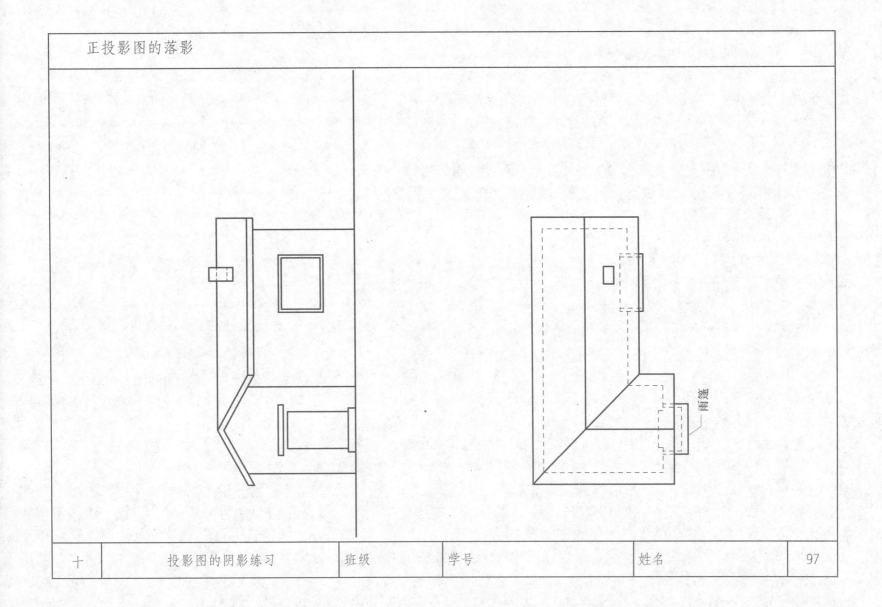

雨篷

| 十 | 投影图的阴影练习 | 班级 | 学号 | 姓名 | 97 |